电子制作
我想我做

张晓东 著

 海峡出版发行集团 | 福建科学技术出版社
THE STRAITS PUBLISHING & DISTRIBUTING GROUP | FUJIAN SCIENCE & TECHNOLOGY PUBLISHING HOUSE

图书在版编目（CIP）数据

电子制作我想我做/张晓东著 . —福州：福建科学技术
出版社，2012.6（2019.4 重印）
ISBN 978-7-5335-4013-5

Ⅰ.①电…　Ⅱ.①张…　Ⅲ.①电子器件－制作　Ⅳ.
①TN

中国版本图书馆 CIP 数据核字（2012）第 027904 号

书　　名	电子制作我想我做	
著　　者	张晓东	
出版发行	海峡出版发行集团	
	福建科学技术出版社	
社　　址	福州市东水路 76 号（邮编 350001）	
网　　址	www.fjstp.com	
经　　销	福建新华发行（集团）有限责任公司	
排　　版	福建科学技术出版社排版室	
印　　刷	日照教科印刷有限公司	
开　　本	787 毫米×1092 毫米　1/16	
印　　张	13	
字　　数	323 千字	
版　　次	2012 年 6 月第 1 版	
印　　次	2019 年 4 月第 2 次印刷	
书　　号	ISBN 978-7-5335-4013-5	
定　　价	29.80 元	

书中如有印装质量问题，可直接向本社调换

前　言

　　电子制作是学习电子技术的有效途径和重要环节，是广大青少年电子爱好者的迫切需求。本书是一本指导电子制作的实用入门图书，它"手把手"地教初学者在业余条件下制作出实用电子小装置。可以这样说，从来没有学习过电子技术和接触过电子制作的初学者，只要按照本书所讲的去做，短时间内就能够做出自己喜欢的实用电子小作品来。

　　本书融知识性、实践性、趣味性、实用性和启发性为一体，通过大量照片，直观、真实地反映元器件外形、工具操作和制作过程等，让读者"亲眼"看到一个个生动有趣的电子作品是如何动手做出来的！

　　在这本书里，读者可以了解到一个个电子创意作品的电路原理、制作方法，还可以了解到它们是如何满足生活的需要，是如何应用到生活中去的。所以，本书是对电子制作过程的完全的展示。

　　本书中的制作实例全部是作者近20多年来的个人创作，部分作品在《无线电》《电子世界》《北京电子报》《家用电器》《电子制作》《发明与创新·中学时代》《家庭电子》等报刊发表后，受到读者的广泛欢迎，并被有些厂家直接采用开发出了新产品。在此，作者声明，他人未经作者同意，不得抄袭本书文章。

　　参加本书编写的人员还有张汉林、苟淑珍、李凤、张爱迪、陈新宇、张益铭。在此谨向所有关心、支持本书出版的同志一并表示衷心的感谢！由于作者水平有限，书中难免有错误与不妥之处，恳请广大读者提出意见、建议和批评，以便再次修订时使本书臻于完善。本人 E-mail：zxd-dz@tom.com。

　　愿本书能够成为广大初学者和青少年电子爱好者"动手做"的知心朋友，为他们初学入门、尽快步入电子殿堂提供有效的帮助！

张晓东

目　录

基础篇

实战篇

方案篇

基础篇

一、电子制作常用工具

电子制作常用的工具可分为扳件加工、安装焊接和检测调试三大类。扳件加工类工具主要有锥子、钢板尺、刻刀、螺丝刀、钢丝钳、小型台钳、手钢锯、小钢锉、锤子、手电钻等；安装焊接类工具主要有镊子、铅笔刀、剪刀、尖嘴钳、偏口钳、剥线钳、热熔胶枪、电烙铁等；检测调试类工具主要有测电笔、万用表等。

（一）镊子

镊子是电子爱好者最常用的一种工具，有直头镊子和弯头镊子两种，如图 1.1.1 所示。

电子元器件大多比较细小，装配的空间也常常比较狭小，这时，镊子就是手指的延伸，如图 1.1.2（a）所示。

镊子还可用于焊接电子器件时帮助散热。比如在焊接晶体二极管和晶体三极管时，为了保护器件不因高温而损坏，可按图 1.1.2（b）所示，用镊子夹住管脚上方，帮助散热。

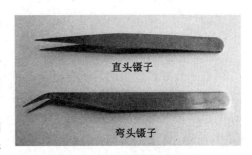

图 1.1.1　镊子

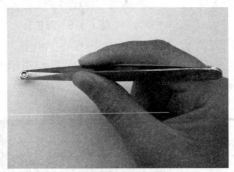

(a)安装时夹持小件

(b)焊接时帮助散热

图 1.1.2　镊子的用法

镊子应选用不锈钢材质的，要求弹性好、尖头吻合良好，总长度 110～130mm 为宜。医用小镊子用起来效果也挺不错。

（二）锥子

锥子主要用来在纸板或薄胶木板上扎孔，或穿透电路板上被焊锡堵塞的元器件插孔等。常见的锥子有塑料柄、木柄和金属柄几种，如图1.1.3所示，其中金属柄的锥头可以更换。

（三）钢板尺

钢板尺的实物如图1.1.4所示，尺面上刻有尺寸刻线，最小尺寸刻度线为0.5mm，其长度规格有150、300、500、1000mm等。电子爱好者选购150mm或300mm的比较合适。钢板尺主要用来量取尺寸、测量元器件尺寸，也可以作为划直线的导向工具。由于常见钢板尺采用不锈钢材料制成，所以也称不锈钢直尺。

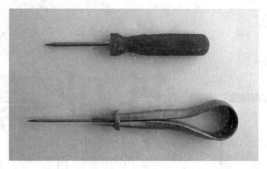

图1.1.3　锥子

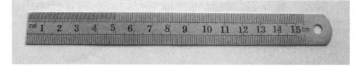

图1.1.4　钢板尺

（四）刀子

电子爱好者常用的刀子有铅笔刀和美工刀两种，其实物如图1.1.5所示。铅笔刀可用来刮净元器件引线或印制电路板等焊接处。美工刀由刀架、可更换和伸缩的刀片组成，常用来切割各种材料和清除电路板、装置外壳等加工后出现的毛边。

铅笔刀选购学生用普通小铅笔刀即可。美工刀有多种规格，一般以刀片的长度表示，选择刀片长度为80mm的美工刀比较合适。

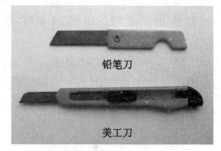

图1.1.5　刀子

另外，本书制作实例的印制电路板全部采用刀刻法加工而成，这就需要图1.1.6（a）、（b）所示的木刻刀或石刻刀。图1.1.6（c）所示为多功能套装刻刀，配有3种刀柄、13种刀头，使用起来特别方便。

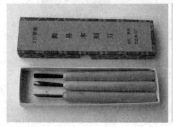

(a)木刻刀

(b)石刻刀

(c)多功能套装刻刀

图1.1.6　刻刀

（五）剪刀

剪刀是常用工具，其实物如图 1.1.7 所示。在电子装配中，剪刀主要用来剪切各种导线、细小的元器件引脚及套管、绝缘纸、绝缘板等。使用比较熟练后，也可以用它来剥除导线的绝缘皮，起剥线钳的作用。

建议读者选用图 1.1.7（b）所示的优质"钢线剪刀"，其刀口锋利并带有防滑牙，手柄带有使刀口自动张开的弹簧和关闭刀口的挂钩，可轻松剪切 2mm 厚的铁皮，省力自如，是电子制作中非常得力的助手。

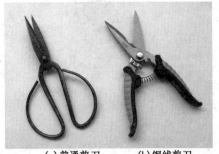

(a)普通剪刀　　(b)钢线剪刀

图 1.1.7　剪刀

（六）螺丝刀

螺丝刀又叫改锥或螺丝起子，是电子爱好者最常用的一种工具。螺丝刀由柄、杆、头三部分组成。它种类很多，按柄部材料的不同，可分为木柄螺丝刀、塑料柄螺丝刀等；按头部形状的不同，可分为"一"字形和"十"字形螺丝刀两种，分别用以拧动不同槽型的螺钉。其实物如图 1.1.8 所示。

使用大螺丝刀时，按图 1.1.9（a）所示，右手手掌要顶住柄的末端，用右手的拇指、食指及其他 3 指紧紧握住螺丝刀柄，这样才能使出较大的力气。使用小螺丝刀时，一般不需要使太大的力气，可按图 1.1.9（b）所示操作。

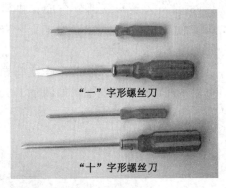

"一"字形螺丝刀

"十"字形螺丝刀

图 1.1.8　螺丝刀

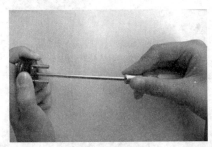

(a)操作大螺丝刀　　　　　　　　(b)操作小螺丝刀

图 1.1.9　螺丝刀的持法

使用螺丝刀时要注意，应根据螺钉的大小，选用合适的螺丝刀。螺丝刀的刃口要与螺钉槽相吻合，不要凑合使用，以免损坏刃口或螺钉。操作时螺丝刀杆要与螺钉帽的平面相垂直，不要倾斜。"一"字形的螺丝刀刃口不平时，可用砂轮或粗石打磨。"十"字形螺丝刀刃口若磨损，可用钢锉锉好。此外，不要将螺丝刀当凿子用。

选购螺丝刀时，不妨购买图 1.1.10 所示的套装件。它配有多种规格的旋具和一把塑料大手柄，大手柄可套在各种旋具的小手柄上，使用起来更为省力。它所配的一把钻孔用尖头锥子和一把开螺纹孔的旋具，在电子制作中很有用。

(a)外形

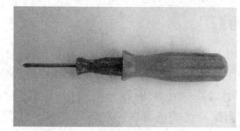

(b)加长手柄

图 1.1.10 套装螺丝刀

（七）尖嘴钳

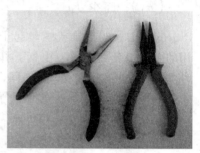

图 1.1.11 尖嘴钳

尖嘴钳由钳头、钳柄和用来使尖嘴钳自动张开的弹簧（有的没有弹簧）三部分构成。和其他钳子相比，它的钳头细而尖，并带有刀口，钳柄上套有绝缘套。尖嘴钳的实物如图 1.1.11 所示。

尖嘴钳适合在狭小的工作空间操作。尖嘴钳在使用时可以平握，也可以立握，如图 1.1.12 所示。

尖嘴钳的用途如图 1.1.13 所示，但它不能剪较粗的金属丝，以防止刀口损坏。

(a)平握法

(b)立握法

图 1.1.12 尖嘴钳的握法

(a)折弯金属线

(b)夹持小零件

(c)剪断硬电线或细金属丝

图 1.1.13 尖嘴钳的用法

读者如能搞到图 1.1.14 所示的医用直头手术钳，则在许多情况下用起来比尖嘴钳还要方便。这种直头手术钳不但具有很好的夹持力，而且具有夹紧保持功能，在焊接小元器件和拆卸电子装置时非常有用。

（八）偏口钳

偏口钳又叫桃口钳或斜口钳，它由钳头、钳柄和弹簧构成，实物如图1.1.15所示。偏口钳的刀口和钳头的一侧基本上在同一个平面上。偏口钳的主要功能跟剪刀差不多，用于剪切，但由于它的刀口比较短和厚，所以可以用来剪切比较坚硬的元件引脚和较粗的连接线等。有的偏口钳刀口处还有小缺口，专门用来剥电线外皮。

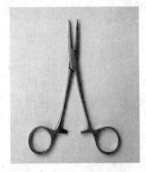

图1.1.14　直头手术钳

图1.1.15　偏口钳

偏口钳的用途和用法如图1.1.16所示。在用于剥导线的绝缘外皮时，要控制好刀口咬合力度，既要咬住绝缘外皮，又不会伤及绝缘层内的金属线芯。使用时要注意不能用来剪硬度较大的金属丝，以防止钳头变形或断裂。

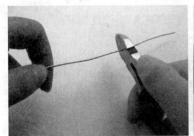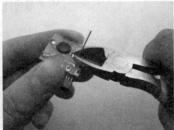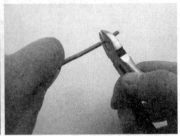

(a)剪断细金属丝　　　　　　　(b)修剪多余线头　　　　　　　(c)剥掉导线外皮

图1.1.16　偏口钳的用法

优质的剪刀或普通的指甲刀也可用来代替偏口钳，效果也不错。图1.1.17所示的指甲刀，用它修剪电路板焊接后多余的线头时，感觉会非常顺手。事实上，在制作中，偏口钳可以不用，但指甲刀却是必备的小工具。

图1.1.17　普通指甲刀

（九）钢丝钳

钢丝钳又叫平口钳，由钳头、钳柄两部分组成，如图1.1.18所示。钳头由钳口、齿口、刀口及铡口4部分组成，钳柄上套有耐压500V的绝缘套。

钢丝钳功能较多，可以夹持、弯扭和剪切金属薄板，剪断较粗的金属线，还可以用来剥去导线的绝缘外皮，拧动螺母，起钉子等。使用时用右手握住钳柄，根据需要分别使用钳头的 4 个部位；钳口用来夹持导线线头、弯绞导线及金属丝，见图 1.1.19（a）；齿口用来固紧或起松螺母，见图 1.1.19（b）；刀口用来剪切导线及金属丝，剖切并勒下软导线线头的绝缘层，见图 1.1.19（c），使用时要使导线或金属丝与刀口平面相垂直，在剪断金属丝或导线时用力要猛，在咬切、勒掉导线线头的绝缘外皮时用力要适当，以防损伤导线的芯线；铡口用来铡切导线线芯和钢丝、铁丝等较硬的金属丝，见图 1.1.19（d）。

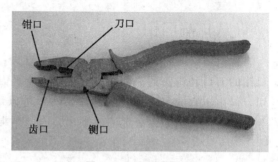

图 1.1.18　钢丝钳

　　使用时要注意，不要用钢丝钳敲击金属物，否则会造成钳轴变形，使钢丝钳动作不灵活；不要用钢丝钳的刀口剪过粗或过硬的钢丝，以防止卷刃。要定期在钢丝钳的钳轴处注入润滑油，以保持钢丝钳动作灵活。

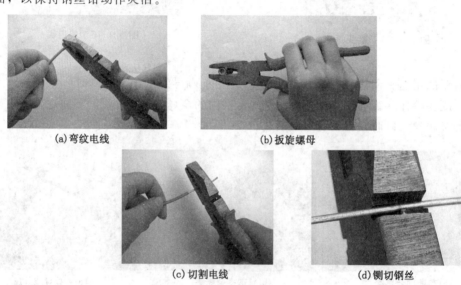

(a) 弯纹电线　　　　　　　　(b) 扳旋螺母

(c) 切割电线　　　　　　　　(d) 铡切钢丝

图 1.1.19　钢丝钳的用法

（十）剥线钳

　　剥线钳是专门用于剥除电线端部绝缘层的工具，如图 1.1.20（a）所示。剥线钳主要由钳头和手柄组成，结构较复杂。图 1.1.20（a）左边的剥线钳，钳头刀口处有口径为 0.5～3mm 的多个切口，使用时应根据导线直径选择合适的切口。图 1.1.20（a）右边的剥线钳，钳头刀口不带可供选择的切口，但有剥线头长度显示和剪切电线的刀口，使用更为方便。

　　使用剥线钳时，用右手握住钳柄，按图 1.1.20（b）、（c）所示进行操作。在使用图 1.1.20（a）左边的剥线钳时还要注意，所选择的切口直径要稍大于线芯直径。如果切口的直径小于线芯直径，就会切伤芯线，剥线钳也会受到损伤。

（十一）小型台钳

　　对电子爱好者来说，台钳并不是必备的工具。但拥有一台如图 1.1.21 所示的可在工作

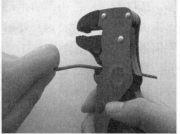

(a)两种剥线钳	(b)剥线	(c)剪线

图 1.1.20　剥线钳及其用法

台边沿或木凳子上卡固的小型台钳（也叫桌虎钳），用来夹紧各种加工件，以便割锯、锉削和打孔等，会让制作过程得心应手。这种小型台钳附有小铁砧，可用锤子在它上面敲打小金属板、砸铆钉等。但不可在它上面敲击大体积的工件，否则台钳中的丝杠容易被砸弯，钳口也容易被砸坏。

　　还有一种专门为精密作业而制的吸附式小型台钳如图 1.1.22 所示。吸附式小型台钳可夹持最大 40mm 的工件，其橡胶吸盘底座可以很牢固地将台钳吸附在玻璃桌面等光滑的台面上，安装和拆卸都很容易。该类台钳专门用于夹固线路板和小零件等，以方便电子制作中的焊接和拆卸。

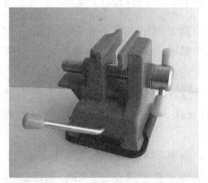

图 1.1.21　小型台钳　　　　　　　　图 1.1.22　吸附式小型台钳

（十二）手钢锯

　　手钢锯主要由锯弓、锯条和手柄组成，如图 1.1.23 所示。锯弓通常是活动的，可以配用 200、250、300mm 长的锯条。在锯弓上安装锯条时，锯齿尖端要朝前方，否则操作起来很困难；锯条的松紧要合适，一般以两个手指能把紧固锯条的元宝螺母拧紧为度。

　　在电子制作中，手钢锯一般只用来锯割各种体积不大的金属板或电路板

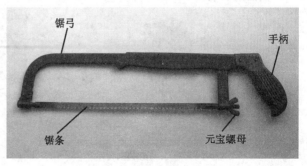

图 1.1.23　手钢锯

等，所以购买一把小号的手钢锯就能满足需要。手钢锯的使用方法如图 1.1.24 所示，如果锯割的是非金属材料，只要用左手拿住锯割件，右手握住钢锯的手柄，在锯割部位来回推拉手钢锯就可以了，如图 1.1.24（a）所示；如果锯割的是小金属件，可先把锯割件夹在台钳上，然后用左手把稳锯弓头部，右手握住手柄，来回推拉手钢锯。应当注意：往前推时要用力，往后拉时只要乘势收回，不要用力过大，否则锯条很容易折断；要充分利用锯条的全长锯割，这样可以延长锯条的使用寿命。

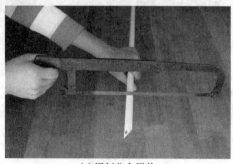

(a)锯割非金属件　　　　　　　　　(b)锯割金属小件

图 1.1.24　手钢锯的用法

（十三）小钢锉

　　小钢锉可用来锉平机壳开孔处、电路板切割边的毛刺，以及锉掉电烙铁头上的氧化物等。钢锉的规格很多，电子爱好者选用图 1.1.25 所示的小型平锉（又称板锉）、三角锉等，便可满足各种需要。

　　小钢锉的使用方法如图 1.1.26 所示，只要用左手拿住锉削件，右手握住钢锉的手柄，将钢锉压在锉削部位，来

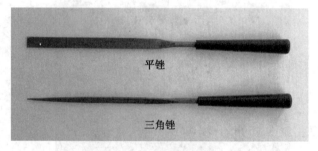

平锉

三角锉

图 1.1.25　常用小钢锉

回推拉钢锉就可以了；如果锉削的是小金属件，可先把锉削件夹在台钳或钢丝钳上，然后用钢锉进行锉削。要随时观察锉削的部位，通过右手控制、修正钢锉的运动方向、角度和压力，使锉削符合要求。

(a)锉削大件　　　　　　　　　(b)锉削小件

图 1.1.26　小钢锉的用法

使用小钢锉时应当注意：钢锉质地硬脆，易断裂，不允许将小钢锉当作其他工具（如撬棒、锥子等）使用；一面用钝后再用另一面，并充分利用钢锉的全长，这样可以延长小钢锉的使用寿命。

建议读者选购如图 1.1.27 所示的套装钢锉。它一般配有 10 个品种，有平锉、三角锉、方锉、半圆锉、扁圆锉、圆锉等，钢锉的齿纹又分单齿纹和双齿纹两种。这种套装件适应性较强，在加工机壳上各种形状和大小的安装孔时尤其适合。

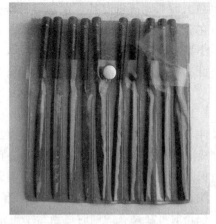

图 1.1.27　套装钢锉

（十四）锤子

锤子又叫榔头、手锤、掌锤，在电子制作中，可用来敲金属板、砸铆钉等。可选用如图 1.1.28 所示的能起钉子的羊角锤，在加工木制外壳时尤为适用。

（十五）热熔胶枪

热熔胶枪是用来加热熔化热熔胶棒的专用工具，如图 1.1.29 所示。热熔胶枪内部采用居里点≥280℃的 PTC 陶瓷发热元件，并有紧固导热结构，当热熔胶棒在加热腔中被迅速加热熔化为胶浆后，用手扣动扳机，胶浆从喷嘴中挤出，供粘固用。

图 1.1.28　羊角锤

热熔胶是一种黏附力强、绝缘度高、防水、抗震的粘固材料，使用时不会造成环境污染。实践证明，无论是采用热熔胶粘固机壳，还是将印制电路板粘固在机壳内部，或将电子元器件粘固在绝缘板上，均显得灵活快捷，且装拆方便。但注意它不适宜粘接发热元器件和强振动部件。

按使用场合的不同，热熔胶枪分为大、中、小 3 种规格，并且喷嘴有各种形状。电子制作

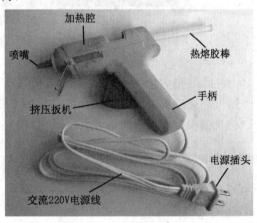

图 1.1.29　热熔胶枪

时采用普通小号热熔胶枪，即可满足各种粘固要求。小号热熔胶枪的耗电一般为 $10\sim15$W，使用 $\phi7$mm×200mm 的胶棒，喷嘴尺寸为 $\phi2$mm。

热熔胶枪适用于大批量粘固，但进行电子小制作时由于每次的粘固量不是很大，使用热熔胶枪反而发挥不出应有的优势，而且每次漏失的胶浆多于粘固所用的胶浆。可以采用电烙铁加热熔化热熔胶棒的方法进行粘固，也简便易行。

（十六）手电钻

手电钻是一种携带方便的小型钻孔用工具，由小电动机、控制开关、钻夹头和钻头几部分组成。手电钻的规格是以钻夹头所能夹持钻头的最大直径来表示的，常见的有 $\phi3$、$\phi6$、

$\phi 10$、$\phi 13mm$ 等几种。在电子制作中，手电钻主要用于在金属板、电路板或机壳上打孔。适合电子制作使用的小型手电钻实物如图 1.1.30 所示，其规格多为 $\phi 3mm$，可夹持最小 $\phi 0.5mm$、最大 $\phi 3mm$ 的多种钻头。

图 1.1.30　手电钻

使用手电钻打孔前，一般先要在钻孔的位置上按图 1.1.31（a）所示用尖头冲子冲出一个定位小坑。尖头冲子可用普通水泥钉代替或用废钻头在砂轮上打磨而成。然后按图 1.1.31（b）所示钻孔，钻头应和加工件保持垂直，手施加适当的压力。刚开始钻孔时，要随时注意钻头是否偏移中心位置，如有偏移，应及时校正。校正时可在钻孔的同时适当给手电钻施加一个与偏移方向相反的水平力，逐步校正。

(a) 冲坑　　　　　　　(b) 钻孔

图 1.1.31　手电钻的用法

钻孔过程中，给手电钻施加的垂直压力应根据钻头工作情况，凭感觉进行控制。孔将钻穿时，送给力必须减小，以防止钻头折断，或使钻头卡死等。

建议购买如图 1.1.32 所示的套装电钻。它配有 $\phi 0.5$、$\phi 1$、$\phi 1.5$、$\phi 2$、$\phi 2.5$、$\phi 3mm$ 5 种规格的钻夹头，以及与钻夹头适配的钻头、交流 220V/直流 12V 电源变换器、4 个小砂轮等，可用于钻孔、打磨、抛光，是加工电路板和机壳等非常合适的工具。

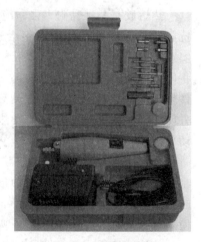

图 1.1.32　套装手电钻

（十七）测电笔

测电笔又称验电笔或试电笔，是一种用来测试电线、用电器和电气装置是否带电的工具，常做成钢笔式或起子式（螺丝刀式），如图 1.1.33 所示。其内部由串联的高阻值电阻器、专用小氖管、弹簧等构成，笔的前端是金属探头，后部设有小氖管发光窗口，以及笔夹或金属帽，使用时作为手触及的金属部分。普通低压试电笔的电压测量范围为 $60\sim 500V$。

测电笔的握法如图 1.1.34 所示，用手握住测电笔，使人手皮肤接触到笔末端的金属体（如笔夹或金属帽），氖管小窗背光并朝向自己。但应注意皮肤切不可触及笔尖金属体，以免发生触电事故。笔握妥后，用笔尖（钢笔式的笔尖或起子式的头）去接触测试点，观察氖

管是否发光。如果氖管发光明亮，说明测试点带电。如果氖管不发光或仅有微弱的光，有可能是测试点表面不清洁，也有可能笔尖接触的是地线。正常的情况下，地线是不会使氖管发光的。必须对具体情况作具体的分析，这时可用笔尖划磨几下测试点，或把笔尖移到同一路线的另一个触点上再试试。如果反复测试几次，氖管仍旧不发光或仅有微弱的光，就说明这个测试点不带电或是地线。

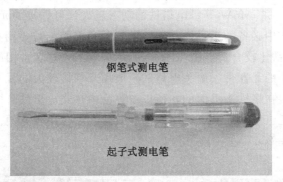

图 1.1.33　测电笔

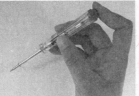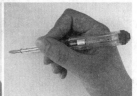

(a)正确握法　　　　　　　　　　　　　　(b)错误握法

图 1.1.34　测电笔的握法

　　测电笔工作时有电流通过人体流入大地，但由于测电笔里的降压电阻阻值很大（达到 2MΩ），因此通过人体的电流很微弱，属于安全电流，不会有危险。

　　测电笔除了测试 220V 交流电以外，还有以下特殊用途：

　　①区别直流电与交流电：交流电通过测电笔时，氖管里的两个极同时发亮，而直流电通过测电笔时，氖管里两个电极只有一个发亮。

　　②区别直流电的正负极：把测电笔连接在直流电的正、负极之间，氖管发亮的一端即为直流电的负极。

　　③区别电平的高低：测试时可根据氖管发亮的强弱来估计电平的高低。如果氖管发暗红色光，微亮，则电平低；如氖管发黄红色光，很亮，则电平高。

　　④识别相线碰壳：用测电笔触及洗衣机、电冰箱、电熨斗、电吹风等家用电器的金属外壳，若氖管发亮，则说明该家用电器的相线有碰壳现象。如果壳体上有良好的接地装置，氖管是不会发亮的。

　　最后特别强调的是，测电笔作为一种具有安全检测功能的测试工具，每次使用前都应在已确认的带电体（比如电源插座）上测试一下，看到氖泡能正常发光后再使用，以防止因测电笔失灵而造成触电事故！

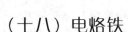

（十八）电烙铁

电烙铁是手工施焊的主要工具，它通电后由加热电阻丝或 PTC 元件发热，再将热量传送给烙铁头来实现焊接的。电烙铁主要由烙铁头、金属外壳、发热芯子、绝缘手柄、电源线和电源插头等部分组成。常见的电烙铁有外热式、内热式、速热式和吸锡电烙铁等多种，功率有 16、20、25、30、35、45W 等。电烙铁的功率越大，可焊接的元器件体积也越大。

电烙铁是电子制作中必备的工具，元器件的安装和拆卸都需要用到它。业余电子制作以选用 16～25W 的电烙铁比较合适。图 1.1.35 所示为电子爱好者常用的两种电烙铁，尖头电烙铁常用来焊接较细小的元器件，扁头电烙铁一般用来焊接较大的元器件。由于这两种电烙铁的发热芯子都是安装在烙铁头里面的，所以统称为内热式电烙铁。内热式电烙铁的特点是体积较小、发热快、耗电小，而且更换烙铁头和发热芯子也比较方便。在连续使用中，烙铁头工作面温度可保持在 250℃左右。

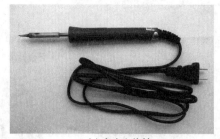
(a)尖头电烙铁

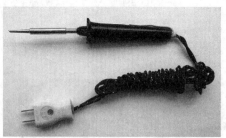
(b)扁头电烙铁

图 1.1.35　电烙铁

以往的内热式电烙铁为紫铜烙铁头，发热芯子采用电热丝绕制而成，寿命不是很长。现在大部分烙铁头采用了镀有保护层（如锌）的铜头，具有极强的抗腐蚀能力；发热芯子则采用了新一代半导体 PTC 陶瓷材料，其外形与电热丝芯子一致，可以互换。采用了抗腐蚀烙铁头和 PTC 发热芯子的电烙铁，有着"长寿命电烙铁"之称，它不仅使用寿命高达 2000 小时以上，而且可以防静电、防感应电，能直接焊接 CMOS 器件。图 1.1.35（a）所示的尖头电烙铁就是这种"长寿命电烙铁"，建议读者购买时作为首选产品。但应注意，这种电烙铁在初次使用时，不能用砂纸或钢锉打磨烙铁头，如将其表面的镀层磨掉，就会使烙铁头不再耐腐蚀。

用电烙铁进行焊接时，常用的焊锡和焊剂如图 1.1.36 所示。为方便使用，焊接电子元器件用的焊锡通常做成焊锡丝的形式，焊锡丝内一般都含有助焊的松香。松香是最常用的一种助焊剂，主要作用是防止烙铁头在高温时氧化，并且能够增强焊锡的流动性，使焊接更容易进行。松香既可以直接用，也可以溶解在无水酒精中配制成松香溶液使用。

松香

焊锡丝

图 1.1.36　焊锡丝与松香

实际使用时，为了防止电烙铁烫坏桌面、自身电线等，加热后的电烙铁，必须放在如图 1.1.37 所示的烙铁架上。烙铁架可以购买如图 1.1.37（a）所示的成品，也可参照图 1.1.37（b）用铁皮或粗铁丝等弯制。成品烙铁架底座上配有一块耐热且吸水性好的圆形海绵，使用时加上适量的水，可以随时用于擦洗烙铁头上的污物等，保持烙铁头光亮。

 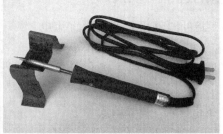

(a)搁在成品烙铁架上　　　　　　　　　(b)搁在自制烙铁架上

图 1.1.37　搁在烙铁架上的电烙铁

新电烙铁在使用前，必须先给烙铁头挂上一层锡，俗称"吃锡"。具体方法是：先接通电烙铁的电源，待烙铁头可以熔化焊锡时用湿毛巾将烙铁头上的漆擦掉，再用焊锡丝在烙铁头的头部涂抹，使尖头覆盖上一层焊锡。也可以把加热的烙铁头插入松香中，靠松香除去尖头上的漆，再挂焊锡。对于紫铜烙铁头，可先用小刀刮掉烙铁头上的氧化层，待露出紫铜光泽后，再按上述挂上焊锡。

给烙铁头挂锡的好处是保护烙铁头不被氧化，并使烙铁头更容易焊接元器件。一旦烙铁头"烧死"，即烙铁头温度过高使烙铁头上的焊锡蒸发掉，烙铁头被烧黑氧化，元器件焊接就很难进行，这时要用小刀刮掉氧化层，重新挂锡后才能使用。所以当电烙铁较长时间不使用时，应拔掉电源防止电烙铁"烧死"。

使用电烙铁要特别注意安全，必须认真做到以下几点：电烙铁的外壳应可靠接地。每次使用前，都应认真检查电源插头和电源线有无损坏，烙铁头有无松动。使用过程中严禁敲击、摔打电烙铁。烙铁头上焊锡过多时，可用布擦掉。焊接过程中，电烙铁不能到处乱放，不焊接时应将电烙铁放在烙铁架上，严禁将电源线搭在烙铁头上，以防烫坏绝缘层而发生事故！使用结束后，应及时切断电烙铁电源，待完全冷却后再收回工具箱。

二、 万用表的使用

万用表是电子制作中必备的测试仪表，它不仅能够测量电路中的电压、电流和电阻等多种电量的大小，还能检测电子元器件的好坏，故称之为"万用表"。

万用表的种类很多，按显示不同，可分为指针式和数字式；按外形结构不同，又可分为台式和便携式等。万用表种类虽然很多，但其主要组成不外乎是表头（高精度直流微安表）或液晶显示屏、测量线路、挡位选择开关、测量插孔等几部分。

指针式万用表相对于数字式万用表来讲，读取精度较低，但指针摆动的过程比较直观，其摆动速度和幅度有时也能比较客观地反映被测量值的大小。数字式万用表是后起之秀，由于有灵敏度高、功能齐全、测量种类多、测量直观（可直接显示被测量的大小）、性能稳定、过载能力强、轻便、不易损坏等优点，得到迅速普及，正逐步取代指针式万用表。

现以电子爱好者使用最普遍的 MF50 型指针式万用表和 DT830B 型数字式万用表为例，分别介绍它们的使用方法。

（一）指针式万用表

MF50 型指针式万用表可测量直流电流、直流电压、交流电压、电阻等多种电量，使用方便，且量程宽阔。该万用表的外形如图 1.2.1 所示。

MF50 型指针式万用表的表盘中有刻度线、指针（平时静止停在左侧零线上）及机械调零旋钮等，由指针所指刻度线的位置读取测量值。机械调零旋钮位于表盘下部中间位置，通过调节它可以使指针停在刻度线左侧的零线上。

MF50 型万用表共有 8 条刻度线，如图 1.2.2（a）所示，从上往下数，第 1 条刻度线是测量电阻时读取电阻值的欧

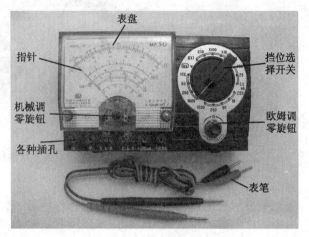

图 1.2.1　MF50 型指针式万用表

姆刻度线；第 2 条刻度线是测量交流电压、直流电压和电流时的共用刻度线；第 3 条刻度线是测量 10V 以下交流电压的专用刻度线；第 4、第 5 条刻度线是测量小功率晶体三极管直流电流放大系数 h_{FE} 的专用刻度线。第 6 至第 8 条刻度线分别是测量负载电流、负载电压和交流 dB 的专用刻度线，平常较少使用，具体用法可查看万用表附带的使用说明书。

挡位选择开关的作用是选择测量的项目和量程。测量插孔主要用于连接测试表笔，此外还有专门用于测试晶体三极管的插孔。MF50 型指针式万用表的挡位选择开关（以及欧姆调零旋钮）见图 1.2.2（b），各种插孔见图 1.2.2（c）。

新购买的万用表在使用之前，首先应打开万用表的后盖，按照图 1.2.3（a）所示，将一块 10F20－15V 型叠层干电池和一节 5 号干电池（1.5V）装入万用表的电池夹内。然后，在桌面平放万用表，注意观察指针是否指在零位，如不指在零位，可按照图 1.2.3（b）所示，用小螺丝刀旋动机械调零旋钮，使指针调到零位。最后，按照图 1.2.3（c）所示，把红、黑两个表笔插入插孔内，根据需要选择好 ＊ 挡位选择开关，便可进行测试了。表笔分红、黑两色以区别极性，红色的为正表笔，插在万用表的"＋"（或"＋100μA"、"＋2.5A"）插孔内，黑色的为负表笔，插在万用表的"＊"插孔（公用插孔）内。

在电子制作中，测量电阻、电压、电流和晶体三极管的 h_{FE} 等是万用表最基本的应用，下面分别予以介绍。读者在掌握了这几种基本测量后，还可推广应用，这要在今后的学习和实践中不断积累经验，逐步掌握。

1. 电阻的测量

首先，大致确定出被测电阻阻值的范围，按照图 1.2.4（a）所示，将挡位选择开关旋转到合适的电阻挡量程。所选量程以能让指针指在表盘中部为宜，例如，估计被测电阻为 2000Ω 左右，可选择"Ω×100"挡。

然后，按照图 1.2.4（b）所示，把红、黑两个表笔短路，通过调节"Ω"调零旋钮，使指针指在 0Ω 位置上（即满刻度位置）。

最后，按照图 1.2.4（c）所示，用表笔接触被测电阻的两端，从欧姆刻度上读出读数，并乘上该挡量程的倍率，即得出被测电阻的阻值。本例中读数为 20，将 20 乘上该挡的倍乘

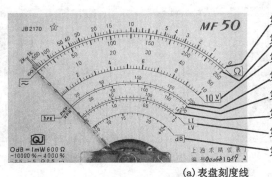

第1条：欧姆刻度线
第2条：直、交流电压/电流刻度线
第3条：交流10V挡专用刻度线
第4条：PNP型三极管放大系数刻度线
第5条：NPN型三极管放大系数刻度线
第6条：负载电流刻度线
第7条：负载电压刻度线
第8条：交流dB刻度线

(a) 表盘刻度线

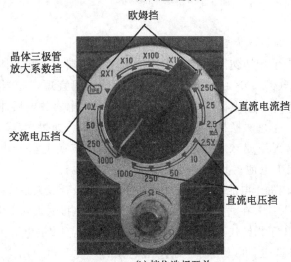

欧姆挡

晶体三极管
放大系数挡

直流电流挡

交流电压挡

直流电压挡

(b) 挡位选择开关

黑表笔插孔　红表笔插孔　　　　　　　　100μA小电流测量插孔

PNP型三极管引脚插孔　　NPN型三极管引脚插孔　　2.5A大电流测量插孔

(c) 各种插孔

图 1.2.2　MF50 型指针式万用表的面板（局部）

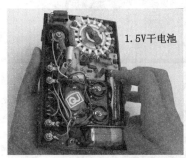

1.5V干电池

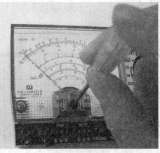

(a) 装好干电池　　　　　(b) 机械调"零"　　　　　(c) 插好表笔

图 1.2.3　测量前的准备工作

| (a)选择量程 | (b)欧姆调"零" | (c)进行测量 |

图 1.2.4　电阻的测量

率 100，最终得出该电阻器的阻值为 2000Ω。

　　测量电阻时要注意：①手指切勿同时接触电阻或表笔的两端，否则人体电阻与被测电阻并联，测量结果误差较大。②"Ω×1"挡耗电较大，测试时间宜短。③当测量电路中的电阻时，应将电路的电源切断，如果电路中有电容存在，应先将电容放电后才能测量。切勿在电路带电情况下测量电阻。④每次换挡后，都要进行欧姆调零。如果"Ω"调零旋钮不能让指针指在 0Ω 位置，一般情况下是表内干电池电压不足了，应换上新干电池（对应"Ω×10k"挡，需更换 15V 叠层干电池；其他挡则更换 1.5V 干电池）。

　　需要说明的是，万用表内的干电池只在使用欧姆挡和晶体三极管放大系数挡时才有用。其中 15V 干电池仅用于"Ω×10k"挡。在测量电阻时，万用表的黑表笔接通表内干电池的正端，红表笔接通表内干电池的负端。由于指针式万用表在测量电阻时其表笔输出的电流相对于数字万用表来说大许多，所以用"Ω×1"挡可以使扬声器发出响亮的"哒"声，用"Ω×10k"挡可以点亮发光二极管，这在借助欧姆挡灵活、巧妙地测试电子元器件时非常方便，也非常有用。

2. 直流电压的测量

　　把万用表的挡位选择开关旋转到与被测电压相应的直流电压挡上，红表笔接触电路的正端，黑表笔接触电路的负端，测量结果直接从电压刻度上读出。如果电压极性判断错了，发现表针反摆，可以把两根表笔调换一下再进行测量。

　　例如，测量 1 节干电池的实际电压，其标称电压为 1.5V，万用表量程可选直流"2.5V"挡，红、黑表笔按照图 1.2.5（a）所示进行接触即可。

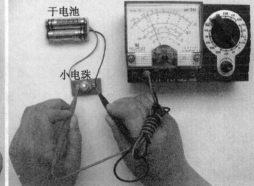

| (a)测干电池电压 | (b)测小电珠电压 |

图 1.2.5　直流电压的测量

当测量图 1.2.5 (b) 中小电珠两端的工作电压时，由于两节串联干电池的电压≥3V，就必须把万用表挡位旋钮拨到直流 10V 挡，并将红表笔接在小电珠与电池正极相连的一端，将黑表笔接在小电珠与电池负极相连的一端，即万用表与被测的小电珠并联。此时，指针在表盘第 2 条刻度线上指示的读数（2.55V），就是小电珠的工作电压。

需要注意的是，在测量直流电压时，绝对不允许误用内阻很小的直流电流挡，否则会使被测电路短路，导致万用表因过流而烧坏。另外，挡位选择在电压挡（尤其是低电压挡）时，指针式万用表的内阻相对于数字式万用表的要小许多，并联的万用表内阻会对被测电路产生一定的分流，使得测量出现误差，尤其在某些高电压、微电流的场合，甚至无法测出正确的电压值。

3. 直流电流的测量

首先，根据所测电流的估计大小，把万用表的挡位选择开关旋转到相应的电流挡上；然后，将万用表串接在被测电路中（通常要先切断被测回路），红表笔接触电路的正端，黑表笔接触电路的负端，测量结果直接从电流刻度上读出。当使用万用表 $100\mu A$ 挡或 2.5A 挡时，挡位选择开关都应转到"250mA"位置上（或除了欧姆挡和 h_{FE} 挡以外的其他挡上），但红表笔在使用 $100\mu A$ 挡时应插在"$+100\mu A$"的插孔内，在使用 2.5A 挡时应插在"$+2.5A$"的插孔内。

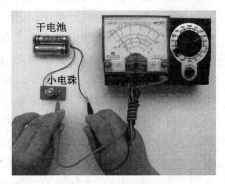

图 1.2.6 直流电流的测量

例如，要测量图 1.2.6 中流过小电珠的工作电流（也就是干电池的输出电流），可选用万用表"$+2.5A$"挡，并将万用表串入电回路中。此时，指针在表盘第 2 条刻度线上指示的读数（260mA），便是小电珠的工作电流。

4. 交流电压的测量

与测量直流电压相似，但不考虑红、黑表笔的极性选择，只需把挡位选择开关旋转到交流电压的测量挡即可。但需要注意的是，交流 10V 挡测量结果看第 3 条专用刻度线，其他各挡看第 2 条刻度线。

图 1.2.7 是测量 220V 交流电压的情形，图中挡位选择开关选"250V"挡，读数为 225V。由于电压较高，操作时一定要注意安全，表笔应无破损，手切勿触及表笔金属头，以防发生触电！千万注意不要错用电流挡或欧姆挡测量 220V 交流电，否则会损坏万用表。

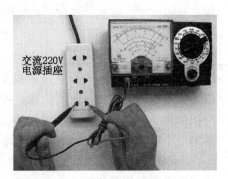

图 1.2.7 交流电压的测量

5. 晶体三极管 h_{FE} 的测量

晶体三极管的直流电流放大系数 h_{FE}（也可用 $\bar{\beta}$ 表示），指的是集电极电流 I_c 与基极电流 I_b 的比值，它反映了三极管对直流信号的放大能力，是衡量晶体三极管性能的重要电参数之一。需要说明的是，晶体三极管还有一个更为重要的电参数——交流电流放大系数 β（也称动态电流放大系数），它指的是集电极电流的变化量 ΔI_c 与基极电流变化量 ΔI_b 的比值，由于一般条件下不容易测量出，所以在要求不高的业余条件下，通常可粗略地认为 h_{FE} 等于 β。常用小功率晶体三极管的 h_{FE} 值为 20～200。

测量 h_{FE} 时，应先把万用表的挡位选择开关旋转到 "$\Omega \times 1k$" 挡，并将指针调在 0Ω 位置；再把挡位选择开关旋转到 "h_{FE}" 挡，按照图 1.2.8 所示，把小功率晶体三极管的发射极 e、基极 b、集电极 c 三个引脚分别插入万用表上对应的 c、b、e 插孔内，这时在 h_{FE} 刻度上即可读出 h_{FE} 的大小。但要注意 PNP 管看第 4 条刻度线，NPN 管看第 5 条刻度线。

NPN型晶体三极管

图 1.2.8　晶体三极管 h_{FE} 值的测量

6. 其他注意事项

使用指针式万用表时还必须注意：①应轻拿轻放万用表，避免剧烈震动，以免造成表头的测量机构损坏。②要远离高温或有强磁场的地方，以免表头中的永久磁铁退磁而降低测量精度。③每次测量前，要先查看所选测量挡位和量程是否符合测量要求，如无法估计被测值，应先用最大量程进行初测，然后根据初测结果再换到适当的量程进行准确测量。④尤其注意不要误用欧姆挡去测量电压，不要误用电流挡去测量高电压，这样很容易烧坏万用表。⑤要将红、黑表笔正确插入相应的插孔内，尤其是在测量直流电量时，如正、负极性插错，就会使表头指针反偏，容易损坏表头零件。⑥测量过程中，如需调换量程或测量挡位，必须先将表笔脱离电路后，再转动挡位选择开关换挡或换量程，否则挡位选择开关内会产生电弧而烧坏触点。⑦测量结束后，应将挡位选择开关拨到交流电压挡位中的最高量程位置（如 "1000V" 挡位），可避免下次使用不当损坏仪表。

（二）数字式万用表

DT830B 是目前市场上最常见、最价廉的数字式万用表，它可以测量直流电压、直流电流、交流电压、电阻、晶体二极管以及三极管的直流电流放大系数 h_{FE} 等，完全能够满足电子爱好者的一般需要。

DT830B 型数字式万用表的外形如图 1.2.9 所示。面板上端是有 3 位半显示数字（显示第一位是符号，故为半位）的液晶显示器，中间为 20 位挡位选择开关，左下端有 h_{FE} 测试插孔，右下端为 3 个表笔插孔。挡位选择开关如图 1.2.10（a）所示，表笔插孔如图 1.2.10（b）所示，晶体三极管测试插孔如图 1.2.10（c）所示。

DT830B 型数字式万用表的内部如图 1.2.11 所示，由一块 6F22－9V 型叠层干电池供电。面板上的旋转式挡位选择开关带有电源断开挡，不使用时，挡位选择开关应旋至 "OFF"（关）位

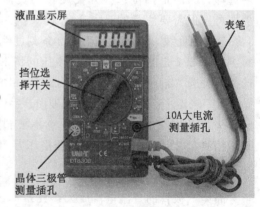

液晶显示屏

表笔

挡位选择开关

10A大电流测量插孔

晶体三极管测量插孔

图 1.2.9　DT830B 型数字式万用表

置。当显示屏左下角出现 "▯▯" 符号时，说明万用表内 9V 叠层干电池的电压不足（≤ 7.2V），应及时更换。当用 mA 和 μA 挡测量电流没有反应时，应查看表内保险管内保险丝是否烧断，若已烧断，应更换相同规格（0.5A、250V）的保险管。

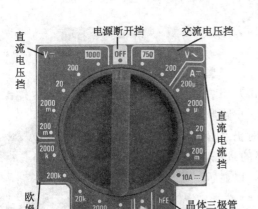

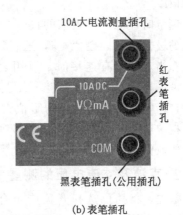

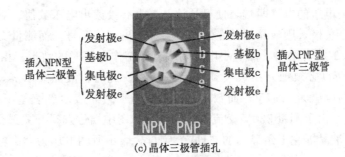

图 1.2.10　DT830B 型数字式万用表的面板（局部）

DT830B 型数字式万用表不同于一般指针式万用表的几个地方是：具有更高的输入阻抗和灵敏度，对被测电路影响更小，测量精度更高；具有自动调零功能（不测量时显示为"000"）；在测量直流电量时，允许红、黑表笔任意接被测负载，如果测量结果前出现"－"号，说明红、黑表笔的极性与负载的接点极性相反；如挡位或量程选择不当，则显示"1"或"－1"。

下面介绍用 DT830B 型数字式万用表测量电阻、电压、电流、晶体二极管和晶体三极管 h_{FE} 等的基本方法。

1. 电阻的测量

先把挡位选择开关旋至合适的电阻量程位置，将红表笔插头插入"VΩmA"插孔内，黑表笔插头插入"COM"插孔内。然后，用两表笔接触待测电阻的两端（注意：两手不可同时接触电阻两端），就能

图 1.2.11　DT830B 型数字式万用表的内部

直接从液晶屏上读出电阻值。图 1.2.12 所示反映了测量 100kΩ 电阻时的情形。注意选择不同的量程时，读出的电阻数后面的单位是有区别的：当选用"200"、"2000"挡时，单位是

"Ω"；当选用"20k"、"200k"、"2000k"挡时，单位是"kΩ"。

测量时注意，红表笔的极性是正极性"＋"，黑表笔的极性是负极性"－"，这正好跟指针式万用表相反。当表笔没有连接时，万用表的表笔呈开路状态，液晶显示屏将显示"1"。如果测量电阻时仍然显示"1"，则说明被测电阻的阻值大于所选择的量程，应将挡位选择开关旋至更高的电阻量程挡位，以显示正确的数值。

图 1.2.12　电阻的测量

2. 直流及交流电压的测量

首先，将挡位选择开关旋至合适的电压量程位置，把红表笔插头插入"VΩmA"插孔，黑表笔插头插入"COM"插孔。然后，将测试表笔并联到待测电压的电路两端，便可从液晶屏上直接读出电压数值。对于直流电压，如果红表笔所接端是负极，则液晶屏的左上角将会显示出"－"号。而测量交流电时无极性显示。

图 1.2.13（a）给出了测量小电珠两端直流工作电压时的情形。由于两节串联干电池的电压≥3V，所以必须把万用表拨到直流 20V 挡。此时，液晶显示屏显示出的数字"2.47"表示所测出的电压为 2.47V，而数字前面的"－"号，表示红表笔所接测试端为负极。图1.2.13（b）给出了测量 220V 交流电压的情形，图中挡位选择开关选交流 750V 挡，电压读数为 219V，液晶屏左上角显示的"HV"字母，表示所测电压为"高电压"，应注意安全！

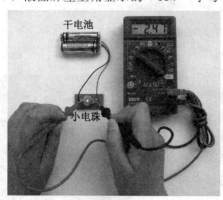
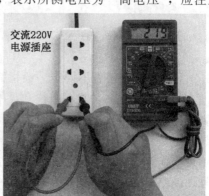

(a)测直流电压　　　　　　　　　　　(b)测交流电压

图 1.2.13　电压的测量

如果待测电压的大小无法估计，可把挡位选择开关旋至最高量程挡位，然后逐挡往下拨，直到显示的数字适当为止。当液晶屏只显示"1"时，表示量程超载了，应换用大的量程。需要强调的是，绝不允许测量 1000V 以上的直流电压或 750V 以上的交流电压，虽然可能显示正确的数值，但是这样会损坏万用表。

3. 直流电流的测量

首先，将挡位选择开关旋至合适的电流量程位置。若测量电流小于 200mA，应将红表笔插头插入"VΩmA"插孔内，黑表笔插头插入"COM"插孔内。若测量电流大于200mA，应将红表笔插头插入"10ADC"插孔内，黑表笔插头不动，挡位选择开关旋至专门的直流"10A"挡。然后，将表笔串接到待测电流或电源上，便可从液晶屏直接读出电流数值，红表笔所接端的极性将同时显示在左上角。

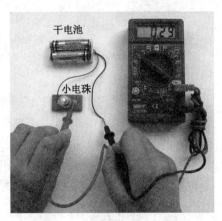

图1.2.14所示是测量小电珠工作电流时的情形，万用表所显示出的电流数值为0.29A（即290mA）。

如果待测电流的大小无法估计，可把挡位选择开关旋至最高量程挡位，然后逐挡往下拨，直到显示的数字适当为止。当液晶显示屏只显示"1"时，表示量程超载了，可调换大的量程，以显示准确的数值。另外，万用表的10A挡没有保险丝，测量时一定要小心。

图1.2.14 直流电流的测量

4. 晶体二极管的测量

首先，将挡位选择开关旋至测量二极管的

"▶︎|"挡位置，把红表笔插头插入"VΩmA"插孔，黑表笔插头插入"COM"插孔。然后，将红表笔接二极管的正极，黑表笔接二极管的负极，此时液晶屏直接显示出所测二极管的正向压降近似值，反过来测量，显示"1"，说明二极管是好的。如果正、反测量都显示"1"，说明晶体二极管内部已经开路。测量时万用表所提供的测试电压约为2.4V，电流约为1.5mA。

图1.2.15所示是测量1N4007型硅整流二极管时的情形，所测得的该管正向压降为479mV≈0.48V。

5. 晶体三极管 h_{FE} 的测量

把万用表的挡位选择开关旋至"h_{FE}"挡，将PNP或NPN小功率晶体三极管的发射极e、基极b、集电极c三个引脚分别插在对应的插孔内，液晶屏会直接显示出被测晶体三极管的直流放大系数 h_{FE}。测量时万用表所提供的测试直流电压约为2.8V，基极电流约为10μA，可测量出的 h_{FE} 范围为0～1000。

图1.2.16所示是测量9013型（NPN管）晶体三极管时的情形，测得该管直流放大系数 h_{FE}＝281。测量时按照前面图1.2.10（c）标出的插孔名称，将晶体三极管引脚正确地插入插孔内。

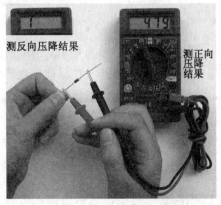

图1.2.15　晶体二极管的测量

图1.2.16　晶体三极管 h_{FE} 值的测量

三、 常用电子元器件

各种各样的电子装置都是由一个个电子元器件组成的，电子元器件是构成各种电子装置最基本的单元。要顺利进行电子制作，必须认识各种电子元器件，了解它们的名称、用途、种类、电路符号，并掌握参数测量、标志辨别、替换修理的方法，以及使用注意事项等。

下面，我们对电子制作中最常用的普通元器件进行介绍。对于一些较特殊的元器件，则会在本书实战篇的制作实例中用到时介绍。

(一) 电阻器

电阻器是利用一些材料对电流的阻碍特性而制成的。电阻器在电路里的用途很多，大致可以归纳为降低电压、分配电压、限制电流和向各种元器件提供必要的工作条件（电压或电流）等。

电阻器按其结构可分为固定电阻器和可调电阻器两种，电位器也是一种可调电阻器。

1. 固定电阻器

固定电阻器一经制成，其阻值不能再改变，它是电子制作中使用最多的元件。经常使用的有：实心电阻器、薄膜电阻器和线绕电阻器。图 1.3.1 所示是它们的实物外形。

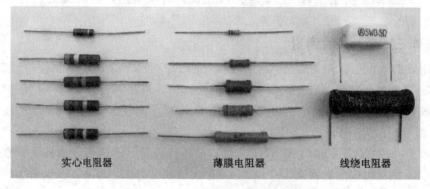

实心电阻器　　　　薄膜电阻器　　　　线绕电阻器

图 1.3.1　常用固定电阻器实物外形

(1) 常见固定电阻器类型简介

实心电阻器是由碳与不良导电材料混合，并加入黏结剂制成的，型号中有"RS"标志。这种电阻器成本低，价格便宜，可靠性高，但阻值误差较大，稳定性差。在以前的电子管收音机和各种电子设备中，实心电阻器使用非常普遍，但现在的成品电器中已经很少使用。电子爱好者手头多有这种电阻器，在一般业余电子制作中是完全可以利用的。

薄膜电阻器是用蒸发的方法将碳或某些合金镀在瓷管（棒）的表面制成的，它是电子制作中最常用的电阻器。碳膜电阻器型号中有"RT"标志（小型碳膜电阻器为"RTX"），它造价便宜、电压稳定性好，但允许的额定功率较小。

金属膜电阻器型号中有"RJ"标志，外面常涂以红色或棕色漆，它精度高，热稳定性好，在相同额定功率时，体积只有碳膜电阻器的一半。

线绕电阻器在型号中有"RX"标志，是用镍铬或锰铜合金电阻丝绕在绝缘支架上而制成的，表面常涂有绝缘漆或耐热釉层。线绕电阻器的特点是精度高，能承受较大功率，热稳定性好；缺点是价格贵，不容易得到高阻值。万用电表中的分流器、分压器大多采用线绕电阻器。

电子制作中，有时需要用到功率比较大、阻值却很小的电阻器，这样的电阻器不容易购买到，但完全可以用自制的线绕电阻器来满足需要。自制线绕电阻器如图 1.3.2 所示，制作的方法很简单：根据欲制作电阻器所要求的功率（瓦数）大小选择粗细合适的电阻丝，先测出单位长度的阻值，估算出所需阻值的长度。再将电阻丝绕在自制的胶木片骨架上，待绕得差不多时进行测量，直至达到要求的阻值。然后在胶木片两端做出引线，并焊上电阻丝端头。所用电阻丝可以用专门的镍铬丝、康铜丝、锰铜丝等，也可从废电烙铁心、旧线绕电阻器等处拆下，或直接在电炉丝、电热毯丝上截取。

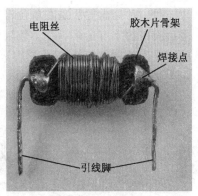

图 1.3.2　自制线绕电阻器实物外形

(2) 电阻器技术参数的标注方法

电阻器的主要技术参数有标称阻值、允许偏差和额定功率。

电阻值（简称阻值）的基本单位是欧姆（简称欧），用希腊字母"Ω"表示。通常还使用比欧姆更大的单位——千欧（kΩ）和兆欧（MΩ）。它们之间的换算关系是：

$$1 \text{ 兆欧（MΩ）} = 1000 \text{ 千欧（kΩ）}, \quad 1 \text{ 千欧（kΩ）} = 1000 \text{ 欧姆（Ω）}$$

为了适应不同的需要，国家规定了一系列的电阻值作为产品的标准，并在产品上标注清楚标准电阻值，称之为标称电阻。我国电阻器的标称阻值系列见表 1.3.1 所示。表中所给出的是基数，可以乘以 10 的几次方得到实际值。例如 3.9 这个基数，可以是 3.9Ω，也可以是 39Ω、390Ω、3.9kΩ、39kΩ、390kΩ 和 3.9MΩ 等。

表 1.3.1　电阻器标称阻值系列

Ⅰ级（±5%）	1.0、1.1、1.2、1.3、1.5、1.6、1.8、2.0、2.2、2.4、2.7、3.0、3.3、3.6、3.9、4.3、4.7、5.1、5.6、6.2、6.8、7.5、8.2、9.1
Ⅱ级（±10%）	1.0、1.2、1.5、1.8、2.2、2.7、3.3、3.9、4.7、5.6、6.8、8.2
Ⅲ级（±20%）	1.0、1.5、2.2、3.3、4.7、6.8

但是由于电阻器在生产过程中存在着偏差，所以标称阻值并不完全等于电阻器的实际电阻。我们把电阻器的实际阻值和标称阻值间的差别叫做允许偏差（或阻值误差），常以差值与标称阻值的百分比来表示。电阻器产品根据允许偏差大小可以分为 3 个等级，Ⅰ级允许偏差为 ±5%，Ⅱ级允许偏差为 ±10%，Ⅲ级允许偏差为 ±20%。很显然，允许偏差值越小，表示电阻器的阻值精度越高。

当电流通过电阻器时，电阻器会发热。由于电阻器所能承受的温度是有限的，如果电阻器上所加电功率大于它所能承受的电功率，电阻器就会因温度过高而烧毁。电阻器长期工作所允许承受的最大电功率称为额定功率，单位为瓦（W），一般电阻器有 1/8W、1/4W、1/2W、1W、2W、5W、10W 等多种规格。在一般电子制作中，如果电路中没有特别注明，都可以使用 1/8W 或 1/4W 的电阻器。

以前国产的电阻器大多数是将其标称阻值、允许偏差和额定功率（1W 以下不标明）用数字和字母等直接印在表面漆膜上，如图 1.3.3（a）所示。这种直接标志法的好处是各项参数一目了然。

另一种标志方法是在单位符号（Ω、kΩ、MΩ）前面用数字表示整数阻值，而在单位符号后面用数字表示第一位小数阻值。标在下面的字母则表示电阻值允许偏差的等级，各字母的含义：D 表示 $\pm0.5\%$，F 表示 $\pm1\%$，G 表示 $\pm2\%$，J 表示 $\pm5\%$，K 表示 $\pm10\%$，M 表示 $\pm20\%$。例如，图 1.3.3（b）所示的电阻器阻值为 3.9kΩ，偏差为 $\pm5\%$。

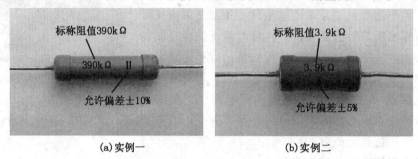

(a)实例一　　　　　　　　　　(b)实例二

图 1.3.3　电阻器的直接标志法

实际上，目前占主流的是国际上惯用的"色环标志法"。这种方法有很多好处：颜色醒目，不易褪色，并且从电阻器的各个方向都能看清阻值和允许偏差。

采用色环标志法的电阻器，在电阻器上印有 4 道或 5 道色环，阻值的单位为 Ω。对于 4 环电阻器，紧靠电阻器端部的第 1、2 环表示两位有效数字，第 3 环表示倍乘数，第 4 环表示允许偏差，如图 1.3.4（a）所示。对于 5 环电阻器，第 1、2、3 环表示三位有效数字，第 4 环表示倍乘数，第 5 环表示允许偏差，如图 1.3.4（b）所示。一般说来，我们常用的碳膜电阻器多采用 4 色环，而金属膜电阻器为了更好地表示精度，多采用 5 色环。

色环一般采用黑、棕、红、橙、黄、绿、蓝、紫、灰、白、金、银等 12 种颜色，它们所代表的数字意义如表 1.3.2 所示。图 1.3.4 还给出了色环电阻器的实例。其中，图 1.3.4（a）的电阻器 4 道色环依次为"棕、黑、红、金"，它表示 10 后面有 2 个 0，其阻值为 $1000\Omega=1\text{k}\Omega$，允许偏差为 $\pm5\%$；图 1.3.4（b）的电阻器 5 道色环依次为"绿、棕、黑、橙、棕"，它表示 510 后面有 3 个 0，其阻值为 $510\times10^3\Omega=510\text{k}\Omega$，允许偏差为 $\pm1\%$。

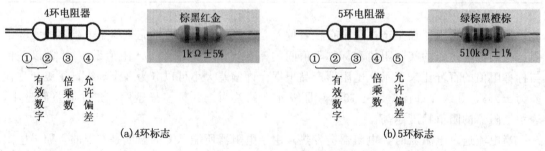

(a)4环标志　　　　　　　　　　(b)5环标志

图 1.3.4　色环电阻器的标志法

表 1.3.2 电阻器上色环颜色的意义

颜色	有效数字	倍乘数	允许偏差
黑	0	$\times 10^0 = 0$	
棕	1	$\times 10^1$	$\pm 1\%$
红	2	$\times 10^2$	$\pm 2\%$
橙	3	$\times 10^3$	
黄	4	$\times 10^4$	
绿	5	$\times 10^5$	$\pm 0.5\%$
蓝	6	$\times 10^6$	$\pm 0.25\%$
紫	7	$\times 10^7$	$\pm 0.1\%$
灰	8	$\times 10^8$	
白	9	$\times 10^9$	
金		$\times 10^{-1} = 0.1$	$\pm 5\%$
银		$\times 10^{-2} = 0.01$	$\pm 10\%$
无色			$\pm 20\%$

色环标志法中每种颜色所对应的数字在国际上是统一的，初学者往往一时记不住，运用不熟练。其实你只要记住下面 10 个字的顺序，即"黑、棕、红、橙、黄、绿、蓝、紫、灰、白"，它对应着数字"0、1、2、3、4、5、6、7、8、9"，并且代表允许偏差的最后一圈色环多为专门的金色或银色，"熟能生巧"，慢慢就会运用自如了。

2. 可调电阻器

可调电阻器主要有微调电阻器和电位器两大类。

(1) 微调电阻器

微调电阻器又称微调电位器、半可调电阻器，各类型实物外形见图 1.3.5。它的阻值可以在一定范围内改变，常用于需要调整阻值的电路，例如作为晶体管的偏流电阻器、电桥平衡电阻器等。

图 1.3.5 常用微调电阻器实物外形

微调电阻器的结构原理可通过图 1.3.6 所示的 WH7－A 型立式微调电阻器来说明。与固定电阻器相比较，微调电阻器增加了一个可以在两个固定电阻片引出脚之间滑动的触点引出脚。两个固定电阻片引出脚之间的电阻值固定，该电阻值即这个微调电阻器的标称阻值。而滑动触点引出脚与任何一个固定电阻片引出脚之间的电阻值可以随着滑动触点的转动而改变，由此，可以调节电路中的电压或电流。

微调电阻器的标称阻值（最大阻值）一般打印在它的外壳或表面明显处。微调电阻多用于小电流的电路中，其额定功率较小，常见的多是合成炭膜电阻器，它的型号中有"WH"

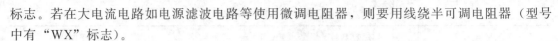

标志。若在大电流电路如电源滤波电路等使用微调电阻器，则要用线绕半可调电阻器（型号中有"WX"标志）。

(2) 电位器

电位器也是一种可调电阻器，它在电路中多用于经常需要改变阻值，进行某种控制或调节的地方，如收音机的音量调节、稳压电源输出电压调节等都是通过电位器来完成的。几种常用电位器的实物外形见图 1.3.7。

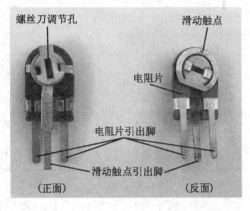

图 1.3.6　WH7－A 型立式微调电阻器

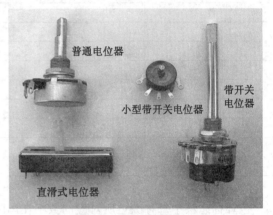

图 1.3.7　常用电位器实物外形

电位器与微调电阻器在构造上有相似的地方，它们一般都有 3 个引出脚，见图 1.3.8，其中两边的两个固定电阻引出脚间电阻最大，而中间的滑动触点引出脚与左、右两个引出脚之间的电阻可通过与旋轴相连的簧片式触点移动而改变，但这两个电阻值之和始终等于最大电阻（标称阻值）。与微调电阻器相比，电位器具有较长的旋轴和外壳，制造工艺也更精巧，有的电位器还附有独立的电源开关。在业余电子制作或临时搭接线路的电子实验中，只要体积允许，可用电位器来代替微调电阻器。

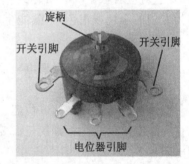

图 1.3.8　WH15－K 型带开关电位器

电位器在实际应用时必须配上合适的手动绝缘旋钮或拨轮盘。例如图 1.3.8 所示的WH15－K 型带开关小型合成膜电位器，必须配上专门的塑料拨轮盘才能操作，通过塑料拨轮盘控制旋柄转动，从而完成电源开关和阻值改变两项工作。

3. 电阻器的使用

(1) 在电路图中的识别

图 1.3.9 中画出了固定电阻器、微调电阻器与电位器的电路符号。符号中的长方块表示电阻体本身，两端的短线表示电阻器的两条引线。微调电阻器和电位器符号中带箭头的引线，表示滑动簧片端。在电路图中，为了整齐、清楚，这些电路符号可以竖着画，也可以横着画。在图中的位置也以连接简捷为前提。这与制作时它们的实际位置，竖放还是横放，以及排列的远近疏密都没有关系。这一点对电阻器以外的其他元

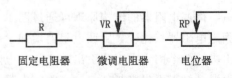

图 1.3.9　电阻器的符号

器件也是一样的，请初学者注意。

固定电阻器的文字代号是 R，可调电阻器的文字代号是 RP。这些文字常写在电路符号旁边。若电路图中有多只同类元器件时，就在文字后面或右下角标上数字，以示区别，如 R1、RP2 等。电路图中某个电阻器的阻值大小，通常直接写在文字后面或下边。为了节省地方，通常规定：带有小数的阻值，要在数字后面加上单位 Ω，如 5.1Ω；阻值为 1~999Ω 的，数字后面的单位可以省略不写，如 510 即代表 510Ω；阻值在 1kΩ 以上的，数字后面必须写出单位 kΩ，如 510kΩ；阻值大于 1MΩ 的，必须写出单位 MΩ，如 5.1MΩ。标注中 k 和 M 都不能省略，但 Ω 可以省略，例如可以写做 "510k" 和 "5.1M"。有的电路图中，文字代号右上角标有一个星号 "※"，例如 "R1※10k"，这表示该电阻器阻值大致为 10kΩ，但必须在实际中通过调整最后确定出最佳阻值。

通常情况下，如果一个电阻器在电路符号中或文字叙述中没有其他特别的说明，则可认为选择该电阻器时对型号、种类以及功率等均无特别要求。

(2) 检测与修复

检测电阻器的好坏，主要用万用电表测它的阻值，万用表的读数应与标称阻值大体符合。这里需要注意，不允许像图 1.3.10 (a) 所示的那样，用两只手同时接触万用表的表笔两端去测量电阻值，因为这样会把人体电阻与被测电阻并联，从而造成测量误差。这在测高阻值电阻器时尤需注意。正确的测量方法如图 1.3.10 (b) 所示。

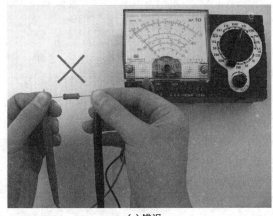　　　　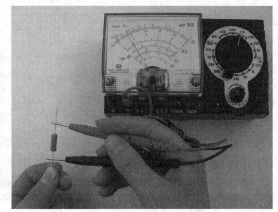

(a) 错误　　　　　　　　　　　　　　(b) 正确

图 1.3.10　测量电阻器的方法

检测电位器或微调电阻器的质量好坏时，可分两步进行：首先，测量电位器的最大阻值。按照图 1.3.11 (a) 所示，将万用表的表笔跨接在电位器两固定端，测量一下电位器的最大阻值，其读数应为电位器的标称阻值。如果万用表指针不动或阻值相差很多，则表明被测电位器已损坏。然后，测量电位器滑动片与电阻体接触是否良好。按照图 1.3.11 (b) 所示，将万用表的表笔分别接在活动端和一个固定端，同时缓慢地旋转电位器的旋轴，从一个极端转至另一个极端，反复调两次，万用表测出的阻值应在 "0" 和标称阻值之间均匀地变化。如果在电位器旋轴转动过程中，万用表的表针有跳动现象，说明可变触点接触不良，这样的电位器不宜使用。

固定电阻器由于价格便宜，如发生断裂、变值、引线松脱而损坏时，一般丢弃。微调电阻器常因日久积尘或锈蚀而造成接触不良，如发现测量阻值变大或开路，可用酒精棉球擦

 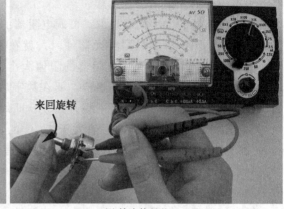

(a)测量最大阻值　　　　　　　　　(b)检查接触状况

图 1.3.11　电位器的检测方法

洗，或调整簧片压力，一般可以修复。

（3）替代使用方法

在电子制作中，如果我们手头一时没有所需阻值或功率的电阻，那么可以用串联、并联的方法，"凑"出代用的电阻器。按照图 1.3.12（a），用

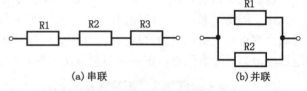

(a)串联　　　　　　　　(b)并联

图 1.3.12　电阻器的替代法

几个阻值小的电阻器串联，可以得到大阻值电阻器，串联后总阻值等于各个电阻之和，即 $R_总＝R_1＋R_2＋R_3$。按照图 1.3.12（b）所示，用两个阻值较大的电阻器并联，可得到较小阻值的电阻器，并联的总阻值 $R_总＝R_1×R_2/（R_1＋R_2）$，当这两只电阻阻值相等时，并联后总阻值即减半。

小功率电阻串联或并联都可以代替大功率电阻。例如：有一只 100Ω、4W 的电阻器损坏，我们可以用两只 50Ω、2W 的电阻器串联，也可以用两只 200Ω、2W 的电阻器并联代替，效果是一样的。多只电阻器或不同阻值电阻器串联、并联后，各自功率承担的情况比较复杂，需通过计算求得，这在实际中很少使用。

在电阻器的代用中，如果允许不考虑价格和体积，那么大功率电阻器可以取代同阻值小功率电阻器，金属膜电阻器可以取代同阻值、同功率碳膜电阻器或实心电阻器，微调电阻器可代替固定电阻器。如果需要调节的机会极少，那么固定电阻器也可以取代调定阻值的微调电阻器。

（二）电容器

电容器的基本构造很简单，它由两片靠得很近、且又互相绝缘的金属箔片构成。金属片叫做电容器的两极，它们之间的绝缘物（固体、气体或液体）叫做介质。当电容器的两极分别带有正、负电荷时，由于异性电荷之间的相互吸引力，它们能储存在电容器中，所以电容实质上是储存电能的元件。电容器储存电荷的能力越大，它的电容量就越大。电容具有阻止直流电通过，而允许交流电通过（同时有阻碍作用）的特性，因此电容器在电路中常用于隔离直流电压、滤除交流信号或信号调谐等。

电容器按其结构可分为固定电容器和可变（半可变）电容器两大类；按介质分类则有纸

介电容器、瓷介电容器、有机薄膜介质电容器、电解电容器、空气电容器等几种。电容器的电性能和应用场合在很大程度上取决于介质的种类。

1. 固定电容器

(1) 常用品种

固定电容器是指容量不能变化的电容器，它又可以分为无极性电容器与有极性电容器两大类。固定电容器的产品种类繁多，结构形态各异，图1.3.13给出了电子爱好者常用的几种固定电容器实物外形。表1.3.3列出了几种常用固定电容器的品种和主要特点。

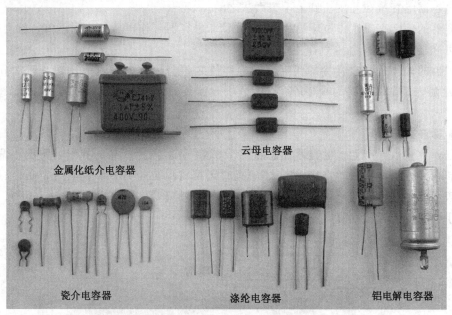

图 1.3.13　常用固定电容器实物外形

表 1.3.3　常用固定电容器的品种和主要特点

类型	名称	主要特点
无极性	金属化纸介电容器（CJ型）	体积小，容量大，价格便宜，适合于低频电路和对稳定性要求不高的电路
	涤纶电容器（CL型）	体积小，容量大，适合于旁路（和电阻并联）等低频电路
	云母电容器（CY型）	损耗小，耐高压、高温，性能稳定，但容量小，适合用于高频电路中
	瓷介电容器具（CC型）	体积小，损耗小，耐高温，但容量小，可用在高频电路中
	聚苯乙烯电容器（CB型）	漏电小，损耗小，性能稳定，电容量偏差非常小，可用于高低频电路中
有极性	铝电解电容器（CD型）	电容量大，但漏电流也大。价格便宜。广泛用于电路中作滤波、旁路和低频耦合，也可作
	钽电解电容器（CA型）	体积较小，漏流小，耐高温，

(2) 常用参数

电容器的主要参数有电容量、额定直流工作电压和电容量允许偏差

电容器的电容量是指它储存电荷能力的大小，这是由电容本身构造决定的。电容器的极板面积越大、介质越薄、介电常数（由介质种类决定）越大，电容量就越大；反之，电容量就越小。

电容量的基本单位是法拉，用字母"F"表示。这个单位很大，实际中常用它的百万分之一单位，称为微法（μF），更小的单位是皮法（pF），也叫微微法，有时也用到纳法（nF），它们之间的关系是：

$$1 \text{法拉（F）} = 10^6 \text{微法（}\mu F\text{）} = 10^9 \text{纳法（nF）} = 10^{12} \text{皮法（pF）}$$

常用的电容器电容量在几皮法到上千个微法之间。

电容器的额定直流工作电压简称为"耐压"。电容器工作电压超过耐压值，就会被击穿，造成不可修复的损坏。

电容器的偏差是指它容量的实际值和标称值之差与标称值的百分比数，通常分3个等级：Ⅰ级为 $\pm 5\%$，Ⅱ级为 $\pm 10\%$，Ⅲ级为 $\pm 20\%$。电解电容器的偏差较大，高的达 $-30\% \sim +100\%$。

（3）标注方法

目前，大多数国产老式电容器都按照图 1.3.14 所示，把产品的容量、耐压、偏差等级直接标印在外壳上，称为"直接标志法"。有时还可将单位符号省略，其规定是：容量若用小数点表示，则其省略的单位应该是微法（μF）；若是整数，则单位是皮法（pF）。而对于几到几千微法的大容量电容器，单位不允许省略。

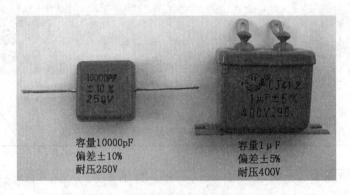

容量10000pF
偏差±10%
耐压250V

容量1μF
偏差±5%
耐压400V

图 1.3.14　电容器直接标志法举例

国际上通用的电容器规格数值标志方法很多，国际电工委员会推荐的标志方法是"数字符号法"，具体规则是：用 2～4 位数字和一个字母表示电容量。其中数字表示有效数值；字母表示数值的量级，字母 p 表示皮法（10^{-12} F），n 表示纳法（10^{-9} F），μ 表示微法（10^{-6}F），m 表示毫法（10^{-3}F）。同时，字母还表示小数点的位置，例如 1p5 表示 1.5pF，$4\mu 7$ 表示 $4.7\mu F$。电容量偏差也用字母表示，它们的含意是：F 为 $\pm 1\%$，G 为 $\pm 2\%$，J 为 $\pm 5\%$，K 为 $\pm 10\%$，L 为 $\pm 15\%$，M 为 $\pm 20\%$，N 为 $\pm 30\%$ 等。图 1.3.15 给出了几个电容器数字符号标志法的实例，读者通过仔细对比，可尽快掌握规律，达到举一反三的效果。

此外还有一种"数码标志法"现在应用很普遍，它的规则是：数码一般为三位数，从左算起，第一、二位数为有效数字，第三位数为倍乘位，表示有效数字后面跟的零的个数。数码标志法的容量单位为皮法（pF）。例如，某电容器标有 104K 字样，它表示电容量为

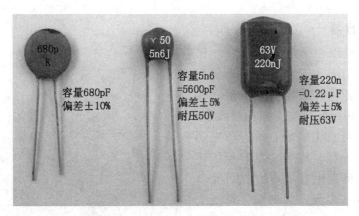

图 1.3.15　电容器数字符号标志法举例

0.1μF，偏差 ±10%。千万不要把它当作是 104kΩ 的电阻器。图 1.3.16 是数码标注法的两个示例。

　　另外，采用数码标注法的电容器，有一个特殊数字需特别注意，即第三位数字如果是"9"，则表示倍乘为 10^{-1}，而不是 10^9，例如"229"表示 22×10^{-1}pF，即 2.2pF。因此，凡第三位数字为"9"的电容器，其容量必在 1pF 至 9.9pF 之间。

（4）电解电容器

　　电解电容器是一种有极性的固定电容器。常见的铝电解电容器是用一层铝箔为正极，用化学方法在铝箔上形成氧化膜作为介质，而以硼酸、氨水等配制成电解液为负极，形成电容。电解电容器制造时，对电极表面进行腐蚀处理，在上面形成无数极微小的孔，使极片有很大的表面积，介质氧化层又很薄，所以电解电容的容量可以做得很大，从几微法直到几千微法。作为介质的氧化层有单向导电性，只有在电容器正极电压比负极高时，才起绝缘作用。因此，电解电容器使用时必须注意引线的极性，如果极性接反了，就会因介质导通而使漏电急剧增加，导致电容器损坏。电解电容器的表面除标明容量和耐压外，还有明显的标志或文字说明引线的正、负极性，如图 1.3.17 所示。

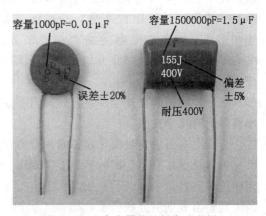

图 1.3.16　电容器数码标志法举例

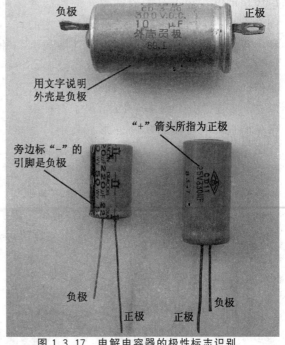

图 1.3.17　电解电容器的极性标志识别

31

2. 可变电容器

可变电容器可以在一定的范围内匀滑地改变其电容量，多用于收音机的调谐回路中。可变电容器由多层定片和多层动片构成电容器的极板。定片与支架一起固定，动片与轴柄相联可自由转动，通过改变动片与定片的对应面积，可实现电容量的连续调节。常用的可变电容器有空气可变电容器和有机薄膜（多元乙烯薄膜）可变电容器两种，如图 1.3.18 所示，两者的本质区别主要在于动片与定片之间所用的介质不同。如果按动片组数来分，有单连、双连和多连，按各连电容量是否相同来分，

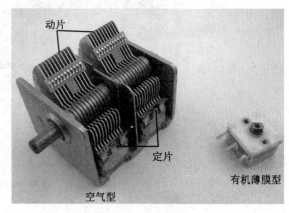

图 1.3.18　常用可变电容器实物外形

又有等容和差容两种。收音机里广泛采用双连等容可变电容器，因为它容易实现多波段的统调。

可变电容器的动片全部旋入定片时容量最大，有 270pF、360pF 等几种，全部旋出时最小容量只有几个皮法。

可变电容器的容量变化范围常用分数法表示，分子表示最小容量，分母表示最大容量。常见的容量规格有：7/270pF、12/360pF 等几种。如果是双连等容可变电容器，则容量值用单连最大容量乘 2 表示，如 2×270pF、2×360pF 等。如果是双连差容可变电容器，两连最大容量值分别用分数表示，如 60/127pF、250/290pF 等。

微调电容器又叫半可变电容器，它的电容量可以在较小范围内调整，调整后就固定在某一个数值上工作。微调电容器的种类很多，按介质材料可分为空气微调电容器、瓷介微调电容器、有机薄膜微调电容器和云母微调电容器等，此外还有单连、双连、多连之分。图 1.3.19 给出了两种最常见的微调电容器的实物外形。其中，瓷介微调电容器由两块被银瓷片构成，下面一块是定片，上面的是动片，动片可随转

瓷介微调电容器　　　　有机薄膜微调电容器

图 1.3.19　常用微调电容器实物外形

轴旋转，因为两块瓷片上被银的面都不到半圆，所以转轴旋转时可以改变容量。有机薄膜微调电容器以聚酯薄膜作介质，用单层或多层磷铜片作定片和动片，体积比瓷介微调电容器要小。微调电容器的容量变化范围也用分数法表示，其常见的容量规格有 3/10pF、5/20pF、7/25pF 等几种。

3. 电容器的使用

(1) 在电路图中的识别

图 1.3.20 是几种电容器的电路符号，它形象地表示了电容器的结构：两条平行的粗线就好像是电容的两片极板，两条细线代表引出线。电解电容器的符号中标注有正极，用

"+"号或空心的长方块表示。微调或可变电容的符号画有斜线或箭头，下端的引线表示电容的动片或接地端。

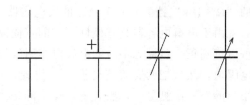

电容器的文字代号是 C。一般在电路图的符号旁注明电容量数值和单位。习惯上，凡不带小数点的整数，若不标注单位，则是皮法（pF），例如 300pF 电容在图上只标 300 就可以了。凡带小数点的数，若不标单位则是指微法

图 1.3.20　电容器的图形符号

（μF），例如标注 3.3 就是 3.3μF，0.01 就是 0.01μF。

在一般电子制作中，由于电源电压远低于常用无极性电容器的耐压值，所以电路图中通常不标注所用电容器的耐压值；而有极性的电解电容器符号旁则须注明耐压值，如"33μF/16V"。

电容器的种类繁多，各有特点，在电路中到底要选哪种电容器，从符号上是看不出来的，这就要看有关的文字说明。如无说明，在简单电子制作中，只要容量和耐压满足要求，可以用任何型号的电容器（电解电容须注意区分它的正、负极性）。

（2）检测方法

在业余制作时，电容器的好坏可以用万用表作粗略的判断，如图 1.3.21 所示。将万用表拨到电阻挡，两表笔分接电容器的引脚，表指针应向右迅速摆动，然后慢慢退回到起点（阻值∞处）。迅速交换正、负表笔，再测一次，表指针摆动角度明显增加。电容器容量越大，指针摆动越明显。我们如果预先测量几个已知容量的电容器，记住指针摆幅与被测电容器的指针摆幅作比较，就可以大致估计出它的电容量了。用这种方法，使用较好的有高阻挡的万用表，可以检测容量 0.01μF 以上的电容。检测时如果指针不动，说明电容器内部已经开路或没有电容量；而指针不能退回原起点，或一直指到零欧姆，则说明电容器内部漏电或短路了。出现这两种现象的电容器都不能再使用。

<table>
<tr><td>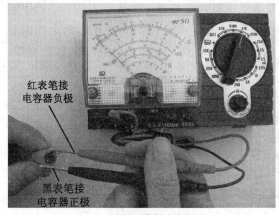</td><td>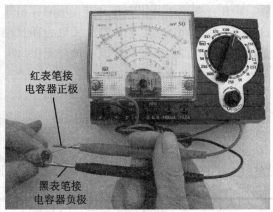</td></tr>
<tr><td>(a)测正向漏电电阻</td><td>(b)测反向漏电电阻</td></tr>
</table>

图 1.3.21　电解电容器的检测方法

检测电解电容器时，先要把万用表拨到"Ω×100"或"Ω×1k 挡"，将红表笔接电容器负极引脚，黑表笔接正极引脚，这时指针会有较大幅度的摆动。指针起摆后，慢慢向左退回，最后稳定下来时所指的读数，就是电容器的"正向漏电电阻"。这个读数越大，电容器的漏电流越小，质量越好。大容量电解电容器漏电稍大一些是允许的。但注意不要用万用表

的"Ω×10k"挡去测几千微法的大电容器,以免因指针摆动剧烈而损坏万用表。

由于电解电容器具有极性,它的正向漏电电阻要大于反向漏电电阻。我们利用这一点,可以辨别正、负标志不清的电解电容引线极性。先把表笔接在电容器的两端,测出一个漏电电阻值,然后把两支表笔交换一下位置,再测一次,比较两次测量结果,阻值较大(漏电小)的那一次测量时,黑表笔(连接的是表内电池"+"极)所接的一端是电容器的正极,红表笔所接的为负极。

电容器常见的故障是短路(击穿)、开路(断线)、漏电和容量减小。电解电容器损坏的情况更为多见。一些长期不用的电解电容器,常会出现漏电和容量减小的现象。那些电解液外溢(流汤)和外壳崩裂(放炮)的电容器不能再用。

(3) 代换方法

电子制作或维修时,电容器的代换应遵守下面几条原则:

①保证电容量大致相同。除振荡、调谐电路外,标称容量相差20%的电容器完全可以互换,这比电阻器的互换有更大的宽容度。

②耐压高于实际电路电压。

③要注意特定使用条件。例如,纸介电容器不能用于高频电路;电解电容器虽然容量大,有的直流耐压也高,但不能代替交流电路中的电容器(如电动机启动用的)。当然,高性能电容器可以用于一般电路中。

④有极性的电容器接入电路时,正极必须接高电位端,负极接低电位端,如果接反,会使电容器损坏并有可能引发电路故障;无极性的电容器接入电路时,不必考虑电位的高低。

⑤两只以上电容器按图1.3.22(a)所示并联后使用,总容量为各电容器之和,而耐压应以最低的一只电容器为准。

⑥两只等容量、等耐压的电容器按图1.3.22(b)所示串联后使用,容量减半,但耐压可以提高一倍。

⑦在一些电子制作中有时需要用到容量比较大的无极性电容器,如果手头一时寻找不到这样的电容器,可用有极性的电解电容器反向串联后代用。如图1.3.23所示,两个相同容量的电解电容器负极对负极或正极对正极反向串联后,就等效为一个无极性的电解电容器,其容量减小为单个电容器的一半。

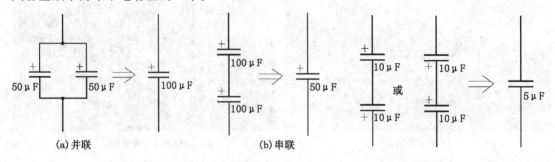

图 1.3.22　电容器的替代法　　　图 1.3.23　无极性电解电容器的代替法

(三) 电感器

电感器俗称为电感线圈或简称线圈,也是电子电路中常用的电子元器件。

电感器是根据电磁感应原理制成的。实际上，凡是能够产生自感、互感作用的器件，均可称为电感器。电感器的用途极为广泛，常用作阻流、变压、交流耦合及负载等；当电感器和电容器配合时，可用作调谐、滤波、选频、分频等。

在电子制作中电感器可分为两大类：一类是应用自感作用的电感线圈；另一类是应用互感作用的变压器。限于本书电子制作的范围，这里仅介绍头一种类型的电感器。

1. 电感器的一般特性

电感器和电容器一样，都是储能元件。当电流通过电感器时，电感线圈的周围就产生了磁场，把电能转换成磁能储存在磁场中。电感器有一个重要特性，就是：通过电感的电流不能突变。也就是说，它具有延缓电流变化的特性，对变化的电流呈现一种特殊的阻力，因而在电路中起着"阻交流，通直流"的作用。电感器的这一特性与电容器的"通交流，阻直流"特性正好相反。

电感器的储能特性用电感量来衡量。电感量的基本单位是亨利，用符号 H 表示。较小的单位是毫亨（mH）和微亨（μH），它们之间的换算关系是：

$$1 \text{ 亨利（H）} = 1000 \text{ 毫亨（mH）}; \quad 1 \text{ 毫亨（mH）} = 1000 \text{ 微亨（μH）}$$

电感量的大小主要取决于线圈的尺寸、线圈匝数及有无磁心等。线圈的横截面积越大，其电感量也越大；线圈的圈数越多，绕制越集中，电感量越大；线圈内有磁心的，电感量大，磁心磁导率越大，电感量越大。电感线圈的用途不同，所需的电感量也不同。例如，在高频电路中，线圈的电感量一般为 $0.1 \sim 100 \mu H$；而在电源整流滤波中，线圈的电感量可达 $1 \sim 30 H$。

由于电感线圈是由导线绕成的，总会具有一定的电阻。一般而言，直流电阻越小，电感线圈的性能越好。电感器的一个重要参数是品质因数，用字母 Q 表示。Q 值越大，电感器自身的损耗越小，在用电感器和电容器组成谐振电路时，选择性越好。举例来说，收音机的磁性天线线圈大多采用多股漆包线绕制，就是为提高它的 Q 值，改善收音机的选择性。

2. 电感器的结构和分类

电感器通常由骨架、线圈、屏蔽罩、磁心等组成。

骨架材料的好坏，对于电感器的质量以及工作稳定性等都有一定的影响。

线圈匝数的多少决定着电感量的大小。一般电感量越大，线圈的匝数就越多。

屏蔽罩是为了减小外界电磁场对线圈工作的干扰并防止线圈产生的电磁场对外电路的影响而采取的一项措施，通常是将线圈放入一个闭合的具有良好接地的金属罩内来实现。

线圈装有磁心后会使它的电感量显著增大，或者说与同样电感量的空心线圈相比，带磁心的线圈圈数可以减少，体积相应减小。有些电感器（如超外差式收音机中的振荡线圈和中周变压器）为了能在一定范围内调节电感量，常常采用调整磁心在线圈中的位置的方法来实现。

但实际应用中，根据使用场合的不同，有的电感器没有磁心和屏蔽罩，而自制的脱胎线圈则连骨架也不用。

电感器的种类很多，根据不同的结构特点，可分为单层线圈、多层线圈、蜂房线圈、带磁心线圈及可变电感线圈等。图 1.3.24 所示是几种常用电感器的实物外形。

单层线圈的绕制可采用密绕或间绕。间绕线圈各匝之间保持一定距离，它的稳定性高，电感量很小。密绕线圈所占尺寸小，所以体积也小，但稳定性稍差。

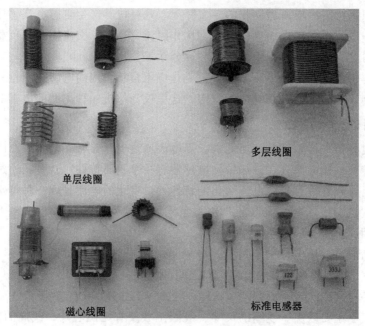

图 1.3.24　几种常用电感器外形

　　多层线圈在要求电感量较大（例如大于 $300\mu H$）时采用。由于多层线圈层与层之间电压相差较大，当线圈两端具有较高电压时，容易发生跳火、绝缘击穿等问题，因此大多分段绕制。

　　磁心线圈体积小，损耗小，品质因数高，多数产品还通过调节磁心在线圈中的位置来实现电感量在一定范围内的连续可调，主要用于收音机的天线线圈、振荡线圈等。

　　标准电感器是一种通用性强的系列产品，它按不同电感量的要求，将不同直径的铜线绕在磁心上，再用塑料壳封装或环氧树脂包封而成。标准电感器的优点是体积小、重量轻、电感量稳定、结构牢固和使用方便。

3. 电感器参数的标注方法

　　成品电感器的标志方法常见的有直接标志法、数字符号标志法、数码标志法和颜色标志法（简称"色标法"）4 种。

(1) 直接标志法

　　该方法将标称电感量直接用数字和文字符号印在电感器的外壁上，后面用一个英文字母表示其允许偏差（误差），如图 1.3.25 所示。各字母所代表的允许偏差见表 1.3.4。例如：$100\mu H$ K 表示标称电感量为 $100\mu H$，允许偏差为 $\pm 10\%$；$2.5mH$ J 表示标称电感量为 $2.5mH$，允许偏差为 $\pm 5\%$；$150\mu H$ M 表示标称电感量为 $150\mu H$，允许偏差为 $\pm 20\%$。需要说明的是，一些国产电感器的允许偏差不采用英文字母表示，而是采用"Ⅰ、Ⅱ、Ⅲ"3 个等级来表示，其中：Ⅰ 级为 $\pm 5\%$、Ⅱ 级为 $\pm 10\%$、Ⅲ 级为 $\pm 20\%$。这与一些国产电阻器、电容器的表示方法是相同的。

表 1.3.4　电感器所标字母代表的允许偏差值

英文字母	允许偏差（%）	英文字母	允许偏差（%）
Y	±0.001	D	±0.5
X	±0.002	F	±1
E	±0.005	G	±2
L	±0.01	J	±5
P	±0.02	K	±10
W	±0.05	M	±20
B	±0.1	N	±30
C	±0.25		

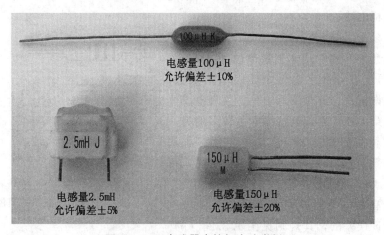

图 1.3.25　电感器直接标志法举例

(2) 数字符号标志法

　　这种方法是将电感器的标称值和允许偏差值用数字和文字符号按一定的规律组合标志在电感体上。采用这种标志方法的通常是一些小功率电感器，其单位通常为 nH（$1\mu H=$ 1000nH）或 μH，分别用字母"N"或"R"表示。在遇有小数点时，还用该字母代表小数点。例如：在图 1.3.26 所示的实例中，47N 表示电感量为 $47nH=0.047\mu H$，4R7 则代表电感量为 $4.7\mu H$，6R8 表示电感量为 $6.8\mu H$。采用这种标志法的电感器通常还后缀一个英文字母表示允许偏差，各字母代表的允许偏差与直接标志法相同（见表 1.3.4）。

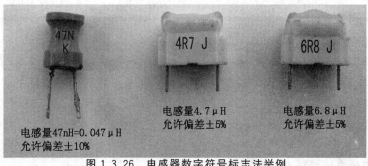

图 1.3.26　电感器数字符号标志法举例

（3）数码标志法

该方法用三位数字来表示电感器的标称电感量，如图1.3.27所示。在三位数字中，从左至右的第一、第二位为有效数字，第三位数字表示有效数字后面所加"0"的个数。数码标志法的电感量单位为μH。电感量单位后面用一个英文字母表示其允许偏差，各字母代表的允许偏差见表1.3.4。例如：标示为"151K"的电感量为$15 \times 10 = 150\mu H$，允许偏差为$\pm 10\%$；标示为"333J"的电感量为$33 \times 103 = 33000\mu H$

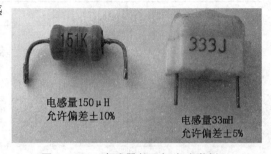

电感量150μH
允许偏差±10%

电感量33mH
允许偏差±5%

图1.3.27　电感器数码标志法举例

$= 33mH$，允许偏差为$\pm 5\%$。需要注意的是，要将这种标志法与传统的直接标志法区别开来，如标示为"470K"的电感量为$47\mu H$，而不是$470\mu H$。

（4）颜色标志法

这种方法多采用图1.3.28（a）所示的四色环表示电感量和允许偏差，其电感量单位为μH。第1、2环表示两位有效数字，第3环表示倍乘数，第4环表示允许偏差。需要注意的是，紧靠电感体一端的色环为第1环，露着电感体本色较多的另一端为末环。这种色环标志法与色环电阻器标志法相似，各色环颜色的含义与色环电阻器相同，可参阅前面的表1.3.2。

另外，还有在电感器外壳上通过色点标志电感量数值和允许误差的，其规则见图1.3.28（b）。

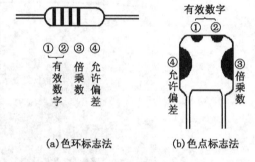

（a）色环标志法　　　（b）色点标志法

图1.3.28　电感器的颜色标志法

例如：某电感器的色环（色点）依图（b）的颜色顺序是"棕、黑、金、金"，那么它的电感量为$1\mu H$，允许偏差为5%。颜色标志法常用于小型固定高频电感线圈，因采用色标法，常把这种电感器叫做色码电感器。这种方法也在电阻器和电容器中采用，区别在于器身的底色：炭膜电阻器底色为米黄色，金属膜电阻器为天蓝色，电容器为粉红色，电感器为草绿色。

国产LG型小型固定电感器用色点表示电感量，并用字母来表示它的额定工作电流：A表示$50mA$，B表示$150mA$，C表示$300mA$，D表示$700mA$，E表示$1600mA$（1.6A）。额定电流是指电感器在正常工作时，所允许通过的最大电流。使用中，电感器的实际工作电流必须小于额定电流，否则电感线圈将会严重发热甚至烧毁。

4. 电感器的使用

（1）在电路图中的识别

电感器种类很多，不同类型的电感器在电路图中通常采用不同的图形符号来表示。图1.3.29是几种电感器的电路符号，它形象地表示了电感器的结构：连续的半圆线就好像是线圈的绕组，两端的直线代表引出线。如果线圈中间画出了直线，表示该线圈带有抽头；如果在连续的半圆线上方画出较粗的平行直线，表示该线圈是绕在铁心上的；如果较粗的平行直线是断续的，则表示该线圈是绕在磁心上。另外，如果在图中各电感器符号上画出带有箭头的斜线，则表示电感量可调的电感器。

电感器的文字代号是 L。一般在电路图的符号旁注明电感量数值和单位。若电路图中有多只同类元器件时，就在文字符号后面或右下角标上自然数，以示区别，如 L1、L2……

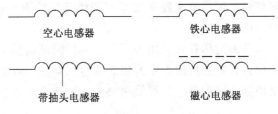

图 1.3.29　几种电感器的图形符号

通常情况下，如果一个电感器在电路符号中或文字叙述中若没有其他特别的说明，则可认为选择该电感器时对型号、种类以及工作电流大小等均无特别要求。

(2) 自制电感器的方法

对于电感量在几个毫亨（mH）以内的小型电感器，可以按照图 1.3.30 所示自己动手制作。具体方法：取一只阻值 100kΩ 以上、体积合适的电阻器作为骨架，用漆包线按一定圈数绕在该电阻器上。线圈绕好后，将两线头分别焊牢在电阻器两端

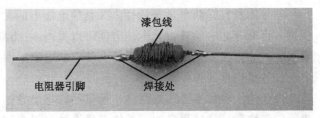

图 1.3.30　自制电感器实物外形

的引线上，利用电阻器的两端引线作为自制电感器的引线。为了防止线圈松动，可涂上一层绝缘漆。例如，读者在制作来复再生式晶体管收音机时，需要用到一个 2.5mH 左右的高频扼流圈，这可用 ϕ0.06～0.08mm 的漆包线在一只 1/4W 炭膜电阻器上乱绕 500 匝左右自制而成。

有时在高频回路、功率放大器等电路中，需要用到一些电感量更小的电感器，有的还要求通过较大的工作电流。这些电感器一般都采用空心线圈的形式，自制方法更为简单：可用一适当粗细的圆棒作为绕制骨架，用较粗的漆包线在骨架上密绕至规定的圈数，再抽去骨架，空心线圈便脱胎而成。如果要求为间绕，则将绕好的空心线圈适当拉长即可。对于已绕制好的空心线圈，可以通过改变其匝间距离的办法来微调电感量：当拉长线圈长度时，其匝距增大，电感量减小；当压缩线圈长度时，其匝距减小，电感量增大。在高频谐振回路中，常用这种方法来微调谐振频率。本书后面介绍的"家用婴儿监听器"制作实例中，就采用了自制的空心电感线圈。

(3) 检测与修复

电感器使用时应先进行外观检查，看是否破裂，线圈有无松动、变位等。由于电感器多数是用较细的漆包线绕制成的，所以很容易出现断线、短路和接触不良的故障。

电感器的好坏可以用万用表进行检测：将万用表置于"Ω×1"挡，两表笔不分正、负极性与电感器的两引脚相接，正常情况下由于电感器的自身电阻很小，所以万用表的表针指示应接近为"0Ω"，即使电感量较大的电感器，电阻一般也在几欧姆到十几欧姆间。如果测得的阻值为无穷大（表针不动），说明电感器内部有断路；如果测得的阻值为零或比正常阻值小许多，说明电感器内部存在短路；如果表针指示不稳定，说明电感器内部接触不良。对于具有金属外壳（屏蔽罩）的电感器，若检测出线圈引脚与外壳之间的阻值不是无穷大，而是有一定电阻值或为零，则说明该电感器存在问题。

电感器的一般故障可以自行修理排除。对于线圈内部或引出端断路，可焊接断头；对于线圈局部短路，可进行重绕或在短路处填以适当的绝缘材料；当发现线圈匝松动时，如果情

况较轻，可用绝缘胶水加固，若松动较严重，则可部分或全部重绕。当线圈损坏无法修复时，应弃旧换新。

普通的指针式万用表不具备专门测试电感量的挡位，如果需要测量电感器的电感量，应采用具有电感挡的数字万用表才行。但在一般电子制作中，我们可以不直接检测电感量，而是根据电路中电感器的使用效果，来确定或调整电感量。

（四）晶体二极管

晶体二极管简称二极管，它和后面介绍的晶体三极管等都是由半导体材料制成的。所谓半导体，是指导电性能介于导体和绝缘体之间的一类物质。常用的半导体材料有硅和锗。

半导体材料有两个显著特性：一是导电能力的大小受杂质含量多少影响极大，如硅中只要掺入百万分之一的硼，导电能力就可以提高 50 万倍以上；二是导电能力受外界条件的影响很大，如温度、光照的变化，都会使它的电阻率明显改变。用半导体材料可以制造出用途广泛、各具特点的半导体器件。

由于绝大多数半导体是晶体，所以往往把半导体材料就称为晶体，晶体二极管、晶体三极管的名称就是这样得来的。晶体二极管种类很多，常用的有普通二极管（用于整流、检波等）和某些有特殊性能的二极管（发光二极管、稳压二极管等）。

1. 普通二极管

（1）基本构造

半导体材料按导电类型不同，分成 P 型半导体和 N 型半导体两类。如果把一小块半导体材料一边做成 P 型，另一边做成 N 型，在它们的交界处就形成了 PN 结，如图 1.3.31 所示。简单地说，把一个 PN 结封装在玻璃管、塑料体或金属的外壳里，就是一只二极管。

晶体二极管有两根电极引线，一根是正极（接内部 P 型半导体材料），另一根是负极（接内部 N 型半导体材料）。单向导电性是二极管的基本特性。我们把电池 G、小灯泡 H、二极管串联起来，连成图 1.3.32 所示的电路。在（a）图中，电池正极接在二极管正极上，电池负极通过小灯泡接在二极管的负极上。这时二极管加的是正向电压，小灯泡发光。在（b）图中，二极管正、负极引线倒换过来，二极管加的是反向电压，小灯泡就不能发光。二极管加上正向电压时电阻很小，能良好导通，加上反向电压时电阻很大，接近开路截止，这就是它的单向导电性。

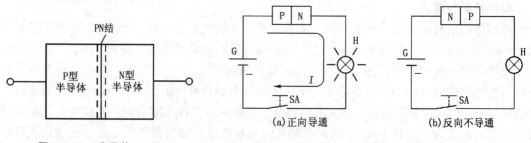

图 1.3.31　半导体 PN 结　　　　　　图 1.3.32　二极管的单向导电性

晶体二极管在电源变换电路中担任整流，就是利用它的单向导电性，把交流电变成脉动直流电。

图 1.3.33 所示是几种常见的普通二极管的实物外形。

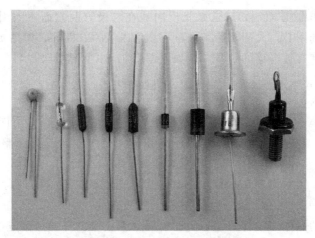

图 1.3.33　普通二极管的实物外形

普通二极管按照所用的半导体材料不同，可分为锗二极管和硅二极管；按管芯结构不同，可分为点接触型二极管、面接触型二极管和平面型二极管；根据管子用途不同，又可分为整流二极管、检波二极管、开关二极管等。图 1.3.34 所示绘出了点接触型二极管、面接触型二极管及平面型二极管的管芯结构。

点接触型二极管是用一根很细的金属触丝压在光洁的半导体表面上，通以强脉冲电流，使触丝一端和半导体牢固地烧结在一起，构成 PN 结，如图 1.3.34（a）所示。点接触型二极管因触丝与半导体接触面很小，只允许通过较小的电流（几十毫安以下），但在高频下工作性能很好，适用于收音机中对高频信号的检波和微弱交流电的整流。国产锗二极管 2AP 系列、2AK 系列，都是点接触型的。

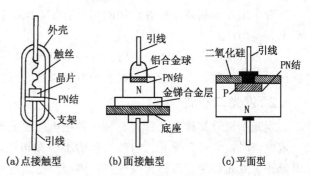

图 1.3.34　普通二极管的管芯结构

面接触型二极管的 PN 结面积较大，并做成平面状，如图 1.3.34（b）所示。它可以通过较大的电流，适用于对电网的交流电进行整流。国产 2CP 系列、2CZ 系列的二极管都是面接触型的。

图 1.3.33（c）是硅平面型二极管，它的特点是在 PN 结表面被覆一层二氧化硅薄膜，避免 PN 结表面被水分子、气体分子以及其他离子等沾污。这种二极管的特性比较稳定可靠，多用于开关、脉冲及超高频电路中。国产 2CK 系列二极管就属于这种类型。

(2) 主要参数

晶体二极管的参数很多，常用的检波、整流二极管的主要参数有三项：

①最大整流电流（I_{FM}）。这是指二极管长期连续工作时，允许正向通过 PN 结的最大平均电流。使用中实际工作电流应小于二极管的 I_{FM}，否则将损坏二极管。例如，常用 2AP9 型锗检波二极管的最大整流电流为 5mA，1N4001、1N4007 型硅整流二极管的最大整流电流均为 1A。

②最高反向工作电压（U_{RM}）。这是指反向加在二极管两端而不致引起 PN 结击穿的最大电压。使用中应选用 U_{RM} 大于实际工作电压 2 倍以上的二极管，如果实际工作电压的峰值超过 U_{RM}，二极管就有被击穿的危险。例如，常用 2AP9 型锗检波二极管的最高反向工作电压为 15V，1N4001 型硅整流二极管的最高反向工作电压为 50V，1N4007 型硅整流二极管的最高反向工作电压为 1000V。

③最高工作频率（f_M）。由于 PN 结极间电容的影响，使二极管所能应用的工作频率有一个上限。f_M 是指二极管能正常工作的最高频率。在作检波或高频整流使用时，应选用 f_M 至少 2 倍于电路实际工作频率的二极管，否则不能正常工作。例如，常用 2AP9 型锗检波二极管的最高工作频率为 100MHz，1N4000 系列硅整流二极管的最高工作频率为 3kHz。

(3) 命名规则

国内设计生产的晶体二极管的型号由五个部分组成（也有省掉第五部分的），如 2AP9、2CZ54F 等。其中：第一位用数字表示二极管；第二位用字母表示管子的材料和极性，如 A 为锗 N 型、B 为锗 P 型、C 为硅 N 型、D 为硅 P 型；第三位用汉语拼音字母表示管子的类型，如 P 为普通管（小信号管）、K 为开关管、V 为混频检波管、W 为稳压管、Z 为整流管、L 为整流堆、S 为隧道管、N 为阻尼管、U 为光敏管；第四位（数字）、第五位（字母）分别为产品序号和规格，表示最大整流电流、最高反向工作电压、最高工作频率等参数的差异，具体可查有关手册。

源于国外的晶体二极管常用的型号有 1N4000 系列，本书许多电子制作中都要使用（实际上全是国产）。

大多数情况下，晶体二极管的外壳上只标注型号，不会像电阻器、电容器和电感器那样标注出它的参数，要想了解二极管的有关参数，就得查阅有关手册等。

2. 发光二极管

发光二极管简称发光管，它是一种把电能变成光能的半导体器件。当给发光二极管通过一定电流时，它便会发光。与带灯丝的小电珠相比，发光二极管具有体积小、工作电压低、电流小、发光稳定、寿命长等优点，因而广泛地应用于家庭电器及仪表设备中。业余电子制作中常用的小电流发光二极管实物外形如图 1.3.35 所示，其管壳形状主要有圆形和方形两种，尺寸主要有 $\phi3mm$、$\phi5mm$、$\phi10mm$ 和 $2mm\times5mm$ 几种。

图 1.3.35　常用发光二极管实物外形

发光二极管常用磷化镓、磷砷化镓等材料制成。由于制造材料和工艺不同，发光二极管发光颜色有红、绿、黄、橙、蓝、白等几种。发光二极管的发光颜色一般和它本身的颜色相同，但是近年来出现了白色透明的发光管，它也能发出彩色光，只有通电了才能知道具体颜色。

与普通二极管一样，发光二极管的内部结构也是一个 PN 结，它也具有单向导电的特性，即只有接对极性才能发光。发光二极管的主要技术参数有两项：

①最大工作电流（I_{FM}）。这是指发光二极管长期正常工作所允许通过的最大正向电流。使用中不能超过此值，否则将会烧毁发光二极管。例如，国产 BT－104（绿色）、BT－204（红色）型发光二极管的最大工作电流均为 30mA。

②最大反向电压（U_{RM}）。这是指发光二极管在不被击穿的前提下，所能承受的最大反向电压。发光二极管的最大反向电压 U_{RM} 一般在 5V 左右，使用中不应使发光二极管承受超过 5V 的反向电压，否则可能被击穿。

发光二极管还有发光波长、发光强度等参数，业余使用时可不必考虑，只要选择自己喜欢的颜色和形状就可以了。

3. 稳压二极管

稳压二极管简称稳压管，又名齐纳二极管。我们知道，当普通二极管外加的反向电压大到一定数值时，反向电流会突然增大，将管子损坏。这种现象叫做"击穿"。但是由于稳压二极管内部构造的特点，它却正适合在反向击穿状态下工作，只要限制电流的大小，这种击穿是非破坏性的。这时尽管通过稳压二极管的电流在很大范围内变化，但是稳压二极管两端的电压几乎不变，保持稳定。

常见稳压二极管的实物外形如图 1.3.36 所示。由图可知，稳压二极管的外形与某些普通二极管几乎没有什么区别。

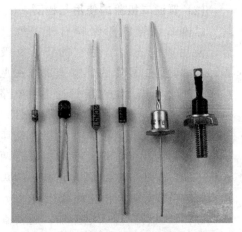

图 1.3.36　常用稳压二极管实物外形

稳压二极管的主要技术参数有两项：

①稳定电压（U_Z）。这是指稳压二极管在起稳压作用的范围内，其两端的反向电压值。不同型号的稳压二极管具有不同的稳定电压 U_Z，使用时应根据需要选取。例如，常用 2CW51、1N4619、1N4372 型硅稳压二极管的稳定电压均为 3V 左右。

②最大工作电流（I_{ZM}）。这是指稳压二极管长期正常工作时，所允许通过的最大反向电流值。使用中应控制通过稳压二极管的工作电流，使其不超过最大工作电流 I_{ZM}，否则将烧毁稳压二极管。例如，常用 2CW51 型硅稳压二极管的最大工作电流为 71mA、1N4619 硅稳压二极管的最大工作电流为 85mA，1N4372 型硅稳压二极管的最大工作电流为 150mA。

需要说明的是，对一个具体的稳压二极管来说，它的稳定电压是一个确定的值，但不同型号的稳压二极管，稳定电压一般是不同的，同一型号的稳压二极管，它们每一只管子的稳定电压也不可能完全相同，而是分散在一个范围之内，比如 2CW51 型硅稳压二极管的稳定电压就规定在 2.5V～3.5V 这个范围内。在实际应用时，稳压二极管的工作电流要取得稍大些，这样才会有好的稳压效果。

4. 晶体二极管的使用

(1) 在电路图中的识别

晶体二极管的符号如图 1.3.37 所示。我们知道二极管具有单向导电性，所以，与箭头相连的细线就表示二极管的正极引线。电路中，电流从正极流进二极管。与短直线相连的是负极引线，电流只能从这里流出二极管。发光二极管的符号更形象，它是在普通二极管符号的基础上增加了两个箭头，表示能够发光。稳压二极管的符号仅在普通二极管符号的短直线一端加了一个小直角，区别并表示稳压二极管在电路中需要反接，即稳压二极管的负极接电路中的高电位、正极接低电位，这样才能稳压。二极管符号旁边的"＋"、"－"极性是为便于说明问题加上去的，实际画电路图时一般都不加注。

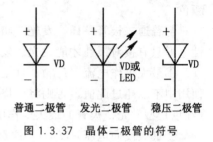

图 1.3.37　晶体二极管的符号

晶体二极管的文字代号是 VD，在电路图中常写在电路符号旁边。若电路图中有多只同类元器件时，就在文字后面或右下角标上数字，以示区别，如 VD1、VD2……文字符号的后面或下边，一般标出二极管的型号。发光二极管更常用的符号是 LED。

(2) 普通二极管的使用与检测

晶体二极管的两管脚有正、负极之分，使用前应先分清楚它的正、负极引脚。常见普通二极管的管脚识别方法见图 1.3.38 所示。国产的二极管通常将电路符号印在管壳上，直接标示出引脚极性；小型塑料封装的二极管通常在负极一端印上一道色环作为负极标记；有的二极管两端形状不同，平头一端引脚为正极，圆头一端引脚为负极，使用中应注意识别。

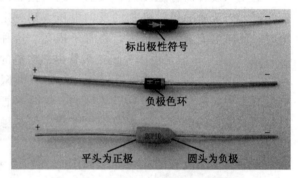

图 1.3.38　普通二极管管脚的识别

晶体二极管在焊入电路前，还要查清它的型号及主要技术参数。在检波电路中，要求二极管有足够高的频率特性；在整流电路中，二极管的反向电压与整流电流要满足要求。

锗材料二极管与硅材料二极管的性能有所不同。前面说过，二极管加上正向电压会导通，但实际上只有正向电压超过某一个值时，二极管才会导通。能够使二极管开始导通的电压叫开通电压。对于锗管来说，这个电压大约是 0.2V，而硅管的开通电压大约是 0.65V。所以，在小信号场合下，多使用锗管，而在信号较强的地方，多使用硅管，以发挥它耐高温、不易击穿的优点。

借助万用表的电阻挡，可以粗略地判断晶体二极管的好坏，见图 1.3.39。把万用表拨到"Ω×100"或"Ω×1k"挡，先按图（a）所示，将黑表笔接被测二极管的正极、红表笔接被测二极管的负极，由于万用表内的电池正极通黑表笔、负极通红表笔，所以这时万用表指示出的读数是二极管的正向电阻。这个电阻读数较小，一般锗二极管为 500～2000Ω，而硅二极管是 3kΩ 左右。根据电阻读数的不同，我们还可以区分锗二极管和硅二极管。把两支表笔对调一下，按照图（b）所示，再测量二极管的反向电阻。读数应明显变大，锗管应大于几百千欧，而硅管接近无穷大，指针一般看不出偏转。这一测量结果说明二极管是好的。如果测得的二极管反向电阻很小，说明二极管已经失去了单向导电作用。如果正向和反向电阻都很大，说明二极管内部已经断路。

这个检测方法还能用来辨认二极管的正、负极。检测结果为小电阻（正向电阻）时，与

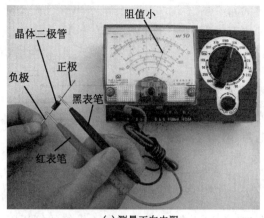

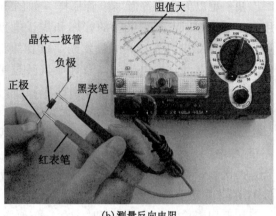

(a)测量正向电阻　　　　　　　　　　　　　　(b)测量反向电阻

图 1.3.39　用万用表判断二极管的好坏

万用表黑表笔相连的是二极管的正极、与红表笔连接的就是二极管的负极。

DT830B 型数字万用表设有专门测量晶体二极管的挡位，可进行正向压降测量和管子好坏的判断，其具体方法已经在前面"万用表的使用"一章中讲过，这里不再重述。

晶体二极管焊入电路时，引线不得短于 1cm，在离根部 5mm 以内不能弯折。这是为了防止焊接时热量过多传入管内而烫坏芯片，同时也能避免封装管壳破裂。

（3）发光二极管的使用与检测

使用发光二极管首先要认清它的引线极性。常见的发光二极管，通常较长的一条引脚线为正极引线，较短的为负极引线，如图 1.3.40（a）所示，其口诀是"长正短负"（这与电解电容器引脚极性判断法一致）。如果用眼睛来观察发光二极管，可以发现内部的两个电极一大一小，如图 1.3.40（b）所示。一般来说，电极较小的一端是发光二极管的正极，电极较大的一端是它的负极。但也有个别的发光二极管（一般都是进口管芯）例外，其内部管芯小的一端是负极、大的一端是正极。所以在碰到进口发光二极管时，为了保险起见还是借助万用表测量一下为好。

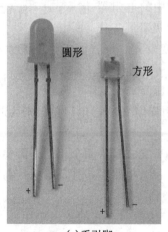

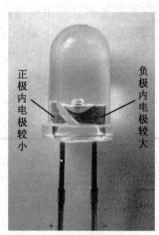

(a)看引脚　　　　　　　　　　　　　　(b)看内部

图 1.3.40　发光二极管管脚的识别

我们可以像检测普通二极管那样（如图 1.3.39），用万用表来判断发光二极管的好坏和辨认电极。将万用表拨到"R×10k"挡，测量发光二极管的正、反向电阻。一般在测正向电阻时，表针应偏转过半，同时发光二极管中有一发亮光点。对调两表笔后测其反向电阻，表针应几乎不动（阻值应为无穷大），发光二极管中无发亮光点。在检测中，若发现正、反向电阻相差很少，这只发光二极管很可能发光极弱或不发光。若是两次测量都呈短路（表针偏转到头）或断路（表针不动），则表明管子已坏了。

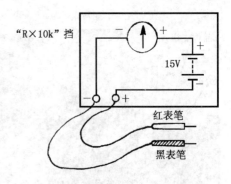

图 1.3.41　万用表内部电池接法示意图

用万用表检测发光二极管时注意，必须使用"Ω×10k"挡。因为发光二极管的管压降一般大于 1.5V，而万用表"Ω×1k"及其以下各电阻挡全部接表内 1.5V 电池，电压低于发光二极管的管压降，无论正、反向接入，发光二极管都不可能导通，也就无法检测。而采用"Ω×10k"挡时，表内接有 15V（有些万用表为 9V）高压电池，电压高于管压降，所以可以用来检测发光二极管，如图 1.3.41 所示。

发光二极管的导通电压比普通二极管要高，一般在 1.6V～2.8V 范围内，所以用一节干电池不能点燃发光二极管。不同颜色的发光二极管其导通电压也不同，如红色发光二极管的导通电压约为 1.6V，绿色发光二极管的导通电压约为 1.8V，黄色发光二极管的导通电压约为 1.9V，白色发光二极管的导通电压约为 2.8V……发光二极管的反向耐压一般不超过 6V，最高不超过十几伏特，这些都是与普通二极管不同的地方。

发光二极管可以用直流电，也可以用交流电或脉冲电流点亮。发光二极管的工作电流依它们的型号不同，一般在 5～30mA 范围内。如果在大电流下长期使用，容易使发光二极管亮度衰退，降低使用寿命，过大的电流还会烧毁管子。为了防止过大电流烧坏发光二极管，电路中一定要串联限流电阻器 R，切不可将发光二极管直接接到电源两端。

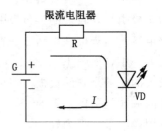

图 1.3.42　发光二极管的应用电路

图 1.3.42 所示是典型的直流供电电路。图中的电阻器 R 用来限制发光二极管的工作电流，防止发光二极管因工作电流过大而损坏。改变 R 的阻值大小，可以改变发光二极管的工作电流大小和亮度。R 的阻值由下式估算：

$$R =（电源电压－正向压降）÷工作电流$$

计算时，电压单位用伏特（V），电流单位用安培（A），电阻单位则为欧姆（Ω）。

（4）稳压二极管的使用与检测

稳压二极管两引脚的正、负极识别方法，与普通二极管完全相同。需要注意的是，由于稳压二极管是工作在反向击穿状态下的，所以在接入电路时，其负极应接高电压，其正极应接低电压。

跟普通二极管一样，在用万用表测量稳压二极管时，它的正向电阻较小而反向电阻极大。稳压二极管的引线极性也可以用万用表来检测，在测得稳压二极管正向电阻时，与万用表黑表笔相连的引脚是稳压二极管的正极引线。

对一些稳定电压在 15V 以内的稳压二极管，可以用 MF50 型等万用表来估测它的稳定电压值。方法是：将万用表置于"Ω×10k"高阻挡，红表笔（表内15V电池负极）接稳压二极管正极，黑表笔（表内电池正极）接稳压二极管负极，如图1.3.43所示。测量时利用万用表原有的10V挡刻度来读取数字X，并代入以下公式计算：

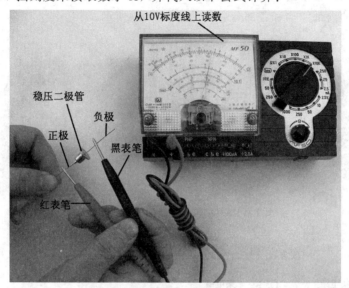

图1.3.43　测量稳定电压的方法

$$稳定电压＝（1－0.1X）×15V$$

例如，图1.3.43中万用表的读数在6.4V处，那么被测稳压二极管的稳定电压就等于：（1－0.64）×15V＝5.4V。由于测量时电流较小，这样得到的数值比实际值要稍小一些。

如果所用万用表的"Ω×10k"挡高压电池不是15V，则将上式中的"15V"改为所用万用表内高压电池的电压值即可。

在电子制作时，有时需要用到工作电压较低的稳压二极管，如果手头没有合适的稳压二极管，可以用普通2CP系列、2CK系列、1N4148、1N4001等型硅二极管或普通发光二极管来代替。由于硅二极管的正向导通电压为0.65V左右，发光二极管的正向导通电压为1.6V～2.8V。利用它们的正向导通特性，可在电路中得到相应的稳定电压。图1.3.44就是用两只2CP二极管串联，得到1.4V稳定电压的例子。

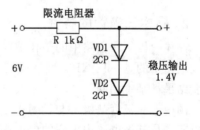

图1.3.44　稳压二极管的代用

（五）晶体三极管

晶体三极管简称晶体管或三极管，它是在电子线路中被广泛使用的重要器件。利用它对电流的放大及控制作用，可以组成各种功能的电子电路。

1. 晶体三极管的结构

图1.3.45所示是常见的一些晶体三极管的实物外形图。晶体三极管的种类和型号很多，但它们的内部构造是基本相同的。每一只三极管都有三条管脚引线，叫做发射极、基极和集

电极，分别用字母 e、b、c 表示。三极管内部管芯是两个做在一起的 PN 结，它有两种类型：如果把一小块半导体，中间制成很薄的 N 型区，两边制成 P 型区，就做成了 PNP 型三极管；如果中间制成很薄的 P 型区，两边制成 N 型区，就做成了 NPN 型三极管。这两种类型的晶体三极管的内部结构和各部分名称见图 1.3.46 所示。

图 1.3.45　常见晶体三极管的实物外形

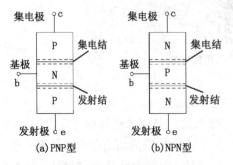

图 1.3.46　晶体三极管的内部结构

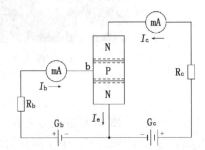

图 1.3.47　晶体三极管实验电路

2. 晶体三极管的特性

　　晶体三极管在电路中的工作情况可以通过实验来说明，实验电路如图 1.3.47 所示。这里我们使用的是一只 NPN 型三极管，若用 PNP 型管，除电源极性要调换外，其他情况与实验结果都基本相同。

　　图中，三极管基极 b 与发射极 e 之间接入电池 G_b，图中 b、e 之间（发射结）加的是正向电压。从基极电路中串联的电流表可以读出电流的大小，这个电流叫做基极电流 I_b。如果我们把电池 G_b 的正、负极对换一下，发射结上就加了反向电压，从 PN 结原理可知，这时电流是不能通过的。可见，三极管的发射结具有单向导电性。

　　我们再来看发射极 e 与集电极 c 之间的情况。电路中加了电池 G_c，电池正极接集电极，负极接发射极。用串联在集电极上的电流表测量集电极电流 I_c，我们会发现：当基极电流 I_b 等于零时，集电极电流 I_c 极小，甚至几乎等于零。一旦基极电流 I_b 产生，集电极电流会立即迅速增大。

　　基极电流的有无，可以控制集电极电流的通断——这是晶体三极管的一个重要特性。

　　我们继续进行实验：将电路中的基极电阻 R_b 改用一个电位器。通过调节 R_b，使基极电流 I_b 大小发生变化，可以发现集电极电流 I_c 的大小也会随之发生变化。但是，比较两个电流表读数，不难发现，当 I_b 在几十微安范围内变动时，I_c 的变动范围达到几毫安。实验和理论都证明，晶体三极管对电流的变化有"放大"作用。

晶体三极管基极电流的微小变化，会使集电极电流发生很大变化——这是三极管的另一个重要特性。

晶体三极管工作时，除去基极 b 和集电极 c 外，发射极 e 也有电流通过。图 1.3.48 形象地表示了三极管内部的电流分配关系。我们把通过发射极的电流叫做发射极电流 I_e。三极管中，总有 $I_e = I_c + I_b$ 这个关系。又由于 I_b 比 I_c 要小得多，所以在一般情况下也可以近似地认为 $I_e = I_c$。

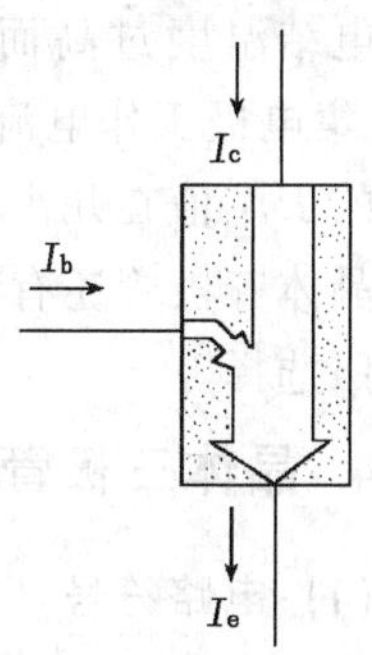

图 1.3.48　晶体三极管
内部电流分配关系

3. 晶体三极管的参数

晶体三极管的参数是用来表示它的性能和适用条件的。晶体三极管的参数分两类，一类是运用参数，表明管子的各种性能；另一类是极限参数，表明了管子的安全使用范围。在业余制作和使用中，必须了解以下几项参数：

①电流放大系数（$\bar{\beta}$ 和 β）。这是晶体三极管的主要电参数之一。晶体三极管的集电极电流 I_c 和基极电流 I_b 的比值，叫做静态电流放大系数，或直流电流放大系数，用 $\bar{\beta}$ 或 h_{FE} 表示，即：

$$\bar{\beta} = 集电极直流电流 I_c / 基极直流电流 I_b。$$

晶体三极管集电极电流的变化量 ΔI_c 与基极电流的变化量 ΔI_b 的比值，叫做动态电流放大系数，或交流电流放大系数，用 β 表示，即：

$$\beta = 集电极电流变化量 \Delta I_c / 基极电流变化量 \Delta I_b$$

上面公式中，希腊字母 β 读作"贝塔"，Δ 读作"得尔塔"。

电流放大系数的大小表示了晶体三极管的放大能力强弱。粗略估算时，可以认为 β 等于 $\bar{\beta}$。常用小功率三极管的 β 值在 20～200 之间。

②特征频率（f_T）。这是晶体三极管的另一主要电参数。三极管的电流放大系数 β 与工作频率有关，工作频率超过一定值时，β 值开始下降。当 β 值下降为 1 时，所对应的频率即为特征频率，这时三极管已完全没有了电流放大能力。一般应使三极管工作于 $5\% f_T$ 以下。

③穿透电流（I_{ceo}）。这是指晶体三极管的基极开路（不与电路中其他点连接）时，集电极与发射极之间加上反向电压后出现的集电极电流，用 I_{ceo} 表示。一般情况下，小功率锗管的穿透电流在几百微安以下，硅管在几微安以下，都是很小的值。穿透电流大的三极管电流损耗大，受环境温度影响严重，工作不稳定。穿透电流是衡量三极管热稳定性的重要参数，它的数值越小，管子的热稳定性也越好。

④集电极－发射极击穿电压（$V_{(BR)ceo}$）。这是晶体三极管的一项极限参数。$V_{(BR)ceo}$ 是指基极开路时，所允许加在集电极与发射极之间的最大电压。工作电压超过 $V_{(BR)ceo}$，三极管将可能被击穿。有的晶体管手册中将 $V_{(BR)ceo}$ 用 BU_{ceo} 表示，两者是完全一样的。

⑤集电极最大允许电流（I_{CM}）。这也是晶体三极管的一项极限参数。晶体三极管工作时，若集电极电流过大会引起 β 值下降。一般规定，β 下降到额定值的 1/2 或 2/3 时的集电极电流为集电极最大允许电流，常用 I_{CM} 表示。实际应用时，集电极电流超过 I_{CM} 值，三极管不一定会损坏，但放大能力要下降。

⑥集电极最大耗散功率（P_{CM}）。也叫集电极最大允许功耗，是晶体三极管的又一项极限参数。晶体三极管工作时，集电极要耗散功率。当耗散功率超出一定限度时，三极管会由

于集电结温度过高而烧坏。实际使用时，必须保证集电极与发射极之间的实际工作电压 U_{ce}×集电极工作电流 I_c<P_{CM}，否则，哪怕是短时间的超出，也会损坏三极管。小功率三极管的 P_{CM} 值在几十到几百毫瓦之间，大功率管在 1W 以上。

晶体三极管还有许多其他参数，若使用条件比较特殊（如高温、高频、高压）时，应注意参照选择。

4. 晶体三极管的使用

(1) 电路符号

图 1.3.49 画出了晶体三极管的电路符号，有 PNP 型和 NPN 型两种，它们符号中发射极的箭头方向有所不同，各自指示了发射极电流的方向。晶体三极管的文字代号是 VT，常写在图形附近，并标注出所用三极管的型号。

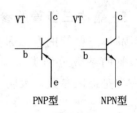

图 1.3.49　晶体三极管的符号

(2) 型号与标志

国内设计生产的晶体三极管的型号命名方法与晶体二极管一致，也是规定由五个部分组成（也有省掉第五部分的），如 3AX31B、3DG12 等。其中第一位用数字表示电极数；第二位用字母表示管子的材料和极性，如 A 为 PNP 型锗管，B 为 NPN 型锗管，C 为 PNP 型硅管，D 为 NPN 型硅管；第三位用汉语拼音字母表示管子的类型，它主要是按用途来分类的，X 为低频小功率管，G 为高频小功率管，D 为低频大功率管，A 为高频大功率管，K 为开关管，U 为光敏管等；第四位（数字）、第五位（字母）分别为产品序号和规格，表示有关参数的差异，具体可查有关手册。

掌握了晶体三极管型号的命名方法后，就能从管子的型号中大体上知道它的性能和应用场合了。例如，当我们看到电路图中某处标注使用国产 3DG101 型三极管时，就能知道这是一只 NPN 型高频小功率管，在一般场合，就可以用同类的"3DG"型三极管代换使用。

在国产晶体三极管的管壳上除了打印它的型号外，有时还可以看到印有带颜色的漆点，这是厂家用色点表示管子的 $\overline{\beta}$ 值。工厂在生产晶体三极管的过程中，由于工艺上的原因，较难生产出一批有着相同 $\overline{\beta}$ 值的管子。因此必须对晶体三极管检测后进行分类，最方便的办法就是在晶体三极管的管顶上用颜色来表示该管的电流放大倍数 $\overline{\beta}$，各颜色具体含义见表 1.3.5 所示，识别实例如图 1.3.50 所示。

表 1.3.5　国产小功率晶体三极管色标颜色与 $\overline{\beta}$ 值的对应关系

色标	棕	红	橙	黄	绿	蓝	紫	灰	白	黑
$\overline{\beta}$ (h_{FE})	5～15	15～25	25～40	40～55	55～80	80～120	120～180	180～270	270～400	≥400

(3) 9000 系列三极管

这里专门介绍一下电子制作中使用最广泛的 9000 系列塑封晶体三极管。9000 系列管价钱便宜，性能也不错，所以现在很多电子产品和业余电子制作中都应用这类晶体管。以前常用的国产 3DG6、3DG12、3CG2 等晶体三极管，都可用 9000 系列管来代换。由于 9000 系列管的各项参数都要比前者优越，所以代换后不但不影响原电路性能，而且还有所提高。9000 系列管有多家公司生产，区别在于前缀字母不同，如 TEC9012 为日本东芝公司产品，

SS9012 则是韩国三星公司产品等。另外，有些国内厂家也在生产塑封 9000 系列管。不同公司的同型号管子在特性上可能也有些差异，使用中应注意。表 1.3.6 列出了 9000 系列晶体三极管的主要性能参数等，供参考。

有些 9000 系列管和其他国外三极管在管子型号后边用一个英文字母来代表 β 值的大小，其含义见表 1.3.7，识别实例如图 1.3.51 所示。

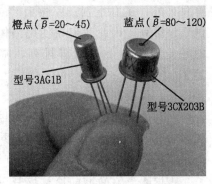

橙点($\overline{\beta}=20\sim45$)　　蓝点($\overline{\beta}=80\sim120$)

型号3AG1B　　型号3CX203B

图 1.3.50　用色标法表示 $\overline{\beta}$ 值实例

表 1.3.6　9000 系列晶体三极管的特性

型号	极性	集电极最大允许电流 I_{CM}（mA）	集电极最大耗散功率 P_{CM}（mW）	集电极—发射极击穿电压 $V_{(BR)ceo}$（V）	特征频率 f_T（MHz）	用途	可替换型号
9011	NPN	30	200	30	100	高放	3DG6、3DG8、3DG201
9012	PNP	500	625	30	300	功放	3CG2、3CG23
9013	NPN	500	625	30	300	功放	3DG12、3DG130
9014	NPN	100	310	45	200	低放	3DG8
9015	PNP	100	310	45	200	低放	3CG21
9016	NPN	25	200	30	620	超高频	3DG6、3DG8
9018	NPN	50	200	30	800	超高频	3DG80、3DG304、3DG112D

表 1.3.7　常用国外晶体三极管型号后缀字母与 $\overline{\beta}$ 的对应关系

字母标志 / 型号	A	B	C	D	E	F	G	H	I
9011、9018				29～44	39～60	54～80	72～108	97～146	132～198
9012、9013				64～91	78～112	96～135	118～161	144～202	180～350
9014、9015	60～150	100～300	200～600	400～1000					
8050、8550		85～160	120～200	160～300					
BU406	30～45	35～85	75～125	115～200					
2SC2500	140～240	200～330	300～450	420～600					

（4）引脚识别

晶体三极管在使用时，各引线的极性绝对不能认错，否则必然导致制作的失败，甚至损毁元器件。图 1.3.52 所示是几种常见三极管的各极引线位置。遇到其他我们不熟悉的封装和引线形式时，要查阅有关资料或用万用表检测辨认后再接入电路。比如，我们经常使用的 9000 系列晶体三极管，其管脚排列方式除了像图 1.3.52 所示的从左到右按"e、b、c"顺序排列外，还有个别厂家按照"e、c、b"的顺序排列。因此我们在使用晶体三极管时一定要先测一下管脚排列，避免装错返工。

图 1.3.51　用后缀字母表示 $\overline{\beta}$ 值实例

（5）代换方法

遇到手头一时找不到所需型号的晶体三极管时，可以用有相似功能的其他型号三极管代替。代用的基本原则和方法如下：

①极限参数高的晶体三极管可以代替极限参数较低的同类型三极管。例如耐压高的可以代换耐压低的，最大耗散功率

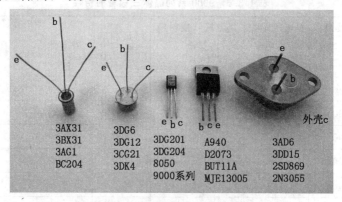

图 1.3.52　常用晶体三极管引脚识别

P_{CM} 大的可以代换较小的。

②性能好的晶体三极管可以代替性能较差的同类型三极管。例如高 β 管可代换 β 值低的，穿透电流小的三极管可以代换大的。

③在小电流的情况下，高频、开关三极管可以代替普通低频三极管。

④硅管与锗管相互代用时，首先要导电类型相同，即 PNP 型与 NPN 型不能互代。其次注意参数是否相似。在成品机件中代换后，电路还要作相应调整。

5. 晶体三极管的简易测试

电子制作中常要检查晶体三极管的好坏，业余爱好者手中还常会有一些不明型号的三极管，需要辨别它们的种类和性能。这里介绍使用万用表进行检测的方法。这些测试虽然不精确，但在业余电子制作中却是很实用的。

（1）判断管子类型及管脚极性

根据三极管任意两极间正向电阻都小于反向电阻这个性质，可以判断各管脚的极性和它是属于 PNP 型还是 NPN 型。

将万用电表拨到"Ω×1k"挡。先假定任意一根管脚为"基极"，用红表笔接这根"基极"，黑表笔分别去接触另两根管脚，如果测得的都是低阻值，那么红表笔所接的就确实是基极 b，而且三极管是 PNP 型的。如果测得结果都是高阻值，那么这只三极管是 NPN 型的。

在上述测量中，若假定的"基极"与另两只管脚间的电阻一次是低阻值，而另一次是高阻值，那么原来假定的"基极"是错的，要假定另一根管脚为"基极"再测试，直到满足要求为止。

下一步确定发射极 e 与集电极 c，方法见图 1.3.53。图中以 NPN 型三极管为例，先用黑表笔接假定的"集电极"，红表笔接假定的"发射极"；然后用右手蘸一点水，用拇指和食指捏住黑表笔和"集电极"，用中指接触已知的基极 b，这相当于通过手的电阻给三极管加入基极电流，使三极管导通；这时万用表指针会偏转，记下它的偏转角度。再假定另一引线为"集电极"，作同样的测试，也记住指针偏转角度。比较两次指针偏转情况，指针偏转大的那一次假定是正确的，其黑表笔接触的是集电极 c。如果检测的是 PNP 型管，只要将红、黑两表笔对换一下（红表笔连"集电极"），仍可照上述方法检测判断。

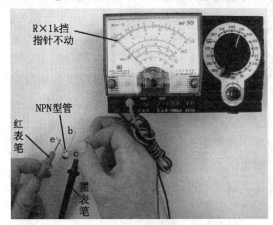

(a) 接好表笔

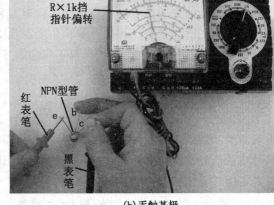

(b) 手触基极

图 1.3.53　晶体三极管的管脚判别法

实际操作时，为了方便，可以用舌尖同时舔一下基极 b 和集电极 c 的两根引线，以唾液电阻代替手指沾水所形成的电阻，同样可以起到给基极 b 注入电流的作用，引起指针偏转。但这样做要注意口腔卫生，测试完后应及时用水漱口。

如果所用万用表具有专门测量晶体三极管电流放大系数的插孔（如前面所介绍的 MF50、BT830B 型万用表），则上面判断发射极 e 与集电极 c 的过程可改在插孔内进行，简单而快捷。

（2）判断是高频管还是低频管

用万用电表测量三极管发射结的反向电阻。测 NPN 管时，用黑表笔接发射极，红表笔接基极，测 PNP 管时，要对调表笔。

先用"Ω×1k"挡测，指针偏转应很小，一般不超过满度的十分之一。再改用"Ω×10k"挡测，如果指针偏转的角度变化不大，说明这只管子是低频管；若改用"Ω×10k"挡后指针偏转明显变大，那么所测管子可能是高频管。

（3）判断是硅管还是锗管

硅管的发射结与集电结正、反向电阻都比锗管相应阻值大，我们可以用万用表的"Ω×1k"挡测试判断。通常发射结（e、b 两极间）和集电结（c、b 两极间）的正向电阻，硅管为 3～10kΩ，锗管在 500～1000Ω 之间；两结的反向电阻，硅管大于 500kΩ，锗管在 100kΩ

左右。

由于不同万用表的内阻及电池不同，同一只晶体三极管用不同万用表的测试结果也不尽相同，但因两种三极管阻值相差很大，这种辨别方法还是比较准确的。

（4）粗略判断管子的质量

将万用电表拨到"Ω×100"或"Ω×1k"挡。对于 NPN 型三极管，将黑表笔接集电极，红表笔接发射极；测 PNP 型三极管时，表笔要对调。这时万用表指示的电阻值越大，说明三极管穿透电流越小，对小功率硅管阻值应在几百千欧以上，甚至看不出指针偏转，对小功率锗管应在几十千欧以上。如果测量显示的阻值很小，且指针缓慢地向低阻方向移动，表明三极管穿透电流大且稳定性差；如果测得的阻值接近于零，表明三极管已经击穿损坏。但有些大功率三极管的穿透电流参数定得较大，测得电阻仅几十欧姆，这是正常的。

晶体三极管的电流放大能力也可以用万用表进行检测，方法如前面图 1.3.53 所介绍的。当通过手指或舌尖的电阻给基极加入正向电流后，万用表指针偏转越大（即指示阻值越小），说明三极管的 β 值越高。若指针偏转角度在观察过程中不断缓慢变化（要区别因接触不良引起的跳变），说明这只三极管工作很不稳定，不宜使用。这种情况在穿透电流较大的锗管中较多见。

（5）测量管子的 β 值

常用的 MF50 型指针式万用表和 DT830B 型数字式万用表，均设有专门测量晶体三极管电流放大系数的插孔及对应挡位，可以很方便地测量出小功率晶体三极管的电流放大系数，具体方法已经在前面"万用表的使用"一章中讲过，这里不再重述。其测出的数据不是十分准确，但在业余制作中还是很适用的。

6. 怎样利用国外生产的晶体三极管

现在，国内合资企业生产的不少晶体三极管都采用了同类国外产品的型号，其应用非常普遍。电子爱好者手中也常备有从电子产品上拆换下来的国外型号的晶体三极管，在电子制作中可以利用它们。

日本生产的晶体三极管型号都是以"2S"开头的。接在后面的一个字母可以判断管子的材料极性和类型，如 A 为 PNP 高频管、B 为 PNP 低频管、C 为 NPN 高频管、D 为 NPN 低频管等。但这些字母不表示三极管的材料是硅还是锗，也不能确定功率的大小。型号后面的数字是器件的登记顺序号，没有什么意义，并不反映三极管的性能特征。顺序号相邻的两种管子，在特性上可能相差很远。

型号以"2N"开头的晶体三极管是美国产品。后面标出的数字是器件的登记号，没有其他含义，也不表明什么特性。但美国不同厂家的性能基本一致的半导体器件都使用同一个登记号，所以型号相同的三极管可以通用。有时为了区分同一型号中某些参数的差异，往往使用不同的后缀字母。

国外晶体三极管的封装方式与管脚排列形式种类比较多，使用前要查阅资料。

（六）集成电路

1. 集成电路的特点

集成电路是利用精密制造工艺，将许许多多的二极管、三极管、电阻、电容以及连线等按一定的规律做在一块半导体基片上，形成一个完整电路。一个集成电路就具有一个电子单元电路、甚至整机电路的功能。集成电路体积小、重量轻、可靠性高、成本低廉，这些都是分立元器件无法与之比拟的。

常见集成电路的实物外形如图 1.3.54 所示。按其结构有金属壳封装、扁平封装、单列封装、双列直插式封装及软封装（也称胶封装）等几种。

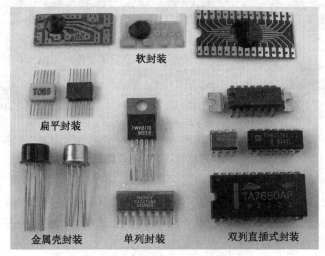

图 1.3.54　常见集成电路的实物外形

有些集成电路内部有十几个元器件，而有些则有上万个（如电脑中的 CPU）。虽然集成电路内部电路很复杂，但对于大多数电子爱好者来说，只要知道其工作特性和各脚功能就行了。集成电路一般有以下特点：

①集成电路中多用晶体管和电阻器，少用电感器和电容器，特别是少用大容量的电容器，因为制作这些元件需要占用很大的面积，导致成本提高。

②集成电路内多采用对称电路（如差分电路），这样可以纠正制造工艺上的偏差。

③集成电路一旦生产出来，内部的电路无法更改，不像分立元器件电路可以随时改动，所以当集成电路内的某个元器件损坏时一般只能更换整个集成电路。

④集成电路一般不能单独使用，需要与外接分立元器件组合构成实用的电路。

2. 音乐集成电路

本书后面介绍的一些制作实例采用了音乐集成电路，为此，这里专门介绍一下音乐集成电路，使读者对这类器件有个初步的认识。

音乐集成电路内部包含着振荡电路、音符发生器、节拍产生器、音色发生器、只读存储器、地址计数器和控制输出器等单元电路。它可以存储一首、几首或十几首乐曲，或者是各种动物的叫声（模拟声集成电路），或者是人的简短语言（语音集成电路），等等。

目前，大规模语音集成电路的价格越来越低，应用范围也越来越广。如语音报时钟内就含有可以合成语音的集成电路，需要了解时间时，只需按一下按键，就能以准确清晰的语音报出几时几分，十分方便。

音乐集成电路的工作电压低（直流 $1.5\sim3V$），耗电极省（不发声时工作电流只有 $0.5\mu A$。音乐集成电路多采用软封装，即用黑胶把电路芯片直接固化在一小块电路板上。有的电路需要配以少量的分立电阻器和电容器，板上留有插孔供其焊接。工作时电路按预先排定的程序输出电信号，通过外接扬声器等奏出声响。图 1.3.55 所示是常见的音乐集成电路的封装形式。

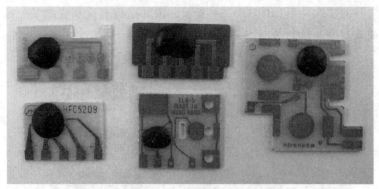

图 1.3.55　几种音乐集成电路的封装形式

音乐集成电路的品种繁多，价格便宜，电子爱好者在熟悉了它的触发方式后，可以自己改进和创新，利用光控、磁控、温控、触摸等不同方式触发音乐集成电路，制成各种用途的电子小作品，真是妙趣横生，引人入胜。

3. 集成电路的使用

在电路中，集成电路常用字母 A 来表示。各种不同性能的集成电路，它们的电路符号也是不同的。对功能比较多的集成电路，图中往往只画出一个方形或长方形的边框，框旁或框内写明器件的型号，并在各引线根部用数字标明引线管脚号或功能字母。图形中引线位置可以不按实际排列形式或顺序，以求电路图的清晰整齐。

集成电路的引脚很多，少则几个，多则几百个，各个引脚功能又不一样，所以在使用时一定要对号入座，否则会导致集成电路不工作甚至烧坏。因此一定要知道集成电路引脚的识别方法。图 1.3.56 给出了几种集成电路引脚顺序的识别方法。读者从图中可以看出：不管何种集成电路，一般都有一个标记指出第 1 脚位置，常见的标记有小圆点、小突起、缺口、缺角等，找到该脚后，从集成电路顶视（有字面朝向读者），逆时针依次为引脚 2、3、4……如果翻转过来从背面看（如在印刷电路板的焊接面上看），则为顺时针读取引脚数。

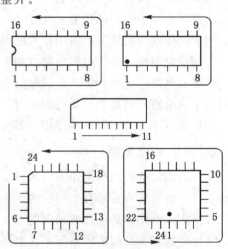

图 1.3.56　几种集成电路引脚顺序的识别方法

使用集成电路必须注意以下几点：

①集成电路的封装形式与内部结构、电路功能完全是两回事。外形相同的集成电路，功能可能完全不同；功能相同的电路也可以用不同的封装。所以选用或代换集成电路，只能以它的型号为根据。

②焊接集成电路要用 20W 左右的电烙铁，烙铁头最好锉成窄小斜面，以求焊点位置准确。焊接时间不宜过长，防止烫坏集成电路或线路板。

③为避免电烙铁上的感应电压损坏集成电路，电烙铁应接有良好地线，或在焊接时把电

烙铁电源插头拔下，利用余热快速焊接。这一点对常见的 CMOS 集成电路尤其重要。

④有些集成电路的引线已经镀金，切勿刮去镀金层，造成焊接困难。焊接时必须使用松香焊剂，焊好后认真检查接点情况，特别注意相邻引线有无连通短路。

⑤对于输入端阻抗极高（尤其是 MOS 电路）的集成电路，少量的感应电荷就会产生较高电压，从而造成集成电路的损坏。所以保存这种集成电路时最好用锡纸包裹，不要用手直接去摸它们的引出线。

四、 电子制作基本技能

初学电子制作不仅要学习一些基本的知识，更要掌握一些最基本的操作技能，这样才能取得预期的效果。

（一）必备的焊接技术

在电子制作中，各个元器件必须依靠焊接才能有可靠的电气连接，并得到支承和固定。焊接的过程就是用电烙铁使焊料（焊锡）熔化，并借助焊剂（如松香）的作用，将电子元件的端点与导线或印制电路板等牢固地结合在一起。对焊点的要求是连接可靠、导电良好、光洁美观。

用电烙铁焊接是电子制作的基本技能之一。良好的焊接是电子制作成功的重要保证；反过来，焊接不良，往往会使制作失败，甚至损毁元器件。

1. 焊接的基本操作

焊接需要的工具是电烙铁，最常用的焊料是焊锡，焊剂是松香。

电烙铁接通电源后，稍等片刻即可发热，并达到熔化焊锡的温度。如何检验电烙铁已发热并达到熔化焊锡的温度呢？如图 1.4.1 所示，让电烙铁的刃口接触松香，如松香熔化，说明电烙铁已发热；当烙铁头碰到松香时，如果听见"嗞嗞"的声音，并看到松香冒出白烟，说明电烙铁已达到熔化焊锡的温度。注意：切不可用手摸或使烙铁头靠近皮肤的方法来检验电烙铁是否已发热！

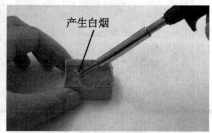

（a）未达到焊接温度　　　　　　　　（b）达到焊接温度

图 1.4.1　用松香判断电烙铁头的温度

电烙铁的温度达到熔化焊锡的温度后，就可以开始焊接了。在电子制作中，电烙铁最常用的握法是握笔式。根据焊接的需要，刃口为斜面的电烙铁又有刃口朝下和刃口朝左两种方式，如图 1.4.2 所示。

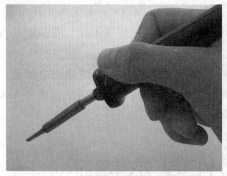 

| (a)刃口朝下 | (b)刃口朝左 |

图 1.4.2　电烙铁的握法

焊接方法主要有带锡焊接法和点锡焊接法两种。

(1) 带锡焊接法

带锡焊接法也叫单手焊接法。焊接时用右手握着电烙铁，按图 1.4.3 所示，先使烙铁刃口带上适量的焊锡，然后将烙铁移至松香盒，让烙铁刃口蘸上尽可能多的松香，乘松香液尚未蒸发掉（白烟没冒完），尽快将烙铁刃口移至焊点，时间在 3s 以内。如果元器件引线比较粗，烙铁头还应在引线周围转一下，待焊点形成后迅速移走电烙铁。这种焊接方法，烙铁带锡的量应恰好足够一个焊点用。锡太多，焊点太大；锡太少，焊点的焊锡量又不够，因此焊接时应注意掌握带锡量。松香液可以溶解被焊金属表面的氧化物和污垢，增强焊锡的流动性和吸附性，提高焊接可靠性。如果一个焊点没有顺利完成，而烙铁刃口所蘸的松香液已经蒸发完，可随时再蘸取，不要怕松香液太多或变焦黑而影响焊点的美观，焊接完成且焊点冷却

| (a)带上焊锡 | (b)蘸上松香 |

 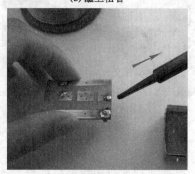

| (c)进行焊接 | (d)撤电烙铁 |

图 1.4.3　带锡焊接全过程

后，多余的松香可用小刀轻轻地刮掉。

带锡焊接法的好处是可以腾出左手抓持焊接物，或用镊子（尖嘴钳）夹住元器件焊脚根部帮助散热，防止高温损坏元器件。另外，所用焊锡不一定是带有松香芯的焊锡丝，普通焊锡也可以。一般在焊接点不是太多或焊接小物件的情况下，此法显得很方便。

（2）点锡焊接法

点锡焊接法也叫双手焊接法。焊接时右手握着电烙铁，左手捏着带有松香芯的焊锡丝，焊接时两手相互配合、协调一致。要掌握正确的操作方法及焊接要领，才能使焊点光亮圆滑、大小均匀，杜绝假焊、虚焊出现。具体焊接过程如图 1.4.4 所示，分 4 步完成。

第 1 步，加热焊点。按照图 1.4.4（a）所示，将达到预定温度的烙铁刃口前端从右侧顶在元器件引脚与电路板焊点交汇处，并使电烙铁与电路板平面成约 45°角，加热 1～2s。

第 2 步，送焊锡丝。按照图 1.4.4（b）所示，左手将带有松香芯的焊锡丝从左侧送入元器件引线根部。焊锡丝和松香芯熔化后，焊点很快形成。这个过程时间的长短决定了焊点的大小，因此一定要控制好送丝的量，使焊点大小均匀。

第 3 步，撤焊锡丝。当焊点形成且大小适中时，按照图 1.4.4（c）所示，将捏在左手的焊锡丝迅速撤去，并保持电烙铁的加热状态不变。

第 4 步，撤电烙铁。在撤丝后继续保持加热状态 1s 左右，以使焊锡与被焊物进行充分的热接触，从而提高焊接的可靠性。这个过程完成后，按照图 1.4.4（d）所示，迅速将电烙铁沿斜上方 45°方向撤走，留下一个光亮圆滑的焊点。至此，一个合格的焊接点就算完成了！

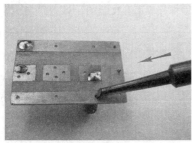
(a) 加热焊点

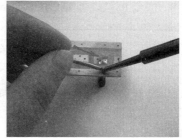
(b) 送焊锡丝

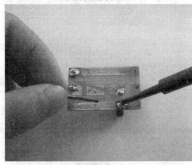
(c) 撤焊锡丝

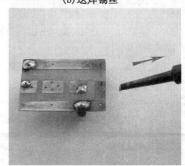
(d) 撤电烙铁

图 1.4.4　点锡焊接全过程

点锡焊接法具有焊接速度快、焊接质量高的特点，适用于多个元件快速焊接。但所用焊锡丝必须要有松香芯，否则易出现焊点不粘锡现象。所选焊锡丝的直径应根据焊点的大小确定，一般以直径 0.8mm 或 1mm 的为宜。

2. 焊接的技巧

用电烙铁手工锡焊时需要掌握一定的技巧，这技巧包含在焊接 10 字要领——"一刮、二镀、三测、四焊、五查"所归纳的焊接全过程中。

一刮：刮就是焊接前按照图 1.4.5 所示，做好被焊金属物表面的清洁工作，可用小刀、废钢锯条刮或用细砂纸打磨、粗橡皮擦除等方法除去焊接面上的氧化层、油污或绝缘漆，直到露出新的金属表面。自制的印制电路板在焊接前，也需要用细砂纸或水砂纸仔细将覆铜箔的一面打亮。"刮"是保证焊接质量的关键步骤，却常常被初学者所忽视。刮不到位，就镀不好锡，也就焊接不好。

需要说明的是，有些元器件引线已经镀银、金或经过搪锡，只要没有氧化或剥落，就不必再刮。如表面有脏物，可按照图 1.4.5（c）所示用粗橡皮擦擦除，粗橡皮擦以绘图用的大橡皮擦效果最好。有些镀金的晶体三极管管脚等，在刮掉镀层后反而会难以上锡。

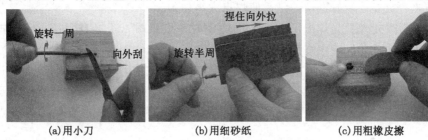

(a) 用小刀　　　　　　(b) 用细砂纸　　　　　　(c) 用粗橡皮擦

图 1.4.5　"刮"除焊接表面异物

在"刮"和"擦"中，都要注意不断旋转元器件引脚，务求将引脚的一圈全部清洁干净。

二镀：镀就是按图 1.4.6 所示，对要焊接的部位进行搪锡。"刮"完的元器件引脚、导线头等焊接部位，应立即涂上适量的焊剂，并用电烙铁镀上一层很薄的锡层，以防表面再度氧化。镀的焊锡层要求薄且均匀，为此烙铁头上每次的带锡量不要太多。晶体二极管、晶体三极管等元器件，一定要按图 1.4.6（b）所示，用镊子或尖嘴钳夹住引线脚根部帮助散热，再进行镀锡处理。元器件引脚镀锡是防止虚焊、假焊等隐患的重要工艺步骤，切不可马虎。

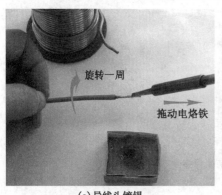 

(a) 导线头镀锡　　　　　　　　　　(b) 元器件引脚镀锡

图 1.4.6　给焊接部位"镀"锡

三测：测就是对搪过锡的元器件进行检查，看元器件在电烙铁高温下外观有无烫损、变形、搭焊（短路）等。对于电容器、晶体管、集成电路等元器件，还要用万用表检测其质量是否可靠，发现质量不可靠或者已损坏的就不能再用。

四焊：焊就是把搪过锡的元器件按要求焊接到指定的位置上去。焊接时电烙铁的温度与焊接时间要适度。电烙铁温度适宜时，烙铁头化锡迅速，并能附着足够的焊锡液珠。焊接时间能保证焊点圆滑光亮即可，一般为 2～3s，稍大些的焊点也不要超过 5s。

焊接过程注意要点如下。

①如果电烙铁温度过低，或者焊接时间过短，焊出来的锡面就会像图 1.4.7（a）那样带有毛刺，且表面不光滑，甚至呈图 1.4.7（b）所示的豆腐渣样。在这种情况下，焊剂有可能未全部蒸发完，残留于焊锡与焊件之间，待焊点冷却后焊剂（松香）把焊锡与焊件面粘住，稍一用力就能拉开，这就是所谓的假焊。

②如果电烙铁预热升温不足，急于去焊接，锡料就熔得很慢，被焊元器件与烙铁接触时间过长，从而使热量过多地传送到元器件上去，使元器件受损（如电容器塑封熔化，电阻器受热阻值改变等），尤其是晶体管，管芯热到 100℃ 以上就会损坏。

③如果电烙铁温度过高，则焊接时间稍长就会造成焊锡面氧化，焊锡流散，使焊点像图 1.4.7（c）所示的那样吃锡量不足，仅有很少的焊锡将元器件引线与金属面相连，接触电阻很大，一拉就断开，这就是所谓的虚焊。烙铁温度过高还会造成印制电路板敷铜箔条卷曲脱落、元器件过热损坏等。

④焊晶体管等易损件，仍同镀锡时一样，需用镊子、尖嘴钳等夹住引脚根部帮助散热。

⑤焊锡用量要适当，切忌用一大团焊锡将焊点糊住，应该像图 1.4.7（d）所示的那样，从焊点侧面看呈火山状，从焊点上锡面能隐约分辨出引线轮廓。

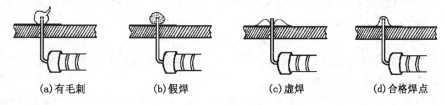

(a)有毛刺　　(b)假焊　　(c)虚焊　　(d)合格焊点

图 1.4.7　焊点质量鉴别

⑥焊接时不要用烙铁头来回摩擦焊接面或用力触压，只要加大烙铁头斜面镀锡部分与焊接面的接触面积，就能有效地把热量由烙铁头导入焊点部分。

⑦在焊接完成移开电烙铁后，要等到焊点上的焊锡完全凝固（4～5s），再松开固定元器件的镊子或手，否则焊接件引线有可能脱出，或者焊点表面呈豆腐渣样。

⑧焊接后，如发现焊点拉出尾巴，可用烙铁头在松香上蘸一下，再补焊即可消除。若出现渣滓棱角，说明焊接时间过长，需清除杂物后重新焊接。

⑨印制电路板上的元器件与电路板面应有 2～4mm 空隙，不可紧贴在板面上，晶体三极管还要高一些。较大的元器件在插入电路板孔后，可按图 1.4.8 所示，将引线沿电路铜箔条方向弯曲 90°，留 2mm 长度压平后焊接，以增大牢固度。

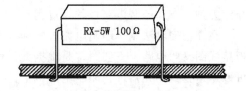

RX-5W 100Ω

图 1.4.8　较大元器件在印制电路板上的焊接

⑩焊接集成电路等高输入阻抗器件时，微小输入电流都会对电路产生影响，因此，如无法保证电烙铁外壳可靠接地，应拔下电烙铁电源插头后利用余热焊接。

⑪印制电路板焊接顺序是，先插电阻器，逐点焊接后，统一用偏口钳或指甲刀剪去多余引线，然后再焊电容器等体积较大的元器件，最后焊上不耐热的晶体三极管、集成电路等。

五查：查就是对焊好的电路进行一次焊接对错和质量的检查，杜绝假焊、虚焊及断路、短路，特别应注意检查电解电容器、晶体管等有极性元器件的管脚是否焊接正确。

良好的焊接，焊点具有独特的亮白光泽，凭经验一眼就能看出：如果焊锡的颜色和光泽出现污点或表面有凹凸不平，就表明焊接不良。

焊锡在附着物表面应有足够的渗透、黏附，并且焊锡量合理。焊锡量可能耐照图1.4.9所示来判断。图1.4.9（a）中焊锡形成缓缓上升的山坡状，由焊锡表面即可判定元件脚的确切位置，表示焊锡量适当。图1.4.9（b）是焊锡过多的情况，过多的焊锡堆砌，不仅无法达到增加机械强度的预期目的，还有发生虚焊现象、与附近焊点相碰（短路）的危险。图1.4.9（c）则是焊锡量不足的情况，这种情况在焊接初期并不容易看出有什么缺陷，但经过一段时间后，可能会因震动或拨动而脱落。

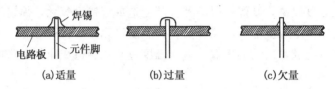

图1.4.9　焊锡量的标准

对于有问题的不良焊点，应采取补焊措施，使焊接质量达到满意程度。

（二）制作印制电路板

印制电路板也叫印刷线路板，是一种在专门的敷铜绝缘基板上，有选择性地加工出导电图形、元器件安装孔和焊接点的组装板。

工厂大规模生产的印制电路板是经过制版、印刷、腐蚀、打孔等一系列工艺完成的，而业余条件下印制电路板的制作方法也有许多种。但在本书介绍的电子制作中，由于每个制作所用元器件都比较少，印制电路板都很简单，所以推荐用一种最简单、最方便的手工方法——刀刻法来制作。下面我们以图1.4.10所示的"断丝防盗报警器"（本书后面介绍的制作实例）的印制电路板接线图为例，介绍刀刻法制作印制电路板的全过程。

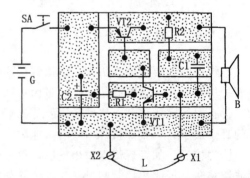

图1.4.10　便携式防盗报警器印制电路板接线

在介绍刀刻法制作印制电路板之前，先向读者介绍什么是印制电路板接线图。印制电路板接线图又叫电路板安装图，是根据元器件在电路板上安装的实际位置绘制的，按照这个图可以迅速找到某元器件在印制电路板上的具体位置，是制作安装和维修的依据。印制电路板接线图实际上是电路图和印制电路板图的"二合一"图，读者按此图可以制作出符合要求的印制电路板，然后按此图正确焊接元器件和电线。但在印制电路板接线图上，一般只标有元器件的符号和位置，不像电路图那样标出其型号和数据，所以在制作过程中每当要确定某个元器件的型号和数据时，还需要电路图配合才行。

需要说明的是，本书所有印制电路板接线图，除了特别指出外，全部是铜箔板朝向读者，而元器件、电线等则是从印制电路板背面通过引脚（线头）孔穿出，并焊接在铜箔板上的。其他书刊所介绍的印制电路板接线图亦采用这一习惯方式。

1. 裁取敷铜板

敷铜板的实物如图 1.4.11 所示。常用敷铜板的基板是酚醛纸基板（简称纸质板）或环氧酚醛玻璃布板，厚度有 1.0、1.5、2.0、2.5mm……多种。基板表面粘合一层厚度约 0.05mm 的铜箔。如果基板一面黏合铜箔，就称为单面敷铜板；如果基板的两面均黏合铜箔，就称为双面敷铜板。酚醛纸基敷铜板的板面一般为黑黄色和淡黄色，它的优点是价格便宜，不足之处是机械强度低、耐高温性能差、易受潮而变形。环氧酚醛玻璃布敷铜板的板面呈淡黄色，具有较好的透明度，它的优点是电绝缘性能好，耐高温，耐化学

图 1.4.11　敷铜板

溶剂，不易受潮变形，还有较好的机械性能，但价格相对要高一些。业余电子制作采用价格便宜的酚醛纸基敷铜板即可满足大部分要求，但高频、超高频电路的制作则应选用环氧酚醛玻璃布敷铜板。

由于本书介绍的电子制作使用敷铜板的面积都比较小，所以一般采用厚度 1mm 的单面敷铜板就可以满足要求。甚至工厂大规模生产印制电路板时所产生的边角料，都是我们理想的材料。图 1.4.11 的印制电路板实际尺寸是 30mm×20mm。按图 1.4.12 所示，先用钢板尺、铅笔在单面敷铜板的铜箔面画出 30mm×20mm 裁取线，再用手钢锯沿画线的外侧锯得所用单面敷铜板，最后用细砂纸（或砂布）将敷铜板的边缘打磨平直光滑。注意：锯敷铜板时不要沿画线外沿走锯，否则锯取的敷铜板经砂纸打磨后尺寸就会比要求的小。

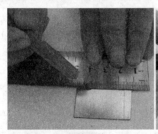　　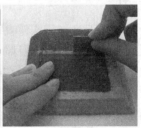

(a)画裁取线　　　　　　(b)锯敷铜板　　　　　　(c)打磨边缘

图 1.4.12　敷铜板的裁取与打磨

2. 刀刻敷铜板

刻制印制电路板所用的工具有刻刀、钢板尺和尖嘴钳（用直头手术钳效果更佳），刻制流程如图 1.4.13 所示。

第一步，按照图 1.4.13（a）和图 1.4.13（b）所示，对照前面图 1.4.10 所给出的印制

电路板接线图，用钢板尺、铅笔在单面敷铜板的铜箔面画出 1∶1 除箔走线，为了避免出错，可在欲除去的铜箔上用铅笔画出斜线作为标记。

第二步，按图 1.4.13（c）所示，用钢板尺对齐待刻的画线，用锋利的刻刀沿直尺刻划，把要剔除的敷铜箔条的两边都刻透。刻划要领是用刀尖部分接触铜箔，用力不要太大，要保持线条笔直，不要指望第一刀就能划透铜箔，以第一刀刻划出的印道作为基础，紧接着连划 3～5 刀，方可刻划透铜箔。刻划时一定要谨慎，假如第一刀刻歪了，那么后面一刀就很容易从刻坏的地方滑出去。

第三步，按图 1.4.13（d）～（f）所示剥除箔条。可先将两条刻缝线间的铜箔条端头用刻刀铲卷起来（小心不要伤着手），再用尖嘴钳（或直头手术钳）夹住铜箔条端头，将铜箔条卷绕后撕掉。残留的铜箔，可用刻刀铲除。刀口上的毛刺和铜箔上的氧化物等，可用细砂纸（或砂布）打磨至光亮。

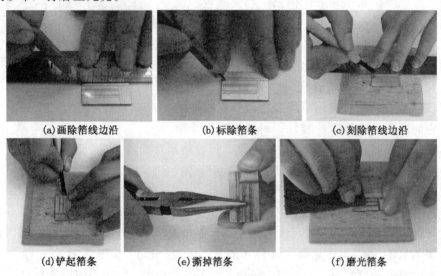

(a)画除箔线边沿　　　　(b)标除箔条　　　　(c)刻除箔线边沿

(d)铲起箔条　　　　(e)撕掉箔条　　　　(f)磨光箔条

图 1.4.13　刀刻印制电路板流程

3. 钻孔

在业余条件下可将元器件直接焊在铜箔上，这样可省去在印制电路板上钻元器件安装孔的麻烦，而且可以很直观地对照着印制电路板接线图焊接元器件，不易出错，这对于简单的电路尤为适用。但是大多数制作还是要求给印制电路板钻出元器件安装孔。

钻孔前，按图 1.4.14（a）所示，先用锥子在需要钻孔的铜箔上扎出一个凹痕，这样，钻孔时钻头才不会滑动。也可用尖头冲子（或铁钉）在需要钻孔处冲小坑，效果是一样的。钻孔时，按图 1.4.14（b）所示，钻头要对准铜箔上的凹痕，钻头要和电路板垂直，并适当施加压力。

钻孔时还要注意，装插一般小型元器件引脚的孔径应为 0.8～1mm，装插稍大元器件引脚和电线的孔径应为 1.2～1.5mm，装固定螺钉的孔径一般为 3mm，应根据元器件引脚的实际粗细等选择合适的钻头。如果没有适当大小的钻头，可先钻一个小孔，再用斜口小刀把孔适当扩大就行；对于个别更大的孔，可用尖头小钢锉或圆锉进一步加工。

(a)扎出凹痕

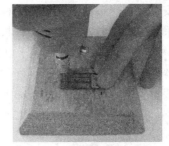

(b)钻出小孔

图 1.4.14　钻孔流程

4. 涂刷"松香水"

对钻完孔的印制电路板，按图 1.4.15 所示，用细砂纸轻轻打磨（或用粗橡皮擦擦），去除铜箔表面的污物和氧化层后，用小刷子在铜箔面上均匀地涂刷上一层自己配制的松香酒精溶液（俗称"松香水"），并让其风干。涂刷松香酒精溶液既保护铜箔不被氧化，又便于焊接，可谓一举两得。

(a)清洁

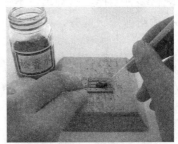

(b)涂刷

图 1.4.15　清洁涂刷松香酒精溶液

松香酒精溶液是一种具有抗氧化、助焊接双重功能的溶剂。松香酒精溶液的配制方法是：在一个密封性良好的玻璃小瓶里盛上大半瓶 95% 的酒精，然后按 3 份酒精加 1 份松香的比例放进压成粉末的松香，并用小螺丝刀（或小木棍）搅拌，待松香完全溶解在酒精中即成。松香和酒精的比例要求不是十分严格，可根据实际情况灵活配置。松香加得少，漫流性要好些；松香加得多，助焊效果要强些。这种松香溶液涂在铜箔上后，其中的酒精很快地蒸发掉，在铜箔表面留下一层松香薄膜，可使铜箔面始终保持光亮如新，防止氧化。在焊接时，松香还起到助焊剂的作用，使得铜箔很容易上锡。松香酒精溶液存放日久，由于酒精的挥发，溶液会变稠，这时可以再加些酒精稀释。

这种自制的松香酒精溶液，也可作为液态焊剂涂在刮去污物和氧化物的元器件引脚等焊件上，以利于焊接。

（三）元器件的安装

1. 元器件安装姿态的选择

元器件安装姿态主要有立式和卧式两种。立式安装如图 1.4.16（a）所示，元器件直立

于电路板上，安装时应尽可能将元器件的标志朝向便于观察的方向，以便于电路核对和日后维修。元器件采用立式安装时，占用电路板面积较小，有利于缩小整机电路板面积。卧式安装如图 1.4.16（b）所示，元器件横卧于电路板上，同样应注意将元器件的标志朝向便于观察的方向。元器件采用卧式安装时，可降低电路板的安装高度，在电路板上部空间较小时很适用。也可以根据整机空间的具体情况，采用立式和卧式两种混合安装方式，如图 1.4.16（c）所示。

(a)立式安装　　　　　　　　(b)卧式安装　　　　　　　　(c)混合式安装

图 1.4.16　元器件的安装姿态

2. 引脚的处理

元器件的规格多种多样，引脚长短不一，装机时应根据需要和允许的安装高度等，将所有元器件的引脚适当剪短、剪齐，如图 1.4.17 所示。

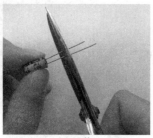 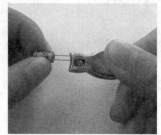

(a)用剪刀　　　　　　　　　　　(b)用指甲刀

图 1.4.17　剪短引脚

由于受安装环境等因素的限制，有些元器件的引脚在安装到电路板上时需要折转方向或弯曲，通常我们把这一整形过程叫做"弯腿"或"窝腿"。但应注意，所有元器件引脚都不能像图 1.4.18（a）所示的那样齐根部折弯，以防引脚齐根折断。塑封半导体器件如齐根折弯其管脚，还可能损坏管芯。即使当时侥幸没有损坏，但由于引脚根部长时间受到机械应力，也会留下隐患。元器件引脚需要改变方向或间距时，一般要求引脚弯曲点至根部的距离不得小于 3mm，也不要弯成直角，应弯成圆弧状（弯曲半径不得小于 2mm），常见正确的"弯腿"形状如图 1.4.18（b）所示。

    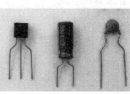

(a)不正确　　　　　　　　　　　(b)正确

图 1.4.18　"弯腿"形状

业余制作时，元器件引脚的"弯腿"可借助于镊子（或尖嘴钳）进行。图 1.4.19（a）是不正确的弯腿方法，即用镊子（或尖嘴钳）直接把引脚"拐"弯。图 1.4.19（b）是正确的弯腿方法，即用镊子夹住引脚靠根部部分，起到保护根部的作用，而用另一只手的手指把引脚扳（或压）弯。

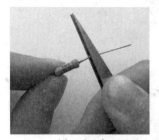

(a) 不正确

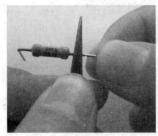

(b) 正确

图 1.4.19 "弯腿"方法

图 1.4.20 在电路板铜箔面直接搭焊元器件

在电路板上安装元器件时要注意安装顺序。一般应先安装卧式的和小体积的元器件，然后安装立式元器件和大体积元器件，最后安装易损坏的晶体管、集成电路和不易安装的特殊元器件等。这可归纳为"先低后高，先轻后重，先易后难，先一般后特殊"这样一句口诀。对于一些较简单的电路，也可以将元器件直接搭焊在电路板的铜箔面，如图 1.4.20 所示。采用元器件直接搭焊方式可以免除在电路板上钻孔的麻烦，简化了制作工艺。

安装元器件时，还应根据它的特点和安装要求，并对照印制电路板接线图或装配图正确焊接。各种集成电路、晶体管在安装时应分清它的型号及管脚，不要插错或装反。大功率电阻器应与底板间隔大一些，与其他零件的距离也要大一些；小功率电阻器可与底板近一些，并采用卧式安装。电容器的安装应根据它的种类和极性以及耐压情况确定，尤其是电解电容器，极性不能搞错。元器件外壳和引线不得相碰，要保证 1mm 以上的安全间隙，无法避免时，应套上绝缘管。对于金属大功

图 1.4.21 用螺钉固定较重的元器件

率晶体三极管、变压器等自身重量较重的元器件，仅靠引脚的焊接是不足以支撑其自身重量，应先用螺钉固定在电路板上，如图 1.4.21 所示，然后再将其引线焊入电路板。

（四）"洞洞板"的用法

初学者在进行各种电子制作时，如果使用现成的"万用电路板"（也叫"万能试验板"），则不仅可以省去制作印制电路板的麻烦，而且还可节省时间，加快制作速度，达到事半功倍的效果。

目前，市场上出售的万用电路板种类和规格五花八门，其常见实物外形如图 1.4.22 所示。万用电路板一般采用单面敷铜板腐蚀而成，可在上面直接插焊集成电路和各种元器件。万用电路板按其"焊盘"形状不同，可分为点阵式电路板（单孔圆形焊盘）、孤岛式电路板（多孔方形焊盘）两大类。其中点阵式电路板最普遍，我们下面重点介绍。

点阵式电路板俗称"洞洞板"，其实物外形如图 1.4.23 所示。板上布满相距 2.54mm

图 1.4.22　几种万用电路板外形图

（标准集成电路引脚间距）的带孔圆形"焊盘"，使用者可方便地将各种元器件插装在板子的正面（元器件安装面），并在板子背面（焊接面）通过焊盘和元器件引脚线、电线（甚至是焊锡丝）等焊接通电路。

1. "洞洞板"的选择

目前市场上出售的"洞洞板"主要有单面敷铜板和双面敷铜板两大类，其敷铜板材分纸质板（酚醛纸基敷铜板）、环氧板（包括板面呈淡黄色的环氧酚醛玻璃布敷铜板、透明度较好的环氧双氰胺玻璃布敷铜板等）、聚四氟乙

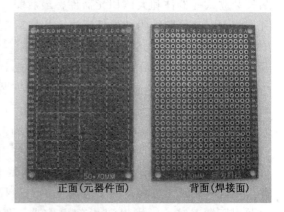

图 1.4.23　"洞洞板"外形图

烯板、聚酰亚胺柔性板等多种。对于初学者来讲，选择价格便宜的普通单面纸质敷铜板就可满足一般的需要，如果选购价格较贵的单面环氧敷铜板，则更佳。一般，纸质板要比环氧板价格便宜一半左右，比如，尺寸 7cm×5cm 的单面纸质板价格一般为 0.3 元左右，而相同尺寸的单面环氧板价格超过 0.5 元。

"洞洞板"常见的尺寸有 7cm×5cm、8.5cm×8cm、12cm×10cm、14.5cm×9.5cm、24cm×10cm……多种。一些产品的边沿处还标出行列序号（参见图 1.4.23）。读者在购买"洞洞板"时，一般都是按所需要的尺寸来选择，但所需尺寸并不一定对应产品规格，这时可选购尺寸稍大的板子，经过适当裁切获得所需尺寸。在所需尺寸不确定时，读者可以购买大尺寸的板子，它可以切割成尺寸不一的多个小块板使用，总体来说浪费小。

2. 焊接前的准备

"洞洞板"的裁取方法与普通敷铜板的裁取方法相同，参见本书前面图 1.4.12 所示。可以让切割线通过某一列或某一行"洞洞"，这样切割起来容易，而且断面平直。

在焊接"洞洞板"之前，还需要准备一些元器件剪脚线，在焊接时作为"走线"、"跳

线"（在电路板元件面越过元件连接两处焊盘的金属线）使用。

"洞洞板"具有焊盘紧密的特点，这就要求焊接用的电烙铁头不能太粗，建议使用功率25W以内的尖头电烙铁。同样，焊锡丝也不要太粗，建议选择线径为0.8mm左右的带松香芯焊锡丝为佳。

3. "洞洞板"的焊接方法

"洞洞板"的焊接很简单，首先，对照所制作项目的印制电路板接线图，在板子的正面插接好元器件，如图1.4.24（a）所示。如果元器件较多，可按总体规划一边插元器件一边进行焊接。

然后，对照印制电路板接线图的走线，像图（b）所示的那样，在铜箔面的焊盘上进行焊接的同时，利用元器件的引脚线完成"走线"。"走线"可充分利用元器件的引脚线（需弯折90°）。"走线"方向尽量做到横平竖直。对于多余的引脚线可剪掉，如图（c）所示。

有些"走线"如果容易跟周围别的焊点或"走线"发生碰线，应改用绝缘单芯线，如图

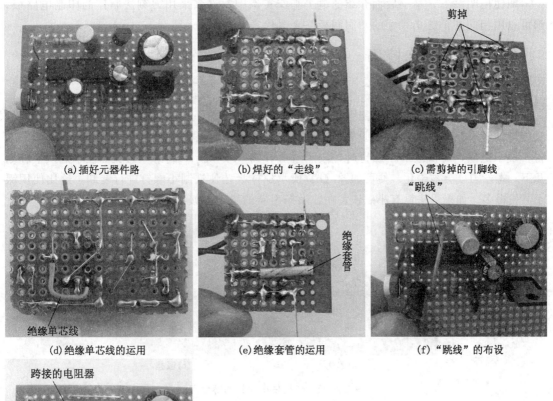

(a)插好元器件路   (b)焊好的"走线"   (c)需剪掉的引脚线

(d)绝缘单芯线的运用   (e)绝缘套管的运用   (f)"跳线"的布设

(g)元器件的跨接

图 1.4.24 "洞洞板"焊接方法

(d) 所示；或者在裸引脚线上套上合适的绝缘管，如图 (e) 所示。个别 "走线" 如果避免不了要与多个焊点或 "走线" 发生重叠或交叉，可按照图 (f) 所示，采用在元器件面安装 "跳线" 的办法避免。"跳线" 既可以是元器件剪脚线，也可以是塑料单芯细电线。有时还可按照图 3 (g) 所示的那样，在 "洞洞板" 的正面采用跨接元器件的办法，来避免焊接面所出现的 "走线" 交叉现象。

对于一些没有提供印制电路板接线图的电路，在 "洞洞板" 上进行焊接时不妨采用 "顺藤摸瓜" 法进行元器件布局和焊接，具体做法：以集成电路等关键器件为中心，其他元器件见缝插针进行安装并焊接。这种方法的特点是边焊接边规划，无序中体现着有序，效率较高。但对于初学者来说，由于缺乏经验，所以不一定人人都能够做到。为此，可先在纸上画好初步的布局，然后用铅笔画到 "洞洞板" 正面（元器件面），继而将 "走线" 规划出来，以方便焊接，避免错焊。总之，"洞洞板" 的焊接方法是很灵活的，可因人因电路而异，找到适合自己的最简便、最快捷的方法即可。

顺便说明一下，本书后面介绍的电子制作实例中，许多采用刀刻法制作的印制电路板，都可以用相同甚至更小尺寸的 "洞洞板" 来取代。

（五）实用制作技巧

1. 让螺丝刀挂住小螺钉

在用螺丝刀装卸机壳或电路板角落上的小螺钉时，人手无法直接将螺钉送至安装位置，只能借助镊子来实现，但中途脱失掉入元器件空隙或摆放位置不正的现象时有发生。如果准备一块小磁铁，每次装卸小螺钉时，按照图 1.4.25 (a) 所示，将螺丝刀头部在小磁铁上轻划几下，螺丝刀就会被磁化，便可如图 (b) 所示那样吸挂住铁制小螺钉进行装卸，这比使用镊子方便得多。如果手头没有小磁铁，在普通扬声器的磁钢上接触一下也能够磁化螺丝刀。

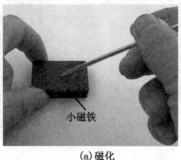 

（a）磁化　　　　　　　　（b）吸挂

图 1.4.25　能挂住小螺钉的螺丝刀

2. 让普通镊子自动闭夹

用普通镊子夹持元器件引脚、小螺母等时不能松手，否则被夹持物便会掉落。若剪一段长度为 1.5cm 左右、内径比镊子尾部外围稍小一些的软塑料管，把它紧套在镊子尾部，如图 1.4.26 所示，在需要时，只要将塑料管朝镊子前端推进，引脚便被紧固在镊子之中，而把塑料管往后一推，引脚便与镊子脱离。这

图 1.4.26　能自动闭夹的镊子

种能够自动闭夹的镊子，可用于焊接时帮助散热等，这时可以腾出拿镊夹的手干别的事。而平时塑料管推在镊子的尾部，无碍于镊子的常规使用。

3. 巧裁敷铜板

电子爱好者在裁取敷铜板（或有机玻璃板等）时，大可不必用手钢锯裁取，只要用一把钢板尺和一个刻刀就能搞定。具体方法如图1.4.27所示，钢板尺在敷铜板上定位后，用刻刀的刀尖沿钢板尺边缘反复刻划，划出比较深的一道沟槽；然后，在敷铜板的另一面正对着刚划的沟槽的位置划出一道同样的沟槽；最后，两手分别紧握沟槽线两边的敷铜板，朝外用力掰，即可轻松地沿沟槽将敷铜板一分为二。

(a)划沟槽   (b)用力掰开

图1.4.27　巧裁敷铜板

4. 巧用小钻头开大孔

有时需要在印制电路板或机壳上开出比电钻钻头大许多的安装孔或方孔，怎么办？可先按照图1.4.28（a）所示，在欲开孔位置用铅笔画出开孔形状；然后按照图（b）所示，用电

(a)画好开孔线   (b)钻出小孔

(c)刻通小孔   (d)锉平开口

图1.4.28　巧用小钻头开大孔

钻（或手摇钻）沿画线内侧钻一连串小孔；再按照图（c）所示，用刻刀把小孔与小孔之间的相连部分刻断；最后按照图（d）所示，用小钢锉锉平凸出部分，使开口的边缘线与画线刚好重叠，大孔即告开成。

在钻孔时注意，电钻的钻头应尽可能选最大的。如果要在金属板上开大孔，同样可用手电钻钻出大孔内侧的小孔，然后用凿子凿下小孔与小孔之间的相连部分，最后用小钢锉锉修即可。

5. 巧测漆包线直径

电子爱好者常常要用粗细合适的漆包线来绕制线圈和变压器等电感元件。而漆包线的规格很多，假如要利用手头已有的漆包线，但又不知道它的直径是多少，该怎么办呢？下面就向读者介绍一种简便实用的测算方法。

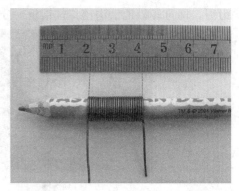

图 1.4.29　巧测漆包线直径

首先，按照图 1.4.29 所示，取一段待测漆包线，将它均匀紧密地平绕在铅笔杆（或其他圆杆）上，绕的长度可根据线径来定，一般细漆包线可取 10～20mm，粗漆包线可取 20mm 以上。当漆包线绕到指定的长度时，数一数一共绕了多少圈，然后用公式"绕制长度÷圈数＝线径（mm）"计算，就能得出漆包线的直径是多少。例如某一直径的漆包线，在 20mm 的长度内共绕了 39 圈，那么这种漆包线的直径就是：20÷39≈0.51mm。

6. 巧接细漆包线断头

凡是直径为 0.12mm 以下的漆包线断头，均可按图 1.4.30 所示进行"焊接"。方法是：将待接的两根细漆线（或纱包线）线头，绞合拧紧 10mm 左右，然后点燃打火机或擦燃一根火柴，在绞合线头的下方烧一下，线头就会立即熔化成一个小圆点而完成焊接。用这种方法接细漆包线断头，无须除漆皮（或纱层），也不用涂助焊剂，因此既不怕伤线，又不怕腐蚀和霉坏漆包线。

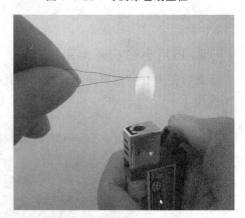

图 1.4.30　巧接细漆包线断头

7. 巧除漆包线漆层

细漆包线头焊接前必须除去上面的漆层，采用刀刮、砂纸打磨的机械方法是行不通的，因为这将导致线头局部折断或去漆不彻底。笔者采用加热的阿司匹林药片（或聚氯乙烯）去漆，效果非常理想。方法如图 1.4.31 所示，把漆包线线头放在阿司匹林药片上，然后用带有熔锡的热烙铁头沿导线来回移动几次，同时旋转漆包线，漆层很快被除掉，同时线头还被镀上了一层焊锡。

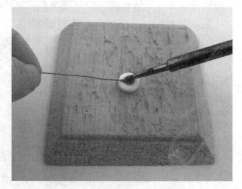

图 1.4.31　巧除漆包线漆层

8. 巧用"吸锡绳"解焊

电子制作时，为了纠正元器件的错焊，或为了更换损坏的元器件，都需要将焊接在印制电路板上的元器件从原来的位置上拆卸下来，这叫做解焊或拆焊。解焊时应一边用电烙铁加热焊点使焊锡熔化，一边用吸锡器等专用工具吸走焊锡，这样才能将元器件从安装孔中顺利地退出，确保不损伤元器件和电路板。解焊专用的吸锡器或吸锡电烙铁等，价格都比较贵，初学者一般都不配备。可以将印制电路板倾斜，使熔化的焊锡流向烙铁头，利用烙铁头带走焊锡。但这种方法在解焊集成电路等多脚元器件时，效果并不理想，有时还会令人大伤脑筋。这里向读者介绍一种用屏蔽线或多股电线作为"吸锡绳"进行吸锡解焊的方法，如图1.4.32所示。

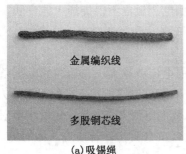

金属编织线

多股铜芯线

(a)吸锡绳

(b)用法

图 1.4.32　巧用"吸锡绳"解焊

取一段屏蔽电线，剥掉塑料外皮，抽出金属编织线里面的芯线，将金属编织线在松香酒精溶液中浸一下，或用电烙铁直接在金属编织线上加热吃上松香，即获得"吸锡绳"。如果手头无屏蔽电线，也可用剥掉塑料皮的多股铜芯电线来代替金属编织线，但必须把多股芯线拧成一股不太紧密、但不至于散架的绳子。用这样的"吸锡绳"来吸锡效果简直妙极了。使用时将"吸锡绳"放在欲拆卸元器件的焊点上，如果是集成电路等多脚元器件，可放在一排焊脚上；然后将电烙铁放在"吸锡绳"上加热，当焊锡熔化后就被吸附在绳内，从而使元器件引脚与电路板顺利分离。

9. 巧借电子门铃外壳

初学者在制作各种报警器、讯响器、语音盒时，不妨用图1.4.33所示的市售电子门铃的外壳做机壳。其方便之处在于：许多发声的小制作一般都用2～4节5号干电池（电压3～6V）供电，都要用一个8Ω、0.25W的小口径动圈式扬声器，而市售的电子门铃，几乎都用5号干电池供电，8Ω、0.25W的小口径动圈式扬声器更是少不了。所以读者如果看上了商店里某种电子门铃，只要它的工作电压与自己的小制作相符，就可买来，拆除里面的电路板，保留扬声器和电池架，直接用于自己的小制作。

图 1.4.33　几种市售电子门铃

五、 安全用电常识

在电子制作过程中，我们免不了要跟 220V 交流市电打交道。如果不注意用电安全，就有可能发生触电事故，严重时将危及人的生命。

（一）人为什么会触电

人体可以看成是一个具有一定电阻的导电体。当人体接触到带电体（电源线裸露部分），并与带电体构成回路时，电流通过人体就发生触电。触电不仅烧坏人体皮肤，而且会使肌肉痉挛（抽筋），还会破坏神经系统功能，使心脏跳动和呼吸停止，如抢救不及时便会失去生命。

触电时，人体接触的电压越高，流过人体的电流就越大。在相同的电压条件下，皮肤干燥时，人体电阻较大，流过人体的电流就比较小；但在潮湿、出汗的情况下，人体电阻会急剧减小，流过人体的电流会大幅度上升。而通过人体的电流大小直接决定着触电对人体造成伤害的程度。微小电流经过人体时，仅有麻刺的感觉，不会受伤；若通过人体的电流大于 50mA，就会有生命危险。所以在潮湿的环境中从事电气操作，即使电压很低，也可能造成触电危险。为了保障人身安全，尽可能使用 36V 以下的安全电压；在特别潮湿的场所，必须采用 12V 以下的绝对安全电压。

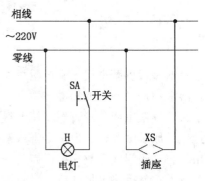

图 1.5.1　市电的用户电路

220V 交流市电的电压高出安全电压许多，因而绝对不容许人体直接接触供电线路及设备，否则会发生严重的触电事故。220V 交流市电的用户电路如图 1.5.1 所示。电源线相线（俗称火线）和零线（俗称地线）之间的电压为 220V，其中零线已在某处同大地连通，也就是说它同我们脚踩的大地基本是同一电位。220V 交流市电最常见的触电形式有以下两种：

①单线触电。如图 1.5.2（a）所示，人体一部分触及一根相线，而另一部分与大地有较良好的接触时（如踩在较潮湿的地面上），电流从相线流过人体入地，发生触电事故。

②两线触电。如图 1.5.2（b）所示，人体触及相线和零线两根电线时，电流从一根电线通过人体流入另一根电线。这种触电是最危险的，因为此时电流经过人体时必定通过心脏，而电流流经心脏组织时

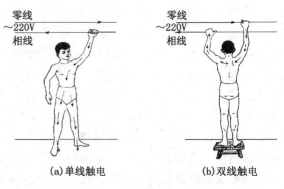

(a)单线触电　　　(b)双线触电

图 1.5.2　人体触电示意

最危险。为了防止这种触电现象发生，一般都要求用单手操作，并保持人体与大地良好绝缘。

（二）安全用电措施

1. 事先检查电器设备的绝缘电阻

例如在使用电烙铁前，应选万用表最高电阻挡 $\Omega\times10k$（指针式万用表）或 $\Omega\times2M$（数字式万用表），测量一下电烙铁插头两端和金属外壳之间的电阻，这个电阻应在 $2\sim3M\Omega$ 以上，最好趋于无穷大。若所测电阻值较小，说明有漏电现象，必须排除故障后才能通电使用。

除了检查绝缘电阻外，还应经常对电烙铁、电钻等移动用电设备的电源线进行检查，发现绝缘外皮破损时应及时处理或更换；用电设备受潮受淋后，必须经过干燥处理，才能通电使用。当使用中发现用电设备温度过高、有异味、产生打火等现象时，应立即切断电源，待查明原因并排除故障后，才可通电使用。

2. 保持人体与大地的绝缘

例如在工作台下垫上胶皮或干燥的木板，工作时双脚应踩在这类绝缘板上。一般情况下不可带电作业，如必须带电作业（如调试交流220V供电装置）时，要使用装有良好绝缘柄的工具并加倍小心，要注意站（或坐）在凳子或其他绝缘物上并单手操作，还应戴绝缘手套，穿绝缘鞋。

3. 不可忽视用电设备的保护接零（或保护接地）

近年来，新建住宅楼在电气线路设计中，为保证电气安全，防止触电事故的发生，普遍采用了保护接零措施。其特点是各种用电设备的金属外壳不必分别敷设接地装置，而是通过三极插头与三孔插座把设备的金属外壳接在零线上，实现更为安全和快捷的漏电保护。这样，一旦用电设备的外壳意外带电时，由于外壳已接在零线上，电流便从相线经过外壳和零线形成短路，短路电流比正常工作电流大很多倍，使用户的保险丝烧断或使自动过流开关（自动断路器）跳闸，迅速切断故障电路，起到保护作用。

值得注意的是，用电设备的保护接零线并不是直接接到零线上的，而是通过三极插头与三孔插座，与所谓的"保护零线"（也称"接零干线"）相接的，如图1.5.3所示。由于保护零线是重复接地的，途中不经过任何开关和保险丝，所以能可靠地起到保护作用。

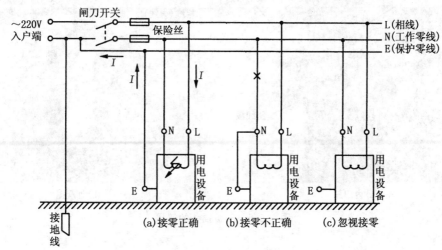

图 1.5.3 三极插座中保护零线的接法

要正确运用好保护接零措施，就要了解和掌握三孔插座与三极插头的正确接线方法。图1.5.4给出了一个壁式"两孔＋三孔"插座各孔的标准供电情况。上方的两孔插座是供没有金属外壳的用电设备连接电源的，而下方的三孔插座是供有金属外壳的用电设备连接电源的。按照电气安装的统一规定：面对墙壁上的插座，两孔插座的左孔应接零线（地线），右孔应接相线（火线），就是电工常说的"左零右火"规则。而下方的三孔插座左下孔应接零线，右下孔应接相线，上孔应接保护接零线，其简单助记语为"左零右火上保"，绝对不可接错。一般在插座背面

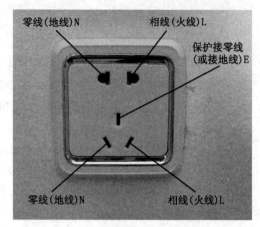

图1.5.4　电源插座各孔接线规则

（包括相应的插头）接线端附近，都用字母 E（有时还标出接地符号"⏚"）注明保护接零线端，用字母 N 注明零线（地线）端，用字母 L 注明相线（火线）端。

各种用电设备出厂时已经配接了电源插头，大多为不可拆卸式。在特殊情况下（如插头损坏或进口电器插头形式与我国不同）确实需要自己安装三极插头时，可按图1.5.5所示装配。由图可知，三极插头的字母标志与三孔插座含义一样，而且保护接零线端的插脚比其他两个插脚长些（扁形）或粗些（圆形）。通常情况下，用电设备的电源线是用3种不同颜色的电线加以区分的。一般用蓝色电线作零线，红色（或棕色）电线作为相线，按照国际电工标准，黄绿双色外皮的电线作保护接零线（日本、西欧产品有的用单一绿色作保护接零线）。过去生产的三芯电缆线，3根线分别为红色、蓝色、黑色，其中的黑色线作保护接零线，这点必须严格遵守。有的用电设备用线不规范，无法弄清时，必须用万用表测量一下，哪根线和用电设备的外壳相通，则应将哪根线接到保护接零线端子上。特别提醒注意的是，三极插头上的保护接零线，不能随意接到电器的电源线上。

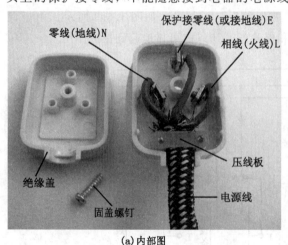

（a）内部图　　　　　　　　　　　　　　　　（b）外观图

图1.5.5　三极插头的接线

如果室内配电线路没有安装保护接零线，可采用普通的保护接地线。用一根2.5m长的扁铁条或较粗的圆铁棒，垂直打入附近比较潮湿的地下，在铁条上端打上孔，用一个较粗的

螺栓拧上一根引出线就可以作安全地线，一般要求接地电阻小于 4Ω。应特别注意，煤气管道不能用作地线，否则可能因电线接触点的火花而引起煤气爆炸事故。暖气管道也不适合用作地线，因为它不能可靠接地，也容易发生事故。

实践证明，按要求给用电设备的金属外壳接上良好的保护接零线或保护接地线，是一项非常重要的安全措施。但必须注意的是，在保护接零线上，绝不允许装设保险丝。而在同一配电线路中，不允许一部分用电设备保护接零，而另一部分用电设备保护接地，否则，接地设备发生"碰壳"时，会导致零线电位升高，反而增加了触电的可能性。

4. 选择合适的保险丝

在电源总配电盘上电度表的后面装设普通双线闸刀开关和合适的瓷插保险盒（内装保险丝），具有两大保安作用：

一是配合用电设备的保护接零发挥出应有的保安作用。接上了保护接零线的用电设备，在发生漏电故障使设备的金属外壳带电时，电流就会由相线经金属外壳与零线形成短路，短路电流迅速使保险丝熔断，从而切断故障电路。如果不装保险丝或用粗铜丝代替保险丝，金属外壳带电后无法及时切断电路，就会发生触电事故。

二是保险丝还起着过负载和短路保护作用。在用电过程中，难免会发生用电负载过大的情况，这时电流超过了线路允许值，不仅会损坏电度表，还使导线过热、绝缘外皮老化，酿成事故。特别是在电子制作和实验过程中，难免发生短路故障。选择了合适的保险丝，就能有效对过电流和短路进行保护。

保险丝的选取应根据总用电负荷而定，但最大也不能超过电度表的容量（分为 2、2.5、5、10A 等规格）。有的读者只图用电方便，随意加大保险丝的容量（如应装 5A 保险丝，自己换成 10A 的），这样做就会埋下事故的隐患，是不允许的。此外，电灯开关或单插保险盒必须接在相线上，如果误接在零线上，那么即使在开关断开或保险丝熔断的情况下，负载线路中仍有危险的高电压。

如果采用具有闸刀开关和过电流自动断开功能的双线空气保护开关（也叫过流保护开关）来取代普通保险丝，则就没有必要再按前面所讲在电度表后面单独安装双线闸刀开关和瓷插保险盒了。这种空气保护开关的规格与选择，跟普通保险丝完全相同。它的最大特点是安全可靠，省去了使用普通保险盒更换保险丝的麻烦。目前，空气保护开关已成为主流产品，在家庭住宅中得到普及和广泛应用。

5. 安装漏电保护器

漏电保护器（也称触电保安器、漏电保护开关）能够在用电器外壳发生漏电或人体触电时，自动切断供电电路，有效保证人身安全。这种漏电保护器技术成熟，灵敏度高，性能稳定，得到了广泛应用。如果读者家中的电源总配电盘上还没有安装上漏电保护器，建议尽快请专业电工装上一个质量上乘的漏电保护器，它定会为你今后的电子制作和生活用电提供可靠的人身安全保障。

如果实际中安装漏电保护器有所不便，可不妨购买一个图 1.5.6 所示的新型漏电保护插头。该插头内部已安装了漏电保护电路，在它的引线端按图 1.5.7（a）所示接上一个多用电源插座（插座的保护接零线端悬空），就做成一个具有漏电保护功能的多用电源插座。在电子制作中通过这个插座取电，可保证你的人身安全。当然也可按图 1.5.7（b）所示，用这个漏电保护插头直接取代电烙铁、电钻等用电设备的电源插头，效果是一样的。这种漏电

保护插头，体积（不含插头电极）仅 60mm×40mm×29mm，面板上有红色扁圆形供电复位按钮 RESET 和黄色圆形试验按钮 TEST，其漏电保护电流 30mA，最大负载电流 13A，所带双芯软护套线长 2.5m，完全可满足一般的需要。

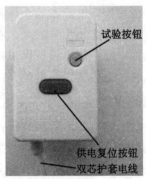

试验按钮

供电复位按钮
双芯护套电线

(a) 外形图　　　　　　　　　　(b) 面板图

图 1.5.6　新型漏电保护插头

(a) 接多用插座　　　　　　　　(b) 接电烙铁

图 1.5.7　漏电保护插头的应用

红色扁圆形供电复位按钮能够以手动方式"闭合"插头内部的主开关，其主要功能是手动加载供电。当首次使用漏电保护插头或每次漏电动作后，按下该按钮，即开始或恢复供电状态。

黄色圆形试验按钮能够模拟出人体触电或用电设备漏电时的状态，其功能主要是检验漏电保护电路工作是否正常可靠。应每隔一段时间（不超过 1 个月）按动该按钮一次，如果供电复位按钮置位、内部主开关马上"跳闸"（会发出很响的"嗒"声），说明漏电保护电路工作状况良好。反之，如果无任何反应，说明漏电保护电路已经失灵，应及时排除故障或换新的漏电保护插头。

使用过程中如果供电复位按钮置位、内部主开关"跳闸"，说明人体发生了触电或用电设备漏电大于 30mA，需查清原因，排除故障后方可按下红色供电复位按钮恢复供电。

6. 做好用电善后工作

每次用电结束后，应把所有用电设备的插头从电源插座上拔下来。对于发热较大的用电设备，如电烙铁、电炉等，切断电源后，还要使其远离易燃物品，以免余热引起火灾。

7. 掌握应急处理方法

不管是触电事故，还是由电路短路、过载、通风不好以及电焊、电火花加工等引起电气火灾时，都应首先切断电源。失火时如果电源尚未关断，切忌用水和酸性泡沫灭火器灭火，应使用干砂土、干粉（四氯化碳）灭火器和气体（二氧化碳）灭火器等来灭火；对于触电者，应在脱离电源后，立即做人工呼吸并送医院进行抢救。

总之，"安全第一"是电子制作中一条最基本的准则。凡是电工都应通晓并遵守的电工一般操作规则，业余电子爱好者都应严格遵守。对于初学者尤其是青少年电子爱好者来讲，凡是涉及 220V 交流电的制作，必须在专业电工或者老师现场指导下才能进行。

实战篇

一、太阳能庭院灯

随着人们节能和环保意识的增强，太阳能电池正以能源丰富、无污染、寿命长、使用维护简便和性能可靠等优点，越来越受到人们的喜爱。

动手制作一盏太阳能庭院灯，把它用于照明或装饰，既实用，又绿色、美观。

（一）工作原理

太阳能庭院灯的电路如图 2.1.1 所示，它由太阳能电池板 BP，镍氢电池 G，超高亮度发光二极管 LED，以及晶体三极管 VT1、VT2 等构成的光控开关电路组成。实物结构见图 2.1.2。

白天，太阳光照射到太阳能电池板 BP 上，BP 表面即发生光伏效应，其两端输出一定功率的电能，通过隔离二极管 VD 后，给镍氢电池 G 充电。此时，并接在 BP 两端的分压电阻器 R1、R2 亦有电流通过，R2 两端电压降大于 0.65V，晶体三极管 VT1 获得合适偏流而导通，VT2 因基极和发射极被 VT1 短路而处于截止状态，超高亮度发光二极管 LED 不发光。夜晚，太阳能电池板 BP 因无光照射而停止输出电能，VT1 失去偏压而截止，VT2 通过 R3 从镍氢电池 G 两端获得足够偏流而导通，LED 即通电发光。

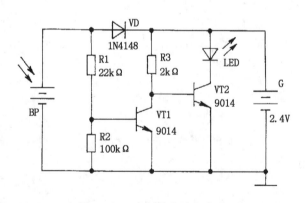

图 2.1.1　太阳能庭院灯电路

以上过程周而复始，镍氢电池 G 白天被充电、夜晚自动放电，而超高亮度发光二极管 LED 则白天熄灭、晚上点亮，从而实现自动照明。

电路中，太阳能电池板 BP 既作为光—电转换器件为镍氢电池 G 充电，又作为光传感器控制电子开关电路工作。VD 为隔离二极管，它只允许 BP 对 G 充电，不允许 G 通过 BP 放电（无光照时），更不允许 G 通过分压电阻器 R1 和 R2 放电，以避免光控开关电路失效——LED 永远无法点亮。

（二）元器件选择

本制作电路所用全部元器件的实物外形如图 2.1.3 所示。

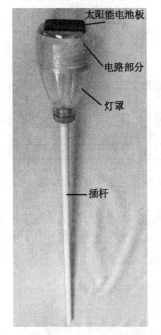

图 2.1.2　太阳能庭院灯外形

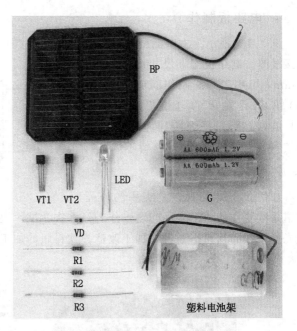

图 2.1.3　太阳能庭院灯所用元器件实物外形

BP 选用开路电压 4.56V、短路电流 70mA、外形尺寸 60mm×60mm×3mm 的单晶硅太阳能电池板，其构成如图 2.1.4 所示。该产品由 8 片面积为 52mm×5.5mm 的单晶硅片串联组成，出厂时已贴附在环氧基板上，并在表面封涂了一层多酚树脂加以保护；板的背面焊引出两根塑料软电线，其中红色为电池的正极引线，黑色为电池的负极引线。其他尺寸或规格的太阳能电池板，只要在太阳光直射下开路电压达 4.5V、短路电流达 70mA，均能代替使用。

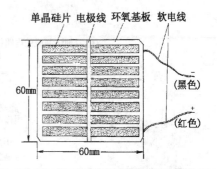

图 2.1.4　太阳能电池板构成

晶体管 VT1、VT2 均选用 9014（集电极最大允许电流 $I_{CM}=0.1A$，集电极最大允许功耗 $P_{CM}=310mW$）或 3DG8 型 PNP 小功率三极管，要求电流放大系数 $\beta\geqslant100$。

VD 用 1N4148 型硅开关二极管；LED 宜用 $\phi5mm$ 或 $\phi10mm$ 散射型超高亮度黄色发光二极管，其典型正向工作电压为 1.8～1.95V（工作电流为 20mA 时测试），最大工作电压为 2.5V，外形和引脚极性识别方法跟普通发光二极管完全一致。需要说明的是：超高亮度白色发光二极管不适合在这里应用，因为它的典型工作电压高达 2.8～3.6V，而镍氢电池 G

的供电电压只有 2.4V，所以将白色发光二极管接入电路是不会被点亮发光的。

R1～R3 全部采用 RTX-1/8W 型炭膜电阻器。

G 用两节 HR6 型（5 号）、公称电压 1.2V、容量≥600mAh 的镍氢电池串联而成，为方便安装应配上合适的塑料电池架。G 也可用两节 5 号、容量≥600mAh 的镍镉电池串联而成，但由于镍镉电池存在较为严重的记忆效应，实际使用效果远不如镍氢电池。

（三）制作

1. 电路板制作

图 2.1.5 所示为太阳能庭院灯的电路板接线图。电路板实际尺寸约为 55mm×18mm，可用刀刻法制作而成。图 2.1.6（a）所示是制成的电路板实物图，图 2.1.6（b）所示是焊接好元器件的电路板实物（太阳能电池板 BP 暂不焊接）。

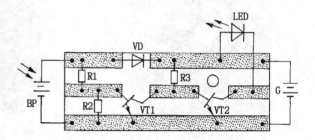

图 2.1.5　太阳能庭院灯电路板接线

2. 外壳制作

如何获得既美观、又实用的外壳兼灯罩是本制作的一个实际问题，作者经多次尝试，决定采用图 2.1.7 所示的容量为 1.5 升的透光性很好的饮料空瓶进行加工改造。饮料瓶的加工改造及整体装配示意见图 2.1.8 所示。

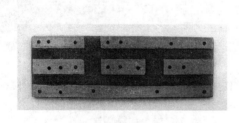

(a)刀刻法制成的电路板　　　　(b)焊接上元器件的电路板

图 2.1.6　电路板实物

图 2.1.7　饮料空瓶

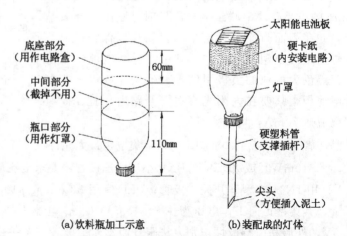

(a)饮料瓶加工示意　　　(b)装配成的灯体

图 2.1.8　用饮料瓶制作太阳能庭院灯示意

接着按图 2.1.9 所示，给饮料瓶盖装上一段外径约 16mm、长约 80cm 的电工用 UPVC 阻燃型硬塑料穿线管，作为灯体支撑插杆。具体可先按图（a）所示，将所选塑料管的一端扣压在饮料瓶盖的中间位置，用铅笔沿管口在瓶盖上画出一个圆圈；再按图（b）所示，用加热的电烙铁头沿所画圆圈的里侧（注意：保持 2mm 距离）"切割"出小圆孔；按图（c）所示，用小尖嘴钳头用力"钻"小圆孔，使小圆孔的口径扩大至铅笔所画出的圆圈；接着按图（d）所示，将塑料管一端插入瓶盖所开的圆孔；再按图（e）所示，用热熔胶粘固瓶盖里外与塑料管的接合处，使塑料管和灯体能够通过拧紧的瓶盖牢固为一体。

塑料管的另一端可按图 2.1.10 所示，用锋利的美工刀削割成斜截面，以方便插入泥土中。

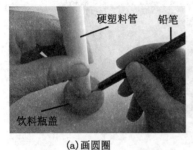

(a) 画圆圈

(b) 开圆口

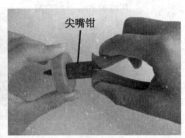

(c) 扩口径

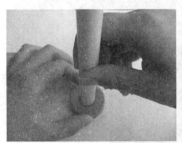

(d) 插塑料管

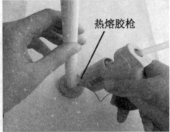

(e) 上热熔胶

图 2.1.9　在饮料瓶盖上粘固塑料插杆

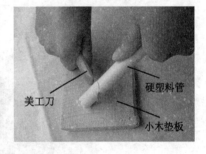

图 2.1.10　削割插杆尖头

3. 电路安装

先按图 2.1.11 所示在饮料瓶的底座上固定并密封太阳能电池板 BP：按图（a）所示，先在饮料瓶底的中心位置用电烙铁熔开一个穿线小孔；接着按图（b）所示，从外向里穿入太阳能电池板 BP 的两根引线；再按图（c）所示，用热熔胶将太阳能电池板 BP 粘固在底座外面（如无热熔胶枪可直接用电烙铁加热热熔胶棒）。为了防止使用中雨水浸湿内部电路板等，太阳能电池板 BP 的引线入口处及其板体四周均应全部用热熔胶密封起来。

然后按图 2.1.12 所示，在饮料瓶的底座内固定电路板和塑料电池架：按图（a）所示，在分清太阳能电池板两根引线的正、负极极性后，将引线头正确焊接在电路板上；按图（b）所示，用热熔胶将塑料电池架和电路板粘固在饮料瓶的底座内；为了美观，按图（c）所示，在饮料瓶底座的内壁衬上 $\phi 86mm \times 50mm$ 的有色硬卡纸圈，使人从外边看不到里面的电路部分。

4. 灯体组装

按图 2.1.13（a）所示，将两节充了电的镍氢电池 G 放入电池架上去，并按图（b）所

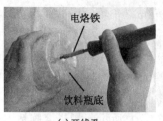
(a)开线孔

(b)穿引线

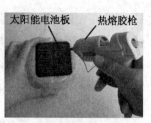
(c)粘封太阳能电池板

图 2.1.11　太阳能电池板的安装

(a)焊接电池引线

(b)粘固电路板和电池架

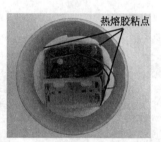
(c)粘固硬卡纸

图 2.1.12　电路部分的安装

(a)装好的镍氢电池

(b)套装灯罩

图 2.1.13　太阳能庭院灯的组装

示，将饮料瓶的底座部分套在瓶口部分。组装好的灯体如图 2.1.2 所示。

（四）调试与使用

　　装配成的太阳能庭院灯只要元器件质量可靠，焊接无误，便可投入使用。当白天用手（或黑布等）完全蒙住太阳能电池板 BP 时，灯内超高亮度发光二极管 LED 会自动发光，手离开时发光二极管即自动熄灭，这可用来判断和检验太阳能庭院灯的工作是否正常。如果天还不很黑时庭院灯就亮起，可适当减小电阻器 R1 的阻值来加以调整；反之，如果天黑了灯还不亮，可适当加大 R1 的阻值来加以调整。如果灯始终发光，表明不是晶体三极管 VT1的引脚接反，便是所用管子的电流放大系数 β 值太小，应予以纠正或换用 β 值大的管子一试；如果灯始终不发光，可重点检查晶体三极管 VT2、超高亮度发光二极管 LED 的引脚是否接反，电阻器 R3 是否开路等，并予以排除。

　　该太阳能庭院灯发光时工作电流实测约为 20mA。一般晴天充上电后，可连续照明一个晚上。在连续晴天后遇到一天阴雨天，仍可正常照明；如果遇到数日阴雨天，镍氢电池充电不足，当它供电电压下降至 2V 以下时，超高亮度发光二极管 LED 会自动停止发光，从而避免了镍氢电池过放电。实验证明，对于容量是 600mAh 的镍氢电池，在充足电后可连续点亮 LED 长达 30 小时。

使用时，将太阳能庭院灯插在院子或花园、草坪的泥土上，注意避开遮挡太阳光的物体或花木，让太阳光尽可能长时间地直射到灯顶面的太阳能电池板。太阳能庭院灯夜晚发光的效果见封底图。太阳能电池板上落有灰尘等时，会影响光－电转换效率，所以还要注意定期做好清洁工作。

二、会叫的"小·老虎"玩具

在儿童玩具柜台里，经常可以看到各种造型的毛布绒"小老虎"在出售，深受孩子们的喜爱！如果用手逗动"小老虎"时，它还会发出逼真响亮的虎叫声来，肯定会更加有趣，将它作为礼物送给小朋友，会令童心大悦！要做到这一点，只需要在布偶的身体内安装上下面介绍的电子模拟发声装置。

（一）工作原理

会叫的"小老虎"电路如图 2.2.1 所示。它采用了模拟虎叫声专用集成电路 A，所产生的虎叫声十分逼真，可达到以假乱真的地步。

平时，振动开关 SQ 处于"断开"状态，模拟声集成电路 A 的正脉冲触发端 TG 处于"0"电平（悬空），A 内部电路不工作，晶体三极管 VT 截止，扬声器 B 无声。此时整个电路耗电甚微，实测仅 $0.8\mu A$ 左右。

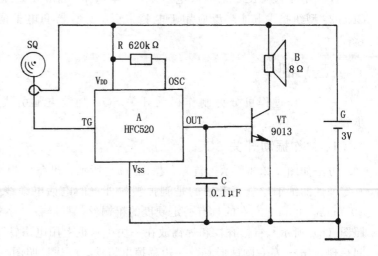

图 2.2.1 会叫的"小老虎"电路图

当用手拍打"小老虎"时，振动开关 SQ 断续接通，使模拟声集成电路 A 的触发端 TG 获得正脉冲触发信号，A 内部电路受触发工作，从其输出端 OUT 输出内储的模拟虎叫声电信号，经晶体三极管 VT 功率放大后，推动扬声器 B 发声。在非发声状态下，SQ 每受振动接通一次，B 会连续发出三遍虎叫声，时间约 6s。

电路中，R 为模拟声集成电路 A 的外接振荡电阻器，其阻值大小影响模拟虎叫声的速度和音调。C 为旁路电容器，主要用于滤去模拟声集成电路 A 输出电信号中一些刺耳的谐波成分，使虎叫声更加清晰响亮。

（二）元器件选择

该制作共用了 7 个电子元器件，除振动开关 SQ 需要自制外，其余元器件可对照图 2.2.2 所示的实物集体照进行选购。

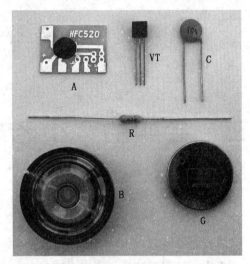

图 2.2.2　需要选购的元器件实物外形图

A 选用 HFC520 型模拟虎叫声集成电路，它软包封装在尺寸仅为 20mm×14mm 的小印制电路板上，电路板上有外围元件焊接脚孔，使用很方便。HFC520 的主要参数：工作电压范围 2.4～5V，音频输出电流≤1mA，静态总电流＜1μA，工作温度范围−10～60℃。

晶体管 VT 选用 9013（集电极最大允许电流 $I_{CM}=0.5A$，集电极最大允许功耗 $P_{CM}=625mW$）或 3DG12、3DX201、3DK4 型硅 NPN 中功率三极管，要求电流放大系数 $\beta>100$。

C 用 CT1 型低频瓷介电容器。R 用 RTX-1/8W 型炭膜电阻器。B 用 φ27mm×9mm、8Ω、0.25W 超薄微型动圈式扬声器，以减小体积，方便安装。

G 选用 1 粒 CR2032 型（电压 3V、体积 φ20mm×3.2mm）纽扣式电池，电压 3V。CR2032 型纽扣式电池广泛应用于电脑主板、计算器和电子词典等电子产品中，每粒售价 1～2 元。

（三）制作

整个制作过程可分为制作振动开关 SQ、加装电池引线、焊接电路和总体组装四大步骤。

1. 制作振动开关 SQ

方法如图 2.2.3 所示。首先，按图（a）所示，准备一根 φ0.3mm×25mm 左右的具有一定弹性的细铜丝（笔者用的是剥掉塑料外皮的电话电缆线头，效果不错），再准备一根 φ0.6mm×25mm 左右的具有一定硬度的粗铜丝，另准备一小粒松香和适量焊锡。然后，按照图（b）所示，将松香粒和焊锡放在一块小木板上用电烙铁加热，待焊锡在熔化的松香中间呈现 φ5mm 左右圆球形时，一边移掉电烙铁，一边按照图（c）所示乘球体尚未冷却凝固时插入已准备好的细铜丝，保持手不抖动，待数秒钟后焊锡球完全冷却凝固后，即获得图（d）所示的焊锡球杆。如果焊锡球的直径远达不到 5mm，可补充焊锡量，重复上述过程，直到符合要求为止。然后，按照图（e）所示，用镊子在已准备好的粗铜丝一端弯出一个 φ2mm 左右的圆环，套在焊锡球杆上，即制成图（f）所示的振动开关 SQ。

这种振动开关的制作方法是笔者经过长期的反复实践摸索出来的，简单实用、灵敏度高，可以作为廉价的振动传感器，应用到各种业余电子制作电路中去。

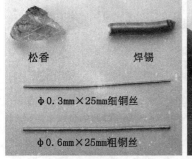

(a)全部用料

(b)熔化焊锡

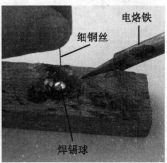

(c)插细铜丝

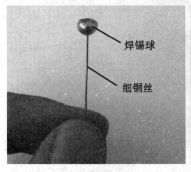

(d)冷却成形

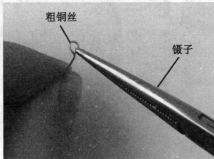

(e)弯小圆环

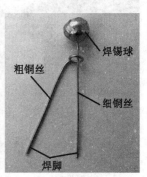

(f)完成品

图 2.2.3　自制振动开关 SQ

2. 加装电池引线

按图 2.2.4 所示给纽扣电池 G 加装引线。首先，按照图（a）所示，准备好一段 $\varphi 15mm \times 20mm$ 的具有一定伸缩性的塑料软管，另准备长度为 7cm 左右的红色和黑色塑料外皮软细焊接电线各一根，$6mm \times 6mm$ 见方的薄金属片 2 片。然后，按照图（b）所示，将 2 片薄金属片分别焊接在红色和黑色焊接线的一端；按照图（c）所示，将塑料软管压扁，在中间位置用锥子一次扎透两个小孔；按照图（d）所示在塑料软管所扎出的两个小孔中，由内向外分别穿出红色和黑色焊接线。最后，按照图（e）所示，将所用的 CR2032 型纽扣式电池插入塑料软管内，要求电池的正极（有字面，并标有"＋"符号）紧密接触红色焊接线上的金属片、负极紧密接触黑色焊接线上的金属片，并且两金属片均居于电池正、负极的中央位置处，谨防在插入过程中黑色焊接线上的金属片在纽扣电池 G 的边沿处桥接通正、负两极（即造成电池短路）！这样，就制作成了图（f）所示的带引线的纽扣电池，其红色引线为电池正极、黑色引线为电池负极，电池电压为 3V。

需要提醒读者注意的是，为了避免电池引线头无意间相碰而造成短路故障，在焊入电路前应将电池的引线头暂时用绝缘胶布包裹起来。另外，纽扣电池 G 的外壳是用薄钢片冲压制成的，密封性很高，切不可用电烙铁往电池电极上直接焊导线，尤其是焊接时间过长，内部液体就会膨胀产生高气压，很容易把电池崩裂，酿成严重事故！

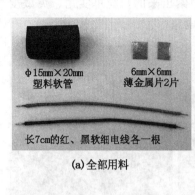

Φ15mm×20mm
塑料软管

6mm×6mm
薄金属片2片

长7cm的红、黑软细电线各一根

(a)全部用料

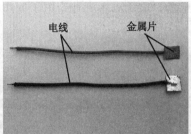

电线　　　金属片

(b)焊好引线

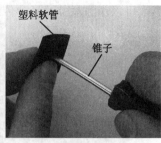

塑料软管

锥子

(c)扎出小孔

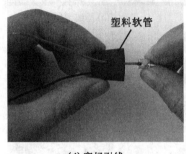

塑料软管

(d)穿好引线

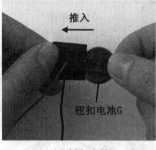

推入

钮扣电池G

(e)插入电池

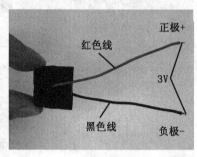

红色线

正极+

3V

黑色线

负极-

(f)完成品

图2.2.4　给纽扣电池G加装引线

这里介绍的给纽扣电池加装引线的方法，是笔者反复实验成功的，简单实用，更换电池也比较方便。读者千万不可自作聪明省掉这一制作工序，而试图用电线将电池直接焊接到电路中去。

3. 焊接电路

整个电路按图2.2.5给出的接线图，以模拟声集成电路A的芯片为基板进行焊接，不必另外再设计制作印制电路板。焊接时注意：电烙铁外壳一定要良好接地，以免交流感应电压击穿A内部CMOS集成电路！焊接好的实物接线图如图2.2.6所示，读者特别要留意的是，自制振动开关SQ的铜环和弹性球杆是直接焊在模拟声集成电路A的芯片上的，焊接好后需要用镊子仔细调整铜环与球杆的相对位置，使球杆居铜环圆心位置，才能获得满意的振动触发灵敏度。

焊接好的电路，用小螺丝刀敲打模拟声集成电路A的小印制电路板，扬声器B即会连续发出三遍虎叫

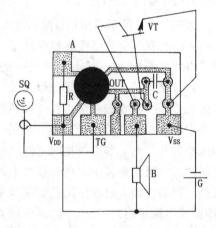

图2.2.5　会叫的"小老虎"电路接线图

声，时间约6s。再敲打，又会再次发声。如嫌模拟虎叫声不够逼真，可通过适当变换电阻器R的阻值来加以调节。R取值范围为560kΩ～1MΩ。R阻值大，模拟虎叫声频率低、音速慢，好像一只大老虎在吼叫；阻值小时，频率高、音速快，则仿佛是一只可爱的小老虎在

叫。如果扬声器 B 仅发出自激振荡声，只要在模拟声集成电路 A 的电源两端跨接一只 $100\mu F$、$10V$ 的电解电容器（正极接 V_{DD}、负极接 V_{SS}），便可以排除故障。如果振动触发灵敏度不够，只要用镊子将振动开关 SQ 的铜环直径调小一些，便可解决问题。

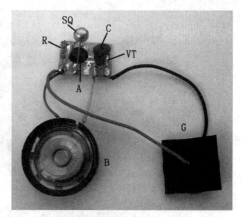

图 2.2.6　焊接好的电路

为了让扬声器 B 发声响亮，同时保护已调好方位的振动开关 SQ 等，需要按图 2.2.7 所示将电路装入一个密闭的小盒内。首先，按图（a）所示，选择两个尺寸合适的塑料瓶盖。然后，按图（b）所示，用电烙铁头在其中一个塑料盖上烫出 5 个 $\varphi 5mm$ 的小圆孔，作为扬声器 B 的释音孔；再按图（c）所示，用美工刀或平头小刻刀修平整凸出的孔沿，尤其是盖内孔沿，不允许有任何的凸起或不平整，以免安装扬声器 B 后顶住发音振动盆膜，严重影响发声；另按图（d）所示，在同一塑料盖的口沿上用美工刀切割一个能够通过两根细电池引线的"V"形缺口。最后，按照图（e）所示，采用电烙铁直接加热熔化热熔胶棒的简便方法，将扬声器 B 用热熔胶（也可用强力胶）粘固在开有释音孔的塑料盖内（可在扬声器 B 的圆外边与塑料盖紧挨的缝隙处，选 3～4 处位置滴上熔化了的热熔胶即行），将模拟声集成电路 A 的小印制电路板粘贴在扬声器 B 的后底座上，粘好的电路如图（f）所示；再次检查振动开关 SQ 的球杆是否居于铜环的圆心位置，并按图（g）所示，用镊子仔细调整铜环与球杆间的相对位置，使球杆居于铜环正中心位置——这一点对制作成功非常关键！接着按图（h）所示，将纽扣电池 G 的引线放入塑料盖事先所开好的"V"形缺口处，将另外一个塑料盖"口对口"合在装有电路的塑料盖上，外面合缝处按图（i）所示用塑料胶带缠绕粘紧，即完成图（j）所示的成品。

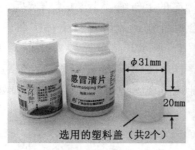

（a）选塑盖

（b）开圆孔

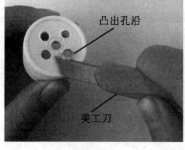

（c）整口面

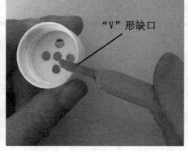

（d）开缺口

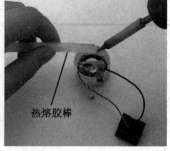

（e）粘器件

(f)固好位

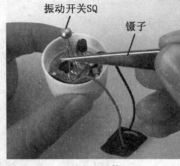

(g)调开关

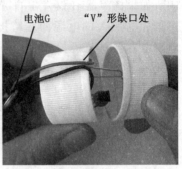

(h)合后盖

(i)粘后盖

(j)完成品

图2.2.7　将电路装入机壳

4. 总体组装

　　总体组装的主要工作是将焊装好的电路装入"小老虎"布偶的身体内。首先，按照图 2.2.8（a）所示，选购一个大小合适、造型漂亮的毛布绒"小老虎"；然后，按照图（b）所示，在"小老虎"身体背部用小剪刀挑断合缝针线，开出直口子；按照图（c）所示，将"小老虎"体内的填充物去掉少许；按照图（d）所示，将电路装入"小老虎"体内，注意扬声器 B 的释音孔应紧贴"小老虎"背部的绒布，以便对外良好放音；最后如图（e）所示缝好即可。对于有条件的读者，为了以后更换纽扣电池 G 方便，可在开口处用针线缝上一根隐形小拉链。

　　至此，一件出自个人之手的电子玩具作品终于顺利完成！

（a）选造型

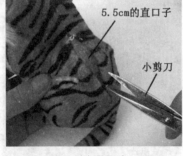

（b）开口子

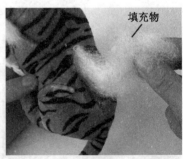

（c）腾空间

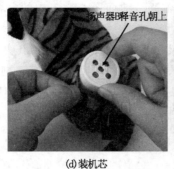

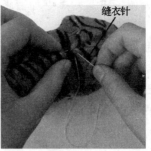

(d)装机芯   (e)缝口子

图2.2.8 组装会叫的"小老虎"

（四）制作延伸

这个制作中最巧妙的地方在于廉价的振动开关SQ（也就是"振动传感器"）的制作。清楚了这一点，读者可以举一反三、灵活应用。市面上有很多模拟其他动物叫声的集成电路，读者不难制作出会叫的"小狗"、会叫的"小老鼠"等玩具来。如果将集成电路A换为KD-482、ML-03、CW2850-12K等12曲音乐集成电路，并将电路装入毛布绒"娃娃"体内，则制成会唱歌的"娃娃"，每当用手拍一下它，它就会依次循环奏响内储12曲世界名曲中的其中一首！

发声集成电路的基本引脚有：电源正极（V_{DD}端）、电源负极（V_{SS}端）、高电平触发端TG、外接振荡电阻器（包括电容器）输入端OSC、音频输出端OUT（接功率放大三极管的基极）。图2.2.9是这类集成电路的基本接线图。实际中，有些集成电路的外部接线更简单，比如：有的将外接振荡电阻R2集成到了内部，所以就没有OSC端；有的不需要外接振荡电容器C，这样发声音调和速度固定不变，无法通过改变振荡电阻或电容来调节；还有一些在内部集成了功率放大电路，无需再外接功放三极管VT，其输出端OUT可直接接扬声器B。另有个别集成电路触发端TG采用低电平触发方式，对此只要将图中SQ连接电源正极（V_{DD}端）的一端断开，并按虚线所示改接在电源负极（V_{SS}端）一端即可。

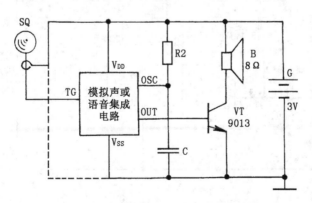

图2.2.9 各种发声集成电路的基本接线图

值得一提的是，一些厂家建议在其生产的集成电路输出端（即OUT端与V_{SS}端）之间跨接上一只$0.1\mu F$左右的瓷介电容器，其主要用途是用于滤去集成电路输出电信号中一些

不悦耳的谐波成分，使扬声器发声更加清晰响亮。前面图 2.2.1 中的电容器 C 即为这种旁路电容器。

　　读者还可以在制作振动开关 SQ 时，尽量将灵敏度做高一些，用其去触发"抓贼呀"语言集成电路等。将这样的电路机芯安装在房屋门窗或保险柜门的背面，则可制成"振动式防盗报警器"。如遇盗贼敲玻璃窗或用暴力砸房门、保险柜时，它便会发出吓破贼胆的"抓贼呀……"喊声来，可有效阻止被盗事件的发生。

三、会迎客的卡通"小·龙"

　　2012 年是龙年，各种卡通造型的毛布绒"小龙"大量应市，深受人们的喜爱！

　　如果动手在卡通"小龙"的身体内安装下面介绍的装置，当其前方 5m 范围内有人经过时，它便发出响亮的"您好！欢迎光临"声，更加讨人喜欢。在家门口摆放一个这样的迎客"小龙"，肯定会增添许多温馨的气氛！在店铺门口使用它，不仅产生迎客的效果，还具有通报来人的作用。

（一）工作原理

　　会迎客的"小龙"电路如图 2.3.1 所示，它巧妙地利用了人体经过有效探测区域时，会引起环境自然光线突然变化这一传感信号来触发电路工作。光敏电阻器 RL、晶体三极管 VT 和周围阻容元件等构成了感光式脉冲触发电路，语音集成电路 A、电阻器 R4 和扬声器 B 等构成了语音发生电路。

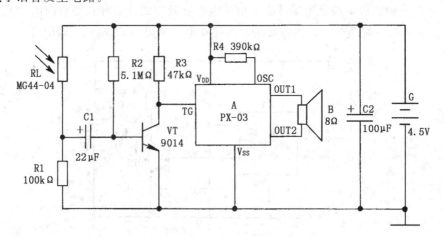

图 2.3.1　会迎客的"小龙"电路图

　　平时，RL 检测到的是周围较为稳定的环境光线，其阻值较低且保持稳定。C1 两端亦保持有一定的左正右负直流电压。R2 让 VT 基极获得导通电流。由于接 VT 集电极的电阻 R3

取值比较大，所以 VT 处于比较深度的导通状态，与 VT 集电极相接的语音集成电路 A 的触发端 TG 处于低电平（＜1/2V_{DD}），A 因得不到正脉冲触发信号而不工作，扬声器 B 不发声。本例中的 R2 和 R3 比一般电路中的取值要大，目的是减小静态电流损耗。

当有人经过 RL 的前方时，会引起 RL 上光线的突减，于是 RL 两端阻值突然增大，经过与 R1 的分压，导致 C1 的正极端电位突然降低，因 C1 两端电势差不会突变，所以 C1 负极端电位也降低，VT 反偏截止，其集电极输出正脉冲（≥1/2V_{DD}）触发信号。于是，语音集成电路 A 受触发工作，其输出端 OUT1、OUT2 输出一遍内储的"您好！欢迎光临"语音电信号，直接推动扬声器发声。

人体离开 RL 前方后，RL 恢复稳定的低电阻值，电池通过 RL 和 VT 发射结对 C1 快速正向充电，为下一次探测到人体后再次触发做好准备。

电路中，R4 为 A 的外接振荡电阻器，其阻值大小影响语音声的速度和音调。C2 为退耦电容器，在电池电能快用尽、内阻增大时，可有效地避免扬声器发声时波形畸变（严重时存在寄生振荡，无法正常发声），相对延长电池的使用寿命。

（二）元器件选择

本制作所用元器件如图 2.3.2 所示。

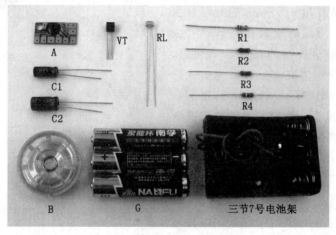

图 2.3.2　需要准备的元器件

A 选用 PX-03 型"您好！欢迎光临"语音集成电路。该集成电路采用黑胶封装形式制作在一块尺寸约为 21mm×10mm 的小印制电路板上，并给有插焊外围元器件的脚孔，使用很方便。PX-03 的主要参数：工作电压范围 2.4～5.5V，典型值为 4.5V；触发电压≥1/2V_{DD}，具有正脉冲和低电平两种触发方式；静态总耗电≤5μA；工作温度范围−10～60℃。笔者所用的 PX-03 是网购来的，销售网址：www.51dz.com，每片 1.2 元。

读者如果手头无 PX-03 型语音集成电路，也可用其他内储"您好！欢迎光临"或"欢迎光临"声的同类语音合成集成电路来代替。一般来讲，只要分清楚这类集成电路的电源正极（V_{DD}端）、电源负极（V_{SS}端）、高电平触发端 TG、音频输出端 OUT1 和 OUT2，不管型号、外形如何，均可直接接入电路进行替代。有些产品内部不包含音频功率放大电路，且只有一个输出端 OUT，使用时需要外接一只 8050 型功率放大三极管才能推动扬声器发声，

这一点读者应注意。

三极管 VT 选用 9014（$I_{CM}=100\,\text{mA}$，$P_{CM}=310\,\text{mW}$）或 3DG8 型硅 NPN 小功率三极管，要求电流放大系数 $\beta>120$。

RL 选用 MG44-04 型塑料树脂封装光敏电阻器，其他 $\varphi\leqslant5\,\text{mm}$、亮阻 $\leqslant10\,\text{k}\Omega$、暗阻 $\geqslant$ $2\,\text{M}\Omega$ 的普通光敏电阻器也可直接代替。R1～R4 均用 RTX-1/8W 型炭膜电阻器。C1、C2 均用 CD11-16V 型电解电容器，要求体积尽可能小一些，以利于安装。

B 用 $\varphi29\,\text{mm}\times9\,\text{mm}$、$8\Omega$、$0.25\,\text{W}$ 小型动圈式扬声器。G 用三节 7 号干电池串联（需配套塑料电池架）而成，电压 4.5V。整个电路平时耗电甚微，无须设置电源开关。

（三）制作

整个制作过程可分为焊装电路机芯、检测并调试电路、组装三大步骤。

1. 焊装电路机芯

图 2.3.3 所示为印制电路板接线图。首先，裁取一块尺寸约为 30mm×15mm 的单面敷铜板，参照图左边绘出的印制电路板，采用刀刻法剥除掉不需要的铜箔，并在板面适当位置处用手电钻打出 $\varphi0.8\,\text{mm}$ 的元器件引脚插装孔。然后，用细砂皮轻轻打磨掉（或用粗橡皮擦除）铜箔表面的污物和氧化层，再涂刷上一层松香酒精溶液（可事先按 3 份 95％ 的酒精加 1 份研细的松香粉末的比例自制备用），并自然风干。涂刷松香酒精溶液既可保护铜箔不被氧化，又便于焊接，可谓一举两得。制成的印制电路板实物如图 2.3.4 所示。

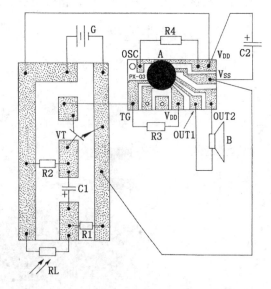

图 2.3.3　会迎客的"小龙"印制电路板接线图

然后，选一个图 2.3.5（a）所示的能够容纳四节 7 号干电池的塑料保存盒，作为电路安装盒。这种 7 号干电池保存盒（也称收纳盒），一般的电池专卖店都出售，价格在 1～1.5 元间。如果购买不到这样的电池保存盒，也可用大小差不多的其他塑料小盒来代替。电池保存盒在使用前应按照图（b）所示，采用锋利的木刻刀铲除掉盒底的凸起部分（共10 个，原用于定位干电池），以便安装电路。

按照图 2.3.5（c）～（e）所示，开出扬声器 B 的释音孔。

参照硬币

图 2.3.4　刀刻法制成的印制电路板照片

按照图 2.3.5（f）所示，在释音孔左下方开出一个 $\varphi7\,\text{mm}$ 的圆孔，用热熔胶粘贴上尺寸约 $\varphi7\,\text{mm}\times15\,\text{mm}$ 的一段黑色塑料管（盒外伸出约 8mm），作为光敏电阻器 RL 的感光窗口。黑色塑料管可截自废旧圆珠笔的笔芯帽等，它可使得光敏电阻器 RL 只探测正前方光线

变化，避免侧面光线的干扰和影响。实践证明，光敏电阻器 RL 在加装上黑色塑料管后，能够有效增强探测灵敏度。

按照图 2.3.5（h）所示，在盒子口沿上用美工刀切割一个能够通过电池架两根细引线的"V"形缺口。这样，焊装电路用的塑料安装盒就算加工好了。

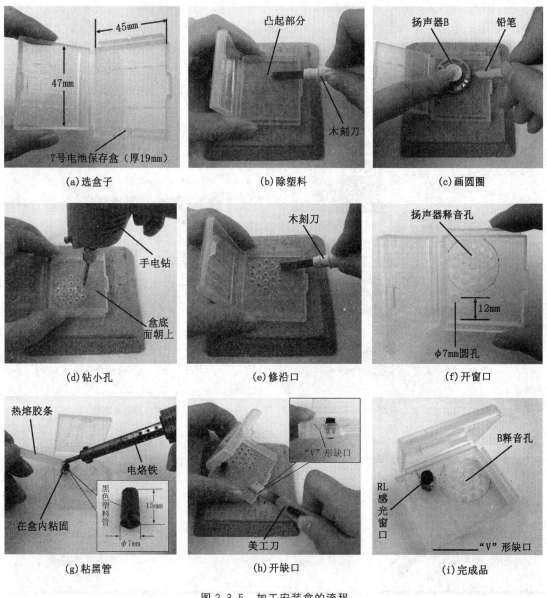

图 2.3.5　加工安装盒的流程

最后，按照图 2.3.6 给出的流程图，进行电路机芯的焊装。焊接前注意：电烙铁外壳一定要良好接地，以免交流感应电压击穿语音集成电路 A！具体做法：按照图（a）所示，在印制电路板上焊接好元器件，并焊接出两根长约 4cm 的细电线。按照图（b）所示，在语音集成电路 A 的芯片上焊接好电容器 C2、电阻器 R3 和 R4，并在语音集成电路 A 的两个输出端（即 OUT1、OUT2 脚）分别焊接上长度约 7mm 的元器件剪脚线，作为连接扬声器 B 的

引线。注意，C2 的正极引脚、R3 接 A 触发端（即 TG 脚）的引脚线均不要剪掉，应保留图中所给出的长度，以便进行后面的焊接。按照图（c）所示，在塑料安装盒内摆放好扬声器、语音集成电路和印制电路板，注意扬声器应正对着塑料安装盒底部所开出的释音孔，印制电路板上的光敏电阻器 RL 应伸入作为感光窗口的黑色塑料管内。将印制电路板上与电池负极相通的引出线头焊接在语音集成电路芯片所接电容器 C2 的负极引脚线上，而 C2 的正极引脚线则焊接在印制电路板上所剩的最后一个焊孔上（即与电池 G 正极相通的铜箔上），印制电路板上的另外一根引线头（与三极管 VT 集电极相通）应焊接在语音集成电路芯片触发端 TG 所接电阻器 R3 的引脚线上，语音集成电路芯片输出端所焊接的两根引线，直接就近焊接在扬声器的两个接线端上。电池架通过自带的两根引线经"V"形缺口引出盒外。焊接好的盒内电路，可采用热熔胶在适当位置进行粘固，如图（d）所示。焊装好的电路机芯全貌如图（e）所示。

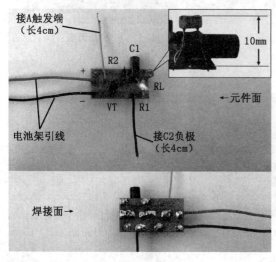

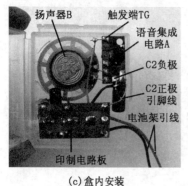

(a) 焊好的电路板

(b) 焊好的语音芯片

(c) 盒内安装

(d) 热熔胶固定

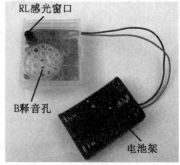

(e) 完成品

图 2.3.6 机芯焊装流程

2. 检测并调试电路

确认焊接无误后，按图 2.3.7 所示进行调试。如果无反应，应重点检查电池是否接通、三极管 VT 的引脚是否焊反、电阻器 R1～R4 的阻值是否焊混淆、扬声器 B 的音圈是否断路。如果这些地方无问题，说明语音集成电路 A 有故障，可更换一个试一下。一般情况下，只要正确选用元器件并正确焊接，不必进行任何调试，就可以获得满意的使用效果。

顺便指出，如果嫌语音速度太快（或太慢），可适当增大（或减小）电阻器 R4 的阻值来调节。R4 取值可以在 300～470kΩ 之间。R4 阻值大，语音频率低、语速慢，似男声；阻值小时，频率高、语速快，似女声。

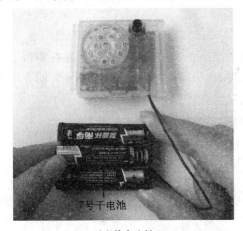

(a) 装上电池

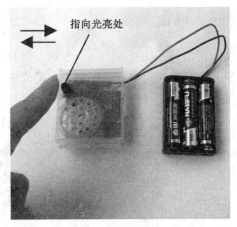

(b) 移动手指

图 2.3.7　检测机芯性能

3. 进行组装

按图 2.3.8 进行组装。

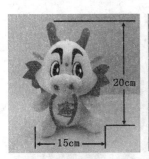

(a) 选造型

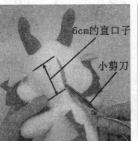

(b) 开口子

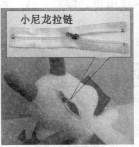

(c) 装拉链

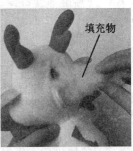

(d) 腾空间

(e) 烫圆孔（注意避开缝线）

(f) 伸窗口

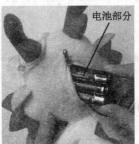

(g) 装电池

(h) 收拉链

图 2.3.8　组装会迎客的"小龙"

组装时，按图（f）所示，将黑色感光窗口从"小龙"脖子处所开的小圆孔中伸出来，窗口正对着前方（可稍向下偏一些），而小盒上的释音孔应尽量靠向"小龙"嘴部的绒布，以便对外良好放音。接着在机芯电路小盒周围填充上一些人造纤维棉，并按照图（g）所示，装入带干电池的塑料电池架，再用人造纤维棉填充满电池架周围的空间，并按照图（h）所示拉合上小拉链。

（四）使用

实际使用时，参照图2.3.9所示，将会迎客的"小龙"挂在门口，或摆放在柜台上，要求其感光窗口朝向门口（或者窗口）的光源。这样，一旦有人经过卡通"小龙"前方5米以内的地方，"小龙"便会响亮地说声："您好！欢迎光临！"

图2.3.9　迎客"小龙"应用示意图

会迎客的"小龙"在黑暗的环境中会失去功能。如果要在夜晚使用，需在"小龙"的感光窗口正前方设置稳定光源，用以取代自然光线实现探测，具体方案这里不再赘述。

整个装置平时耗电甚微，实测静态总电流＜120μA，发声时＜120mA，用电很节省。每换一次新电池，可连续使用很长时间，在一般家庭使用，可达数月之久。

四、会说话的"金猪"储钱罐

"金猪拱门家生财"，民间百姓普遍认为猪能给人们带来财富，市场上"金猪"造型的储钱罐比较普遍。如果动手给这种"金猪"储钱罐加装上语音录放电路，就会制成声形并茂的"金猪"储钱罐，每当向罐内投入一枚硬币时，"金猪"便会说一句由你事先任意录制的吉祥话，"哼"响一段乐曲，让节约和积蓄的行为变得十分有趣。

（一）工作原理

会说话的"金猪"储钱罐电路如图2.4.1所示，其核心器件是一块质优价廉的新型超薄语音录放模块A，非常适合电子爱好者用来制作各种语音小装置。

当按下录音开关SB的按键不松手时，语音录放模块A的录音控制端REC获得高电平触发信号，发光二极管LED点亮，表示进入录音状态。这时，嘴对着驻极体话筒B1讲话，

A 即自动录入话语。松开 SB 按键后，LED 熄灭，录音结束。如果录音时间超过 12s，则 LED 自动熄灭，表示语音录满。录音完毕，电路自动进入待放音状态。

每次向储钱罐投币时，硬币将触发开关的 a、b 电极瞬时接通，模块 A 的触发端 PE 获得包含有上升沿的正脉冲触发信号，使 A 从 SP＋、SP－两端输出内储的录音电信号，并驱动扬声器 B2 直接发声。

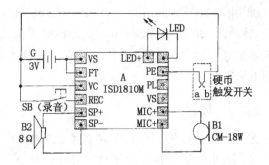

图 2.4.1　会说话的"金猪"储钱罐电路

（二）元器件选择

本制作电路中所用全部元器件实物外形如图 2.4.2 所示。

A 选用 ISD1810M 型超薄语音录放模块（俗称"魔块"），其语音集成电路芯片和外围阻容元件等分别采用软封装和贴片工艺制作在尺寸为 17.5mm×15mm 的双面小印制电路板上，总厚度仅为 2mm，其实物外形和引脚排列见图 2.4.3。只要给它接上电池、两个按键开关（一录一放）、扬声器和驻极体话筒等，便可实现录音和放音。ISD1810M 的主要参数：工作电压 2.7～5.5V，静态电流 ≤0.5μA，工作电流约 25mA；录音时间容量 8～20s（缺省值 12s）。录入语音断电不会丢失，可重复录音达 10 万次。ISD1810M 的邮购信息可登录网站 www.atvoc.com 查询。

B1 选用 CM-18W 型（φ10mm×6.5mm）高灵敏度驻极体话筒，它的灵敏度分为 5 挡，分别用色点来表示：红色为 －66dB，浅黄为 －62dB，深黄为 － 58dB，蓝色为 －54dB，白色＞－52dB。本制作中应选用蓝色点或白色点的产品，也可用其他灵敏度较高的小型驻极体话筒来代替。

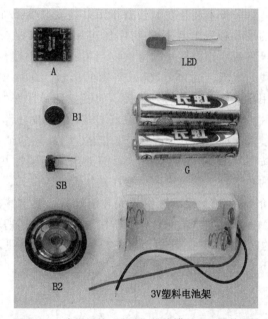

图 2.4.2　会说话的"金猪"储钱罐所用元器件实物

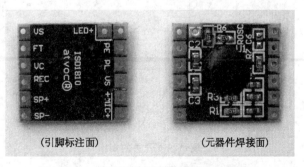

（引脚标注面）　　　（器件焊接面）

图 2.4.3　ISD1810M 型超薄语音录放模块

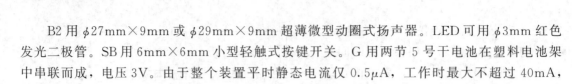

B2 用 $\phi27mm\times9mm$ 或 $\phi29mm\times9mm$ 超薄微型动圈式扬声器。LED 可用 $\phi3mm$ 红色发光二极管。SB 用 $6mm\times6mm$ 小型轻触式按键开关。G 用两节 5 号干电池在塑料电池架中串联而成，电压 3V。由于整个装置平时静态电流仅 $0.5\mu A$，工作时最大不超过 40mA，故用电很省。

（三）制作

首先，选一市售"金猪"储钱罐，并按图 2.4.4 所示选一大小、颜色合适的塑料广口瓶盖（直径与储钱罐长度相当，高度不小于 25mm），作为储钱罐的底座。

制作分三步进行，分别是加工罐体、加工底座和焊接电路。

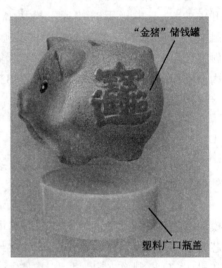

图 2.4.4　配套的"金猪"储钱罐及其塑料底座

1. 加工罐体

这一步主要是在储钱罐投币口处安装图 2.4.5 所示的硬币触发开关。触发片加工如图 2.4.6（a）所示：将两片相同尺寸的薄铁皮用手钳子或小型台钳沿虚线处弯折，成为图（b）所示的形状。薄铁皮可取自用马口铁皮做成的空罐头，如能找到弹性好的薄磷铜片，则更理想。在加工好的两薄铁皮上，按图 2.4.7（a）所示分别焊接上长度约为 15cm 的细电线，并按图（b）所示在粘贴位置滴上用电烙铁加热熔化了的热熔胶，乘热快速粘贴在储钱罐投币口处。所用热熔胶棒一般五金商店均可买到，每根单价 1～2 元。硬币触发开关装配好后，要求穿过投币孔的硬币能将两铁皮 a、b 良好"桥接"一下。如果不能良好"桥接"，或硬币被铁皮夹住不能顺利通过，可通过调整两铁皮 a、b 的间距来解决。接硬币触发开关的双股细电线，在储钱罐的取币口塑料盖（在"金猪"肚底下）上开孔引出，参见后面图 2.4.10。

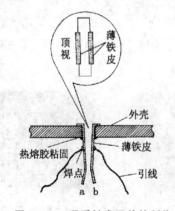

图 2.4.5　硬币触发开关的制作

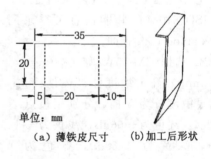

单位：mm

（a）薄铁皮尺寸　　（b）加工后形状

图 2.4.6　薄铁皮加工示意

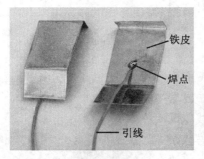

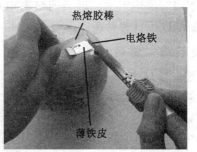

(a)加工好的薄铁皮　　　　　　　(b)用电烙铁加热热熔胶棒

图 2.4.7　薄铁皮及其粘固方法

2. 加工底座

按照图 2.4.8 所示，首先将扬声器 B2 倒扣在塑料广口瓶盖靠近边沿处，用铅笔沿扬声器外口画出圆圈，再在圆内用铅笔点上 9 个黑点，最后用小电钻在每个黑点位置打出 ϕ2mm 的小孔，作为扬声器 B2 的释音孔。

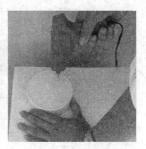

(a)画圆圈　　　　　　(b)点黑点　　　　　　(c)钻扬声器释音孔

图 2.4.8　在塑料底座上为扬声器开出释音孔

另外，按照图 2.4.9（a）所示，将取币口塑料盖扣在塑料广口瓶盖中心位置，用铅笔沿塑料盖画出圆圈；再按照图（b）所示，用加热的电烙铁头沿圆圈外侧"切割"，形成取币通口。

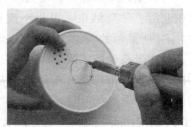

(a)画圆圈　　　　　　　　　　(b)开圆口

图 2.4.9　在塑料底座上开出取币口

如图 2.4.10 所示，电烙铁加热熔化热熔胶棒后将"金猪"的 4 只"猪蹄"粘贴在塑料广口瓶盖上；将扬声器 B2、塑料电池架粘贴在瓶盖内部。注意：塑料瓶盖上的扬声器释音

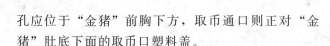

孔应位于"金猪"前胸下方，取币通口则正对"金猪"肚底下面的取币口塑料盖。

3. 焊接电路和总装

先按照图 2.4.11 所示在语音录放模块 A 上面焊接录音开关 SB、驻极体话筒 B1 和发光二极管 LED，并焊接两根长约 20mm 的元器件剪脚线，既作为接通扬声器 B2 的电线，又兼用于固定语音录放模块 A。然后对照电路图，按图 2.4.12 所示将语音录放模块 A 置于塑料广口瓶盖内部，焊接好扬声器 B2 的接线、电池架引线和硬币触发开关引线即可。焊接时注意：电烙铁外壳一定要良好接地，以免交流感应电压击穿语音录放模块 A 上面的 CMOS 集成电路！

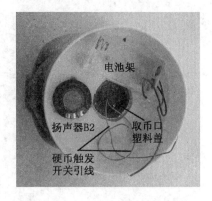

图 2.4.10　用热熔胶粘固好的主要部件

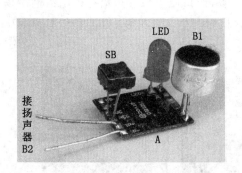

图 2.4.11　在语音录放模块 A 上焊接元器件

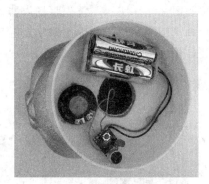

图 2.4.12　焊接好的电路

（四）使用

会说话的"金猪"储钱罐装配成功后，应首先录音，然后再投入使用。录音时，按住录音开关 SB 的按键不松手，发光二极管 LED 点亮后，将驻极体话筒 B1 正对着音源进行录音。录音内容可以是"我是小猪猪，祝你天天快乐，多存硬币，福运连连！"，"你真是个节俭的好孩子……"等，紧接着以磁带放音机或电脑模拟声等为音源，录入一段欢快的小猪叫声、动听的儿童乐曲等。录音结束，可用小改锥"桥接"一下投币口处的硬币触发开关，"金猪"则会发出刚才所录制的声音。如对所录入的声音不满意，可重新录制。以后录音内容还可根据场合、使用者身份的不同等，随时进行更改。

顺便指出：读者购买的语音录放模块 A，其录音时间一般为 12s（缺省值），如嫌时间短，可将模块背面标注为 R2（旁边同时标有 ROSC 字样）的 120kΩ 贴片电阻器，改换成为 200kΩ，这样录音时间可增大到 20s。如果将 R2 分别改换成为 80kΩ、100kΩ、160kΩ 的贴片电阻器，则可对应获得 8、10、16s 的录音时间。但应注意：录音时间越短音质越好，录音时间越长音质越差。

五、 留声贺卡

逢年过节，或是亲朋好友的生日佳期，人们往往喜欢送上一张精美的贺卡，以表达自己的良好祝愿。如果能将自己的亲口祝愿随贺卡送给亲朋好友那该多好！下面介绍的会说话的贺卡就能帮你实现这一愿望。

会说话的贺卡实物外形如图 2.5.1 所示，其外观与一般的音乐贺卡等相差无几，但它内置了电子录音芯片，能够将送卡人的贺词、敬语、情话等，以语音形式录入并长期保存，且可以随听随放。

(a)闭合的贺卡

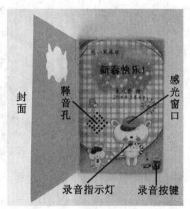
(b)打开的贺卡

图 2.5.1 会说话的贺卡外形

（一）工作原理

会说话的贺卡电路如图 2.5.2 所示，其核心器件是一块质优价廉的新型"傻瓜"式语音录放模块 A。由于 A 模块电路采用了独特的双向模拟 I/O 语音转录技术，所以可直接用扬声器 B 兼作话筒，从而简化了外围元器件。这种语音录放模块突出的优点是厂家已经将必需的一些电阻器、电容器等焊接在固化有大规模语音录放集成电路的印制电路板上，用户只要外接上电池、扬声器和一录一放两个开关，便可构成最基本的应用电路，使用起来非常方便。

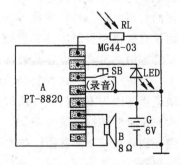

图 2.5.2 会说话的贺卡电路

当按下录音开关 SB 的按键不松手（光敏电阻器 RL 不能感受到光线）时，语音录放模块 A 的录音控制端获得低电平触发信号，发光二极管 LED

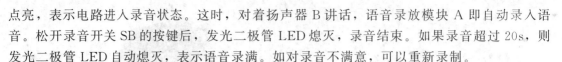

点亮，表示电路进入录音状态。这时，对着扬声器 B 讲话，语音录放模块 A 即自动录入语音。松开录音开关 SB 的按键后，发光二极管 LED 熄灭，录音结束。如果录音超过 20s，则发光二极管 LED 自动熄灭，表示语音录满。如对录音不满意，可以重新录制。

当此贺卡漂洋过海或历经万水千山寄到收件人的手中时，他（她）只要打开贺卡，与语音录放模块 A 放音触发端相接的光敏电阻器 RL 就会感受到自然光线而呈低电阻值，A 的放音触发端获得低电平触发信号，A 即自动循环输出语音电信号驱动扬声器 B 发声，直到合上贺卡为止。

（二）元器件选择

该制作共用了 6 种元器件，它们的实物外形如图 2.5.3 所示。

A 选用 PT－8820 型 "傻瓜" 式语音录放模块，其语音集成电路和外围阻容元件分别采用软封装和贴片工艺制作在图 2.5.4 所示的尺寸为 22mm×18mm 的双面印制电路板上。PT-8820 的典型工作电压为 5V（最大值 7V），静态电流 ≤1μA，工作电流约 25mA；录音时间 ≤20s，录入语音断电不怕丢失，可重复录音达 10 万次。若买不到 PT-8820，也可用同类产品 BA9902。

LED 可用 ϕ3mm 普通红色发光二极管，亦可用 5mm×2mm 方形普通红色发光二极管。这类发光二极管有一长一短两根引脚，长引脚为其正极，稍短的引脚为其负极，焊接时注意不可接反。

RL 宜选用 MG44-03 型塑料树脂封装光敏电阻器。这种光敏电阻器的管芯由陶瓷基片构成，基片上面涂有硫化镉多晶体并经烧结；由于管芯怕潮湿，所以在其表面涂上了一层防潮树脂。该封装结构的光敏电阻器因为不带外壳，所以称之为非密封型结构光敏电阻器，它的受光面就是其顶部有曲线花纹的端面。RL 也可用其他亮阻≤5kΩ、暗阻≥1MΩ 的普通光敏电阻器。

图 2.5.3 需要准备的元器件实物外形

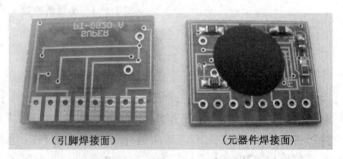

图 2.5.4 PT-8820 型语音录放模块

B 选用 ϕ40mm×5mm、8Ω、0.25W 超薄微型动圈式扬声器。这种扬声器广泛应用于各种 "随身听" 电路中，读者可在一般的家用电器维修部买到。

SB 用 6mm×6mm 小型轻触式按键开关。G 选用两粒 CR2032 型纽扣式电池串联而成，电压 6V。CR2032 型纽扣式电池广泛应用于电脑主板、电子手表和照相机等电子产品中，电子器材店、电脑服务部和照相器材商店均有销售。

（三）制作

会说话的贺卡制作分如下四个步骤完成。

1. 制作薄型电池夹

纽扣电池不能接受焊接，因为焊接的高温会使电池内部物质膨胀、气化，使电池胀裂。所以必须制作电池夹。

电池夹的制成品如图 2.5.5 所示。首先制作上面的电池卡子，按图 2.5.6（a）给定的尺寸，用铅笔和直尺在薄铁皮上画出图形两个，并用剪刀剪裁，再用钳子将铁片左、右两端沿虚线向下弯折成直角状，并稍微按压其中部，使铁片的中间略向下凹，即做成图（b）所示的电池卡子一对。加工用的薄铁皮可取自用马口铁皮做成的空罐头，如果能够找到弹性好的薄磷铜片，则更理想。

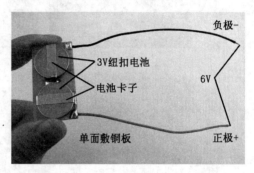

图 2.5.5　薄型电池夹

然后，按图 2.5.7 给定的尺寸，用刀刻法加工单面敷铜板，并用小电钻开出 4 个安装电池卡子的长方形孔和两个焊接引线的小圆孔。开孔时小电钻使用 $\phi 0.8mm$ 的钻头，长方形孔用钻头一字并排打出 3 个小孔后，再打通各小孔即成。

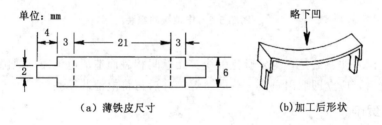

（a）薄铁皮尺寸　　　　　　（b）加工后形状

图 2.5.6　电池卡子加工示意

最后，按照图 2.5.8（a）～（g）所示，将一对电池卡子安装在加工好的单面敷铜板上，注意电池卡子从铜箔面插入单面敷铜板的安装孔，在非铜箔面将伸出部分弯折，在铜箔面将电池卡子焊牢，并焊接上长度约为 10cm 的红色（正极）和黑色（负极）两根塑料外皮软细电线。再两粒 CR2032 型纽扣式电池的正极（有字面，并标有"＋"符号）朝上、负极朝下，插入电池夹，用万用表测量引线两端的输出直流电压，应为 6V。

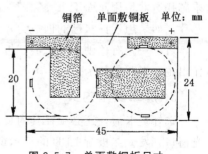

图 2.5.7　单面敷铜板尺寸

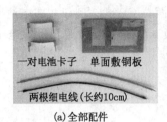

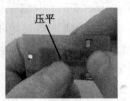

(a)全部配件   (b)插上卡子   (c)弯折伸出部分

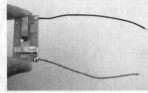

(d)焊接卡子   (e)焊好引线   (f)插入电池

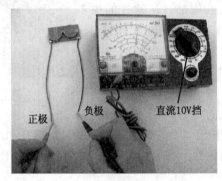

(g)检测电压

图 2.5.8 电池夹的组装

需要提醒读者注意的是，为了避免引线头无意间相碰而造成电池短路故障，在检验完电池夹的性能之后，应立即取出电池，待电路焊接好后再将电池装回去。

2. 选择贺卡

贺卡大小以 32 开本为宜，要求一定是三折的。如果寻找不到合适的三折贺卡也可以自制。笔者采用了图 2.5.9 所示的音乐贺卡，将里面的音乐芯片拆除。这里特别提醒读者，音乐芯片通常是用双面不干胶和塑料胶带粘贴固定的，可用电吹风加热不干胶，趁热拆除音乐芯片。如果想发挥自己的创造力，制作出与众不同、体现个性、别具一格的贺卡，也未尝不可，可将一张有色硬卡纸折成三折，采用粘贴图片或装饰物、画图案、写文字等多种方式制作出主题鲜明的贺卡。

3. 加工贺卡内页

选好贺卡后，还必须在其内页适当位置处开出扬声器 B 的释音孔、光敏电阻器 RL 的感光窗口、发光二极管 LED 的显示窗口、录音开关 SB 的按键伸出孔，才能进行下一步的电路安装。所有开孔具体位置的确定，要兼顾到与贺卡内页上的画面协调、留有书写文字的位置、录音开关 SB 按键操作的方便等，做到布局合理巧妙、美观大方。图 2.5.10 所示便是

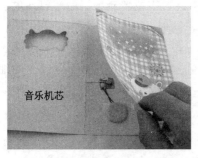

音乐机芯

(a)拆除音乐芯片

内页　　　封底　　　封面

(b)获得三折贺卡

图 2.5.9　简便易得的精美贺卡

已开好孔的贺卡内页。开孔时注意，扬声器 B 的释音孔按照图 2.5.11（a）所示用 φ2.5mm 的锥子扎孔，其余 3 个孔直径比较大，可先用锥子扎出小孔，再按图（b）所示，用适当直径的十字形螺丝刀或铁钉扩孔至要求的尺寸。为了保证开孔不影响页面的美观，锥子尖头必须从页正面扎进去，从页背面出来；扎孔和扩孔时，锥子或螺丝刀一边往里推，一边不停地正、反向旋转，使开口边沿尽量保持圆滑；所有小孔扎好后，按照图（c）所示，用刀口锋利的美工刀将页背面孔凸出的毛边切割平整。尤其注意的是，扬声器 B 的释音孔背面一定要修理平整，不然凸出的毛边顶在扬声器纸盆上，会严重影响扬声器的发音。

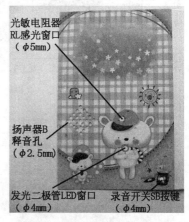

光敏电阻器
RL感光窗口
（φ5mm）

扬声器B
释音孔
（φ2.5mm）

发光二极管LED窗口
（φ4mm）

录音开关SB按键
（φ4mm）

图 2.5.10　开出小孔的贺卡

(a)扎出小孔

(b)扩孔

(c)切割毛边

图 2.5.11　开孔的方法

4. 焊接电路

　　首先，按照图 2.5.12（a）所示，在语音录放模块 A 上焊接好发光二极管 LED，注意发光二极管的正、负引脚不要焊反；并按图（b）所示，用塑料胶带纸将所有元器件粘固到贺卡内页的背面。为了保持平整，发光二极管 LED 的管帽不必插入贺卡内页所开好的显示窗口，只要将其侧面对准窗口粘固即可。

　　然后，参照图 2.5.2 所示的电路图，按图 2.5.12（c）所示焊接好电路。具体焊接方法：将光敏电阻器 RL 的一根引脚就近焊接在语音录放模块 A 的第 1 脚上（从上往下数），另一根引脚就近焊接在电池夹的负极端；电池夹的正极引线头焊接在语音录放模块 A 的电源正端（即发光二极管 LED 的正极焊接端），负极引线适当位置剥掉一段塑料外皮后焊接在语音录放模块 A 的电源负端（从上往下数第 4 脚），同时该端也通过黑色引线与录音开关 SB 的其中一端连接，而录音开关 SB 的另一端通过一段 6cm 长的细电线焊接到语音录放模块 A 的录音控制端（从上往下数第 3 脚）；扬声器 B 的两端则通过两根长约 9cm 的细电线焊接到语音录放模块 A 的音频输入/输出端（从下往上数第 2、3 脚）上。至此，焊接工作即告完成。

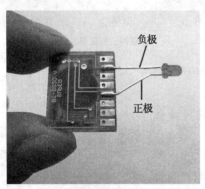

(a)焊好发光二极管

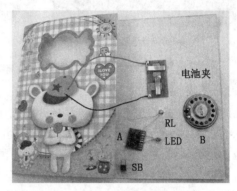

(b)粘固好元器件

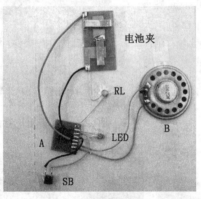

(c)焊好电路

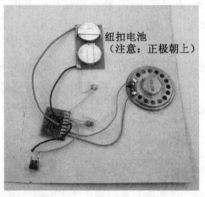

(d)装上电池

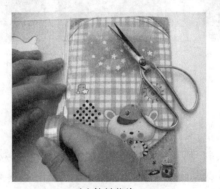

(e)粘封芯片

图 2.5.12　贺卡组装流程

5. 组装和试录音

仔细检查焊接好的电路，确保没有差错后，便可按图 2.5.12（d）所示，在电池夹上装上两粒 CR2032 型纽扣式电池进行试录音。试录音时，按题图所示，用一片绝缘黑胶布（或其他遮光物）遮住光敏电阻器 RL 的感光窗口，再按下录音开关 SB 的按键不松手，发光二极管 LED 发光，这时便可对着扬声器 B 的释音孔讲话录音了。录音完毕（≤20s），去掉光敏电阻器 RL 窗口的黑胶布，扬声器 B 就会自动反复播放刚才录好的声音。合上贺卡后，最多只播放一遍录音，便自动停止。打开贺卡，重复前面的放音过程。如果按下录音开关 SB 后，发光二极管 LED 不发光，说明黑胶布没有完全遮挡住光敏电阻器 RL，应纠正之；如果 LED 始终不发光，应重点检查电路接线是否有误，电池夹是否接触不良等。

待录、放音没有任何问题后，可按照图 2.5.12（e）所示，用白色塑料胶带纸（或双面不干胶带纸）将贺卡内页与封底的上、下、内侧三边粘合起来，即封住电路机芯。这样，会说话的贺卡即告完成。

（四）使用

使用时注意，每次录音前必须用遮光物将光敏电阻器 RL 的感光窗口遮住，或者在黑暗的环境中进行录音。否则按下录音开关 SB 的按键后，发光二极管 LED 就不会发光，录音也就无法进行。这就是说，平时按下 SB 按键时，不会抹掉原来的录音。发光二极管 LED 发光的时间，就是录音的时间。录音的内容可以是你的祝福语、你的歌声，时间应小于 20s。为了保证录音质量，声源必须对着扬声器 B 的释音孔。如对录音不满意，可以重新录制。录音结束后，按图 2.5.13 所示，在贺卡的内页写上收卡人昵称、祝福语及送卡人自称和日期等，便可将贺卡寄给远方的亲朋好友了。想象一下，当对方打开贺卡的瞬间，听到从中飘出你祝福的声音，会是多么惊奇和激动！

这一电路还可用在其他礼品设计中，使普通"沉默"的礼品变成会"说话"的电子礼品，例如录音笔盒、录音台历、家庭留言挂历、录音相册等。相信通过你的想象力和动手能力，定会创作出许多有声有色的好作品来。

图 2.5.13 书写有关文字

六、 便携式电子驱蚊器

如果你是属于蚊子喜欢攻击的一类人，在每年的夏、秋季饱受其害的话，可以来动手制作一个题图所示的便携式电子驱蚊器。它安全无毒性，无味，无论你是在室内生活、睡觉，还是在户外乘凉、郊游，都可用来驱跑身旁的蚊子，免遭叮咬！

（一） 工作原理

动物学家通过长期研究早就发现：只有母（雌性）蚊子才有吸食人畜血液的需要，而公（雄性）蚊子主要吸食植物汁液，它的口针无法刺入人体皮肤；母蚊在交配后一星期内需要补充人畜血液营养才能顺利排卵生产，这就意味着母蚊只有在繁殖期才会叮人吸血；在此期间母蚊最恐惧的就是公蚊的追逐交配，为了不影响正常的生产，只要听到公蚊飞至的声音，便会竭力回避。根据母蚊的这一习性规律，如果让电子驱蚊器模拟发出公蚊飞至的翅膀抖动声波，就可达到驱赶走叮人母蚊的目的。另外，蜻蜓是蚊子的天敌，让电子驱蚊器模拟发出蜻蜓振翅飞来的声音，同样会吓跑蚊子。

电子驱蚊器的电路如图 2.6.1 所示。VT1、VT2 是两只极性相反的三极管。VT2 的发射结是 VT1 的负载，而 VT1 又为 VT2 提供基极电流，它们互相配合工作，在电容器 C1（或 C1＋C2）的正反馈作用下形成振荡，所以这个电路叫做互补型自激多谐振荡器。闭合电源开关 SA2，振荡电路即通电产生一定频率的脉冲电流，并通过压电陶瓷片 B 直接进行 "电—声" 转换，发出模拟公蚊或蜻蜓振翅飞动的声波，驱走叮人吸血的蚊子。

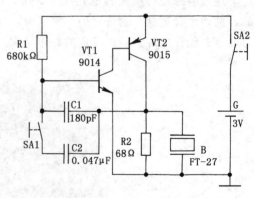

图 2.6.1 电子驱蚊器电路图

电路中，振荡频率主要取决于时间常数 $t＝R_1 \cdot C_1$，故增减 R1 的阻值或 C1 的容量，就可以改变压电陶瓷片 B 的发声频率。SA1 为模拟声功能选择开关。SA1 处于断开位置时，B 发出 "嗡——" 的较高频率声波，频率约为 18.4kHz，模拟公蚊子翅膀抖动飞翔的声音。由于该声波频率几乎超出人耳的听觉范围（16Hz～20kHz），人耳对此不很敏感，有些人几乎听不到该声波，所以这时的电路可认为是一个超声波发生器；当 SA1 闭合时，电容器 C2 并联在 C1 两端，使振荡电路的工作频率降低至 38.4Hz 左右，压电陶瓷片 B 发出模拟蜻蜓振翅飞翔的 "哒哒——" 声。

（二）元器件选择

本制作所用电子元器件都很容易买到，它们的实物外形如图 2.6.2 所示，总价可能不足 6 元。

三极管 VT1 可用 9014 或 3DG8 型硅 NPN 小功率三极管，要求 β 值在 80～200 间为宜；VT2 可用 9015 或 3CG21 型硅 PNP 中功率三极管，β 值可在 30～100 间选择。

R1、R2 均用 RTX-1/8W 型碳膜电阻器。C1 用 CC1 型高频瓷介电容器，C2 用 CT1 型低频瓷介电容器。B 采用 $\varphi 27\text{mm}$、带有助声腔盖（也叫共振腔盖或共鸣腔盖）的 FT-27 或 HTD27A-1 型压电陶瓷片，以增大发音量。这种带助声腔盖的压电陶瓷片，也可拆自用过的音乐贺年卡。

SA1、SA2 均用便携式电子产品常用的小型单刀双掷（本制作仅用其中一掷）

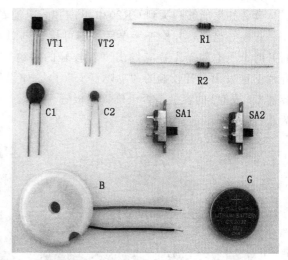

图 2.6.2　需要准备的元器件实物外形图

拨动开关，其体积（不包括手柄和引脚）仅为 10mm×5mm×5mm。G 为 1 粒 CR2032 型（电压 3V、体积 $\varphi 20\text{mm} \times 3.2\text{mm}$）纽扣式电池。该型电池广泛应用于电脑主板、计算器和电子词典等电子产品中。

（三）制作

1. 制作电路

图 2.6.3（a）所示是该电子驱蚊器的印制电路板接线图。印制电路板可用刀刻的方法制作，实际尺寸约为 35mm×25mm（还可缩小些）。图（b）所示是用刀刻法制成的印制电路板实物图。

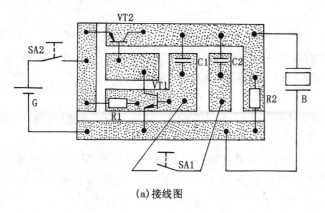

(a)接线图

(b)实物图

图 2.6.3　印制电路板图

图 2.6.4 所示是在印制电路板上焊接好元器件的实物图。阻容元件和三极管直接焊在电路板上，压电陶瓷片 B、功能选择开关 SA1、电源开关 SA2、电池 G 分别通过两根 4～6.5cm 的软细电线焊接到电路板上。电池 G 加装塑套和引线的具体方法详见《趣味玩具——会叫的"小老虎"》一文的介绍，注意千万不能自作聪明试图在电池 G 上直接焊接电线！读者如果能够购买到 CR2032 型纽扣式电池专用的塑料电池架则更方便。

焊接好电路，并检查无误后，即可接通电源开关 SA2 进行试听：当功能选择开关 SA1 断开时，压电陶瓷片 B 应发出声音较轻的"嗡——"声；闭合功能选择开关 SA1，压电陶瓷片 B 应发出声音较响的"哒哒——"声。如果发声音调不对或音量太小，应仔细检查电容器 C1 或 C2 的容量是否正确、三极管 VT1、VT2 的引脚是否焊反等，直到发声符合要求为止。

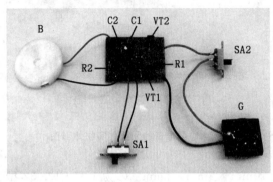

(a) 正面图   (b) 背面图

图 2.6.4 焊接好的电路

2. 制作外壳

为了方便携带使用，整个电路可装入一个小盒，小盒上再固定吊挂绳。笔者的制作过程如图 2.6.5 所示。

首先，选一如图 2.6.5 (a) 所示的塑料小盒作为外壳，撕掉盒面板粘贴的标签。

如图 (b) 所示，在盒盖适当位置处开出 φ6mm 的释音孔和两个 6mm×3.5mm 见方的开关拨动手柄伸出孔。如图 (c) 所示，将盒盖和底盒旋紧，在底盒侧面适当位置用锥子扎出两个小孔，用于穿吊绳。

如图 (d) 所示，采用电烙铁加热熔化热熔胶棒的方法在盒内固定几个部件。分别将功能选择开关 SA1 和电源开关 SA2 的拨动手柄伸出盒盖上的两个小方孔，用热熔胶粘固两端；将压电陶瓷片 B 所带助声腔的释声孔正对释音孔，用热熔胶将压电陶瓷片粘固在盒内壁上。

如图 (e) 所示，通过粘固电路板上的电线，将电路板悬空固定好，并将电池的引线粘固在盒盖内壁上。

按图 (f) 所示，穿过长度约 40cm 的手机吊挂绳。手机吊挂绳到手机专卖店容易买到。

为了使用醒目方便，可以在纸上打印出合适的文字，按图 (g) 所示，用双面不干胶粘贴在面板上。制作成功的"电子驱蚊器"外形如图 (h) 所示，还不错吧！

(四) 使用

在室内，可将电子驱蚊器摆放在卧室的床头柜上，或悬挂在蚊子必经之处——门口或窗

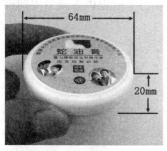
（a）选定外壳

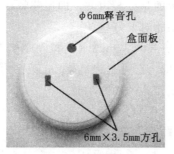
（b）开出小孔

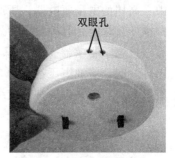
（c）扎出双眼孔

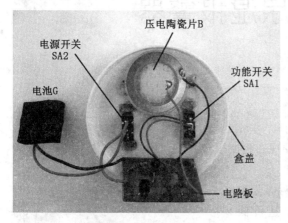
（d）粘固元器件

（e）粘固电路板

（f）穿好吊挂绳

（g）粘上标牌

（h）完成品

图 2.6.5　组装流程图

口，或放置在自己经常工作学习的桌旁。应将释音孔正对着驱蚊区域，尽量避开障碍物以及地毯、窗帘等吸音材料。

在户外活动时，可将电子驱蚊器吊挂在胸前，驱跑叮人的蚊子。

由于不同环境下的不同种类蚊子对频率的感受程度有所不同，所以可以根据实际情况变换选择"蜻蜓"音或"公蚊"音，来取得满意的驱蚊效果。

需要指出的是，我们制作的这台电子驱蚊器产生的是频率固定的模拟声波，由于不同种类的蚊子对同一频率的感受程度存在着差异，所以其驱蚊效果有时相对要差些。现在市售有中、高档的电子驱蚊器，所产生的是变频声波，即振荡频率可以在一定范围内连续、周期性扫描变化，驱跑各种蚊虫的效果相对要好些。

该电子驱蚊器工作时总电流在 0.75mA（模拟"蜻蜓"声）～3.5mA（模拟"公蚊"声）之间，声波声压量可达 50dB，它可驱跑半径 2m 范围内的咬人蚊子。由于工作电流小，所以每粒新电池，通常可连续工作 50～200 小时。

七、婴儿尿湿报警器

年轻的母亲常为婴儿排尿后不能够及时发现和更换尿布而感到烦恼，采用婴儿尿湿报警器就能很方便地解决这个问题。

婴儿湿尿报警器主要由尿探头和音乐盒两部分构成，其外形如图 2.7.1 所示。它灵敏度高、造价低（成本不足 4 元）。一旦婴儿尿湿，它就能感测到并反复奏响《世上只有妈妈好》乐曲，提醒大人及时更换尿布，可使宝宝免受尿泡尿浸之苦。

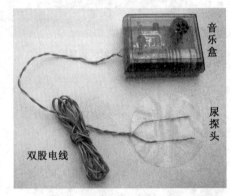

图 2.7.1 婴儿尿湿报警器制成品外形

（一）工作原理

本制作电路如图 2.7.2 所示，它主要采用了音乐集成电路 A 和微型电磁讯响器 B。VT 是音频功率放大晶体三极管。

在婴儿未排尿时，尿探头两电极间开路，音乐集成电路 A 的高电平触发端 TG 与电源正极绝缘，通过电阻器 R 接电源负极，A 内部电路不工作，电磁讯响器 B 无声响；一旦尿探头检测到婴儿的尿液时，由于尿里含电解质能够导电，故就相当于在探头电极间接入了一个几千欧姆的电阻，使音乐集成电路 A 获得高电平（$\geq 1/2V_{DD}$）触发信号而工作，其输出端 OUT 反复输出内储音乐电信号，经三极管 VT 功率放大后，驱动电磁讯响器 B 发出优美动听的乐曲。

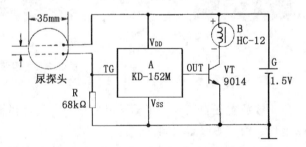

图 2.7.2 婴儿尿湿报警器电路

电路中，音乐集成电路 A 的触发电压大小由电阻器 R 和尿探头探测到的尿电阻对电池 G 的分压来确定，通过改变 R 的阻值可以调节报尿灵敏度。

（二）元器件选择

该制作共用了 5 个电子元器件，为了便于初学者认购，给出它们的实物集体照如图 2.7.3 所示。

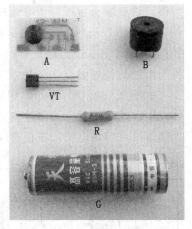

A 选用 KD-152M 型（内储《世上只有妈妈好》乐曲）音乐芯片，它由黑胶封装在一块尺寸仅为 24mm×12mm 的小印制电路板上，板上预留了焊接功率放大三极管 VT 的脚孔，使用很方便。如图 2.5.7 中所示，从黑胶圆点引出的 4 条线从左下起依次是芯片的 V_{DD}、TG、OUT 和 V_{SS} 引脚。KD-152M 的主要参数：工作电压范围 1.3V～5V，触发电流≤40μA；当工作电压为 1.5V 时，实测输出电流≥2mA、静态总电流＜0.5μA；工作温度范围 -10～60℃。KD-152M 也可用外形和引脚排列完全一样、但内储乐曲不同的 KD-9300 或 HFC1500 系列音乐芯片来直接代换。

图 2.7.3　需要准备的元器件

B 用 HC-12 型微型直流电磁讯响器，见图 2.7.4。它的最大特点是：发声效率高、体积小（φ12mm×8.6mm）、质量轻（2g）。HC-12 型电磁讯响器的主要参数：直流阻抗 16Ω，用声级计在距离器件 10cm 处测得声压电平≥82dB。HC-12 也可改用同类产品——YX 型电磁讯响器。微型电磁讯响器是适应现代电子产品小型化需要的新一代讯响器，其内部结构其实很简单，由线圈、磁铁、振动膜片、共鸣腔等组成。当给它通上音频或直流脉冲电信号时，线圈产生磁场，振动膜片被电磁铁所吸引，并在共鸣腔的作用下发出响

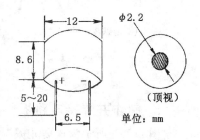

图 2.7.4　HC-12 型微型电磁讯响器

亮的声音。它可以在电脑、时钟、家用电器、电子玩具等很多产品中找到。

VT 用 9014 或 3DG8 型硅 NPN 小功率三极管，要求电流放大系数 β＞100。R 用 RTX-1/8W 型碳膜电阻器。G 用 1 节 5 号干电池。电路静态耗电小于 0.5μA，故需电源开关。

（三）制作

整个制作过程可以分为制作尿探头、制作电池夹、制作并焊接电路板、组装四大步骤。

1. 制作尿探头

尿探头实际上是一个检测婴儿便液有无的简易传感器，它的性能好坏直接关系到整个制作的成败。尿探头按照前面图 2.7.2 提供的尺寸制作：取一 φ35mm 左右的稍厚塑料圆片，另取 0.8m 长的多股铜芯塑皮细导线两根，绞合成引线，将一端剥去 30mm 长的塑料外皮后，像"穿针引线"那样平行（间距≤15mm）穿入塑料圆片固定，引线根部可用胶带纸粘固。制成的尿探头实物如图 2.7.5 所示。

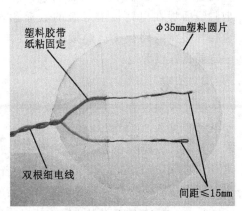

图 2.7.5　自制尿探头

2. 制作电池夹

按图 2.7.6 (a) 给定的尺寸，用剪刀剪取两片相同的长方形薄铁皮。薄铁皮可取自废旧镀锌铁皮罐头盒或旧干电池的包装外皮，如果能够有弹性良好的磷铜片，则效果更佳。

如图 2.7.6 (b) 所示将剪取的两片薄铁皮分别平放在木垫板上，用锤子和粗铁钉（直径约 4mm，钉尖应打磨成圆凸状）冲出深度不超过 1mm 的凹凸形状，其作用有二，一是获得与电池的良好触点，二是固定电池正极。

如图 2.7.6 (c) 所示，用尖嘴钳分别将两片薄铁皮弯折成"L"形状，弯折位置见图 (a) 中虚线。注意：两薄铁皮上的凹凸方向应一正一反，以便焊接在电路板上时凹进的电池夹能够恰好容纳电池的正极金属帽，而凸出的电池夹能够良好接触到电池底部的负极。

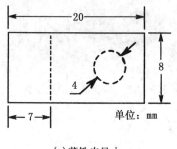

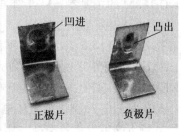

(a)薄铁皮尺寸　　　　　　(b)冲出凹凸形状　　　　　　(c)加工成的电池夹

图 2.7.6　电池夹的制作

3. 制作并焊接电路板

图 2.7.7 所示为该婴儿尿湿报警器的印制电路板接线图（注意：铜箔面朝向读者），印制电路板实际尺寸仅为 50mm×38mm。

图 2.7.8 (a) 所示是采用刀刻法制作而成的印制电路板正面，图 (b) 是焊接好元器件的背面。焊接时三极管 VT 可直接插焊在音乐集成电路 A 的芯片上。A 芯片通过四根长约 7mm 的元器件剪脚线插焊在电路板上对应的数标孔内。电池夹直接焊接在电路板上。焊接时注意：电烙铁外壳一定要良好接大地！

4. 组装

婴儿尿湿报警器的实物构成如图 2.7.9 所示，组装过程见图 2.7.10。

首先，按照图 2.7.10 (a) 所示，选择一个尺

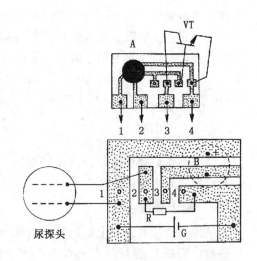

图 2.7.7　婴儿尿湿报警器印制电路板接线

寸约为 55mm×43mm×20mm 的市售普通塑料戒指盒（或其他塑料小盒），作为音乐盒的外壳。所用塑料戒指盒一般金银首饰商店就能购买到。然后，按照图 (b) 和图 (c) 所示，在盒子任意一窄边侧面的中间位置钻出两个小孔，将尿探头的两根引线分别穿入盒内并打结。引线在盒内打结后长度以 25mm 左右为宜。再按图 (d) 所示，将两引线头直接焊在印制电

(a) 正面

(b) 背面

图 2.7.8 印制电路板

路板上，印制电路板则装入盒内。接下来，在盒面板正对着盒内印制电路板上电磁讯响器 B 发音孔的位置，用 φ1.5mm 钻头打出 7 个呈梅花状的小孔，作为释音孔，如图（e）所示。最后，将 5 号干电池装入盒内，并盖上盒盖，按照图（f）所示，用小螺丝刀去短路一下尿探头上的两电线头（或用湿毛巾去接触尿探头），音乐盒会立即奏响一遍乐曲声。如果没有演奏乐曲，说明电路没有工作，应重点检查干电池是否装反或接触是否良好、电路是否焊接有误、元器件是否有问题等，

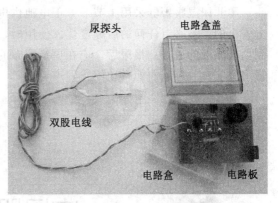

图 2.7.9 婴儿尿湿报警器实物构成

(a) 选好外壳

(b) 开出引线孔

(c) 穿好引线

(d) 装好电路板

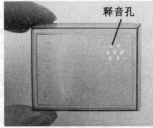

(e) 开出释音孔

(f) 检查性能

图 2.7.10　组装婴儿尿湿报警器

直到音乐盒奏响乐曲为止。

（四）调试与使用

图 2.7.10 (f) 中的方法只能判断电路是否焊接正确，我们还需要检测电路的探测灵敏度。可以模拟婴儿排尿的情形：将尿探头夹入多层干燥毛巾的中间，然后在毛巾上倒水。如果音乐盒很快发声，或者在倒了一定量水时开始发声，说明灵敏度满足要求；假如在倒了很多水后还不发声，说明灵敏度太低，这可以通过增大电阻器 R 的阻值来调整。

此外，还有可能存在灵敏度太高的情况，即使用中发现婴儿尚未排便，音乐盒便已奏响，这说明音乐盒会被潮气触发。对此可以通过减小 R 的阻值来调节。

从以上看，电阻器 R 在制作阶段可以采用可调电阻，这样便于调试，在确定了阻值后，再采用固定电阻替代。值得说明的是，图 2.7.2 中给出的 R 的阻值经过了作者的实践检验，比较准确。

婴儿尿湿报警器采用 1 节 5 号干电池供电，电路工作电压仅 1.5V，这对婴儿来说是十分安全的，不必有任何的后顾之忧。使用时，应将尿探头夹入双层干燥尿布中间最容易吸收到婴儿尿液的地方；报尿后，应在更换尿布的同时，用干布吸去探头上的尿液，否则音乐盒最多只演奏一遍乐曲即自动停止发声。

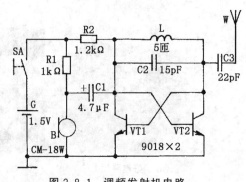

八、家用婴儿监听器

家用婴儿监听器由一台自制的无线电调频发射机和一台带有调频波段的便携式收音机组成，发射机放在婴儿房间，收音机由家人随身携带或放在家人所处的房间，在有效范围内婴儿的任何动静都可通过收音机监听到。

（一）工作原理

无线电调频发射机的电路如图 2.8.1 所示，实际上它是一个灵敏度较高的调频无线话筒。三极管 VT1、VT2 的基极和集电极相互交叉连接，并与选频回路——电感线圈 L、电容器 C2 组成了高频振荡器。L 和 C2 决定振荡频率；电阻器 R2 调节 VT1、VT2 的工作电流，以满足电路振荡要求。高频信号经过电容器 C3 耦合，从天线 W 发射出去，供有效范围（≤30m）内的调频收音机

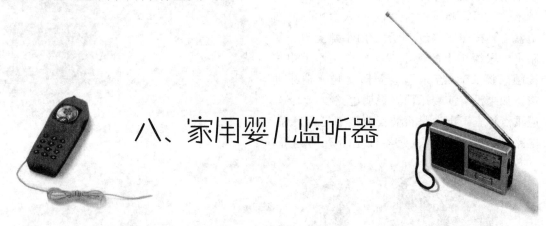

图 2.8.1　调频发射机电路

接收。电阻器 R1 为驻极体话筒 B 的工作偏置电阻。声音信号经驻极体话筒 B 转换成音频电压信号后，通过 C1 耦合至 VT1 的集电极和 VT2 的基极。由于 VT1 和 VT2 的集电结电容 Ccb1 和 Ccb2 与 L、C2 回路是并联的，音频电压的变化使 Ccb1、Ccb2 的容量同时变化，这样 L、C2 回路的振荡频率就随着音频电压的变化而变化，从而实现了对高频振荡信号的频率调制（即调频）。

三极管 VT1、VT2 构成了双管推挽式自激振荡电路，这比音频信号从基极输入的单管振荡电路调制灵敏度约高一倍，也就相当于提高了驻极体话筒 B 的音频灵敏度。本电路还有振荡频率较稳定、谐波少（经试验整个调频波段只收到一个主频率）、发射能力强、耗电小（0.3mA 也可以工作）、调试简单等特点。

（二）元器件选择

本制作所用电子元器件全部为普通分立元器件，它们的实物外形如图 2.8.2 所示。

三极管 VT1、VT2 均采用 9018（$f_T = 700\text{MHz}$，$I_{CM} = 50\text{mA}$，$P_{CM} = 200\text{mW}$）或 3DG80、3DG204、3DK5 型 NPN 高频小功率三极管，要求电流放大系数 $\beta \geqslant 80$，两管参数尽量接近，但不要求配对。

R1、R2 均用 RTX-1/8W 型炭膜电阻器，阻值分别为 1kΩ 和 1.2kΩ。C1 用 CD11-10V 型电解电容器，容量 4.7μF；C2、C3 均用 CC1 型高频瓷介电容器，容量分别为 15pF 和 22pF。

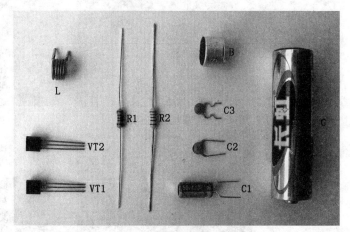

图 2.8.2　需要准备的元器件实物外形

B 选用 CM-18W 型（ϕ10mm×6.5mm）高灵敏度驻极体话筒，它的灵敏度划分成 5 挡，分别用色点来表示：红色为 −66dB，浅黄为 −62dB，深黄为 −58dB，蓝色为 −54dB，白色为 ＞−52dB。本制作中应选用白色点或蓝色点的产品，以获得较高的灵敏度。CM-18W 的外形结构如图 2.8.3 所示。B 也可选用其他灵敏度高的小型驻极体话筒。挑选时可按图 2.8.4 所示，将指针式万用表置于"Ω×1k"或"Ω×100"挡，红表笔接驻极体话筒的接地端（与驻极体话筒外壳相通），黑表笔接驻极体话筒的输出端 D，此时万用表指针指在某一刻度上，再用嘴对着驻极体话筒吹气，万用表指针应有较大摆动。万用表指针摆动范围越大，说明驻极体话筒的灵敏度越高；如果万用表没有反应，说明被测驻极体话筒已经损坏。

电感线圈 L 可按图 2.8.5 所示自制。先按图（a）所示，用 ϕ0.8mm 的漆包线在 ϕ5mm 的十字形螺丝刀金属杆或钻头柄上密绕 5 匝；脱胎后按图（b）所示，用尖嘴钳子弯折出两个长度约为 5mm 的引脚；再按图（c）所示，用刻刀刮掉线圈两端的漆皮；按图（d）所示，用电烙铁给刮后露出的铜脚上一层焊锡，以方便焊接。

G 用 1 节 5 号干电池，电压 1.5V。

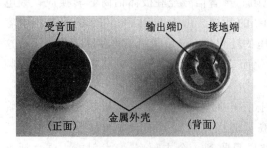

图 2.8.3　驻极体话筒的外形结构

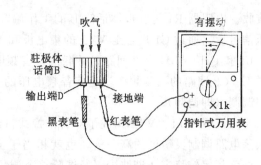

图 2.8.4　用指针式万用表检测驻极体话筒

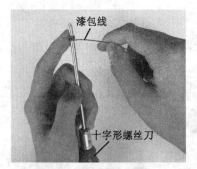

(a) 用漆包线绕制线圈

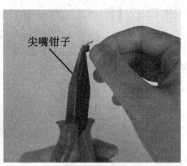

(b) 用尖嘴钳弯折引脚

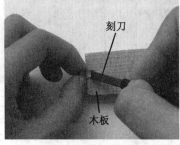

(c) 用刻刀刮掉引脚上的漆皮

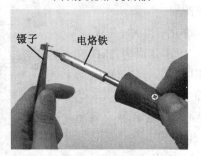

(d) 给引脚上焊锡

图 2.8.5　电感线圈 L 的制作

电源开关 SA、电池架以及天线 W 等，不必专门选配，电源开关和电池架直接采用我们所选用的小手电筒所带的电源开关和电池架，天线用一段 50～60cm 的塑料外皮软细电线即可。

（三）制作

1. 电路板制作

裁取一块 50mm×14mm 的单面敷铜板，对照图 2.8.6 所示的印制电路板接线图，采用刀刻法制成图 2.8.7 所示的印制电路板。在印制电路板上焊接好元器件，驻极体话筒 B 暂不焊接，只在印制电路板接驻极体话筒 B 的位置焊接上两根长 5cm 的塑料外皮电线（如用单芯屏蔽线，效果更佳）；另在印制电路板上焊一根 50～60cm 的塑料外皮软细电线，作为天线 W。印制电路板接电源开关 SA 和电池 G 的两端分别焊接上按照图 2.8.8 所示加工成的"L"状金属片即可。焊接时还要注意，不要将电解电容器 C1 的极性接反，也不要焊错晶体三极管 VT1 和 VT2 的管脚。焊接好的印制电路板如图 2.8.9 所示。

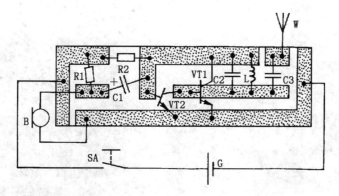

图 2.8.6　调频发射机印制电路板接线

图 2.8.7　刀刻法制成的电路板

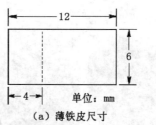

（a）薄铁皮尺寸

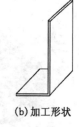

（b）加工形状

图 2.8.8　"L"状金属片加工示意图

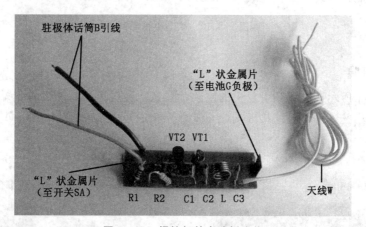

图 2.8.9　焊接好的电路板实物

2. 外壳选择与加工

从市场购买一个两节 5 号干电池供电的手机造型的小手电筒，按图 2.8.10 所示对小手电筒进行必要的改造，以用作调频发射机的外壳。先按图（a）和（b）所示，用小螺丝刀撬开小手电筒的面盖，取下聚光镜。接着拆掉小电珠不用，按图（c）所示，在接小电珠的两端用一段电线焊接。原电源开关保留，直接用作本制作的电源开关 SA。然后，按图（d）

所示，在外壳面盖原正对小电珠的位置处，用小电钻打出 7 个呈梅花状排列的 φ2mm 的小孔，以作为驻极体话筒 B 的受音孔。再按图（e）所示的位置，用小电钻打一个 φ1mm 的小孔，作为天线 W 的穿出孔。

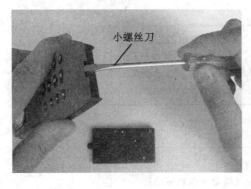

（a）拆卸面盖

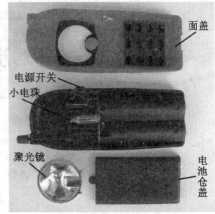

（b）拆卸开的小手电筒

（c）焊接好的电线

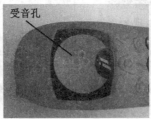

（d）受音孔的位置和形状

（e）天线穿孔位置

图 2.8.10　改造小手电筒

3. 整体组装

按图 2.8.11 所示进行调频发射机的组装。注意：驻极体话筒 B 的输出端 D 应接电容器 C1 的引出线，驻极体话筒 B 的接地端（与其外壳相通）应接三极管 VT1、VT2 的发射极引出线，不可接反。

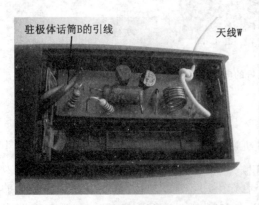

（a）安装电路板

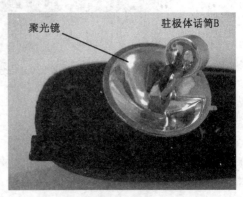

（b）焊接好的驻极体话筒

(c)放正驻极体话筒和聚光镜　　　　　(d)装好面盖　　　　　(e)装好电池

图 2.8.11　发射机的组装

调频发射机制好后，必须与接收装置配合才能生效。接收装置采用普通便携式调频收音机或具有调频波段的收音机，最好选购带拉杆天线的高灵敏度收音机，以保证接收信号的质量和达到有效接收距离。

（四）调试与使用

调试时，首先展开无线电调频发射机的天线W，并合上电源开关 SA；同时在旁边打开调频收音机，调节接收频率，使调频收音机能在无广播电台的位置接收到无线电调频发射机的信号。一般来说，组装好的无线电调频发射机，只要元器件质量可靠，参数选择正确，接线没有错误，通电后便会正常发射信号，且发射频率在 88～108MHz 的调频广播波段内。如果信号正好处在

图 2.8.12　用小螺丝刀调节电感线圈的匝间距

广播电台的频率位置或不在调频广播波段内，可通过适当增大或减小电感线圈 L 的匝间距离加以调节。具体可按图 2.8.12 所示，用小螺丝刀一边拨动电感线圈 L 来调整匝间距离，一边调节调频收音机的接收频率。如果调整仍不成功，可适当加大或减小电容器 C2 的容量或增减电感线圈 L 的匝数来加以调整。电容器 C2 的取值应在 8.2～18pF 之间，而电感线圈 L 的匝数增减应不超过 1 匝。最后，试听收音机接收到的声音是否清晰，如不理想，可通过调整电阻器 R1 的阻值来加以改善。可用 910Ω、1.5kΩ、2kΩ、2.4kΩ、3kΩ 的 1/8W 炭膜电阻器，分别去替换电路板上的电阻器 R1，通过对比选择使收音机接收到的声音最清晰、最响亮的电阻器。至此，无线电调频发射机的调试工作结束。

使用时，应将调频发射机放在能够良好接收到小宝宝哭闹声的地方，天线必须拉开；为了防止交流电信号干扰音频信号，调频发射机还应远离房间的 220V 交流电器和电源线。调频收音机可由家人随身携带或放在有人的房间，天线也要拉开。当小宝宝哭叫或有任何响动时，都会被调频收音机监听，这样可以避免各种意外的发生。

无线电调频发射机的工作电流实测为 0.6mA，每天开机 8 小时，1 节 5 号干电池可用 4 个月。采用普通调频收音机，一般有效监听距离可达 30m 左右。该无线电调频发射机也可当作普通无线话筒来使用。如果同时制作两个无线电调频发射机（采用不同发射频率）和两台调频收音机，则可在一定距离内实现双向无线电对讲。

九、手电筒光遥控交流开关

用一只手电筒就能遥控各种家用电器,这是多么有趣的事呀。

这种遥控开关的实物外形如图 2.9.1 所示,其控制电路巧妙地组装在一个移动排式交流电插座内,与普通手电筒配合使用,不论白天和晚上,均能够在 10m 范围内有效遥控收录机、电风扇和照明灯具等家用电器的"开"或"关",具有较高的使用价值。

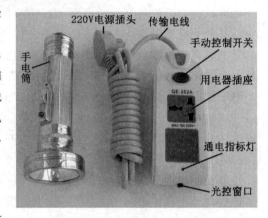

图 2.9.1　手电筒光遥控交流开关实物外形

(一) 工作原理

手电筒光遥控交流开关的电路如图 2.9.2 所示。电路核心器件是一个记忆自锁继电器 K,它的最大特点是触点吸合和释放均只需要一个电脉冲来执行,这样既简化了电路,又能很方便地实现开关的双稳态控制。

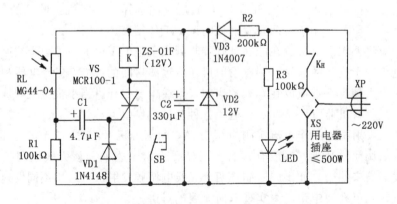

图 2.9.2　手电筒光遥控交流开关电路

电源部分的设计是这样的：由电源插头 XP 引入的 220V 交流电，经过 R2 限流、VD3 半波整流、VD2 稳压和 C2 滤波后，输出 12V 直流电压，供控制电路用电。电阻器 R2 阻值取得很大，原因有二：一是让单向晶闸管 VS 导通后能够自行关断（详见下一段叙述），二是有效降低了开关自身的耗电量（整个装置加上指示灯电路的耗电，超不过 0.6W）。电容器 C2 容量也取得比较大，目的是让其具备一定的储能作用，以满足记忆自锁继电器 K 动作时线圈所必需的脉冲电功率。

光控时电路动作过程如下：平时，光敏电阻器 RL 呈较高阻值，单向晶闸管 VS 无触发电流而处于截止状态，记忆自锁继电器 K 不吸合，串入插座 XS 回路的继电器触点 K_H 处于释放状态，插座 XS 内所接用电器断电不工作。当用手电筒照射一次 RL 时，RL 受光照呈低阻值，R1 两端就会产生一正脉冲电压，通过 C1 耦合至 VS 的控制极，触发 VS 导通。于是，C2 通过继电器 K 的线圈快速放电，放电电流使 K 动作，由其触点 K_H 接通插座 XS 的电源，使接入插座 XS 内的用电器通电工作。C2 放电结束后，由于 R2 输出电流（实测仅 0.52mA）小于 VS 维持导通的最小电流，故 VS 自行关断。但 K 却依靠内部特殊的机械结构保持"锁定"，从而实现了用电器始终通电工作。当再一次（须间隔 10s 以上）用手电筒照射光敏电阻器 RL 时，VS 再次导通，已充好电的 C2 通过 K 的线圈又一次快速放电，放电电流使 K 释放，由 K_H 自动切断插座 XS 的电源，实现了对用电器的遥控断电。

电路中，限流电阻器 R3 和发光二极管 LED 组成了交流供电指示灯，只要插头 XP 接入 220V 交流电插座，LED 就会一直发光，表示遥控开关处于通电待工作状态。

并接在单向晶闸管 VS 阳极和阴极两端的常开型自复位按键开关 SB，构成了手动控制按键。每按动一次自复位按键开关 SB，记忆自锁继电器 K 就会通电改变状态一次，从而实现近距离直接按动 SB 按键来控制用电器电源的"通"或"断"，简便而有效。

本电路与同类电路相比较，巧妙之处在于：一是流过光敏电阻器 RL 的电流经 C1 隔离直流电后才去触发 VS，这样做的目的是，即使在白天，或者在从夜晚转向白天的过程中，RL 阻值虽然会受到环境光线影响而产生很大变化，但其中变化过程比较缓慢，不会产生一定强度的脉冲信号触发 VS；而任何时候，只要施加手电筒立即增加的光照，总可以从 C1 输出一定强度的电脉冲，可靠地触发 VS。二是充分利用了单向晶闸管 VS 的微电流触发特性，一般只要有 $\geq 30\mu A$（实测 $\geq 10\mu A$ 就行）的脉冲电流，就能可靠触发 VS，这样便使所设计的触发电路显得非常"简单"。三是采用新型记忆自锁继电器，平时不耗电能，而触发电能来自电容器 C2 的储能，所以本装置非常节电，是一款符合节能要求的实用制作。

该电路要求照射到光敏电阻器 RL 上的环境光线应比手电筒聚光暗一些，才能实现正常遥控。这也是实际制作时，为什么要将 RL 套入黑色塑料管中去的原因。当照射到光敏电阻器 RL 上的环境光线比手电筒聚光亮时，遥控将会无法进行，只能通过手动控制按键开关 SB 控制用电器的工作状态。

该电路经笔者实际使用，工作可靠，没有因环境光线干扰而误动作，也能在夜晚和白天的不同环境光线中工作。

（二）元器件选择

该制作共用了 15 个元器件，其中有 10 个元器件需要购买，另外 5 个元器件包含在市售 220V 排插中。需要购买的元器件实物外形如图 2.9.3 所示。

K 采用工作电压是 12V 的 ZS-01F 型记忆自锁继电器，它实质上是一种静态不耗电的双

稳态继电器，其外形尺寸及引脚分布如图 2.9.4 所示。该器件共有 5 个端子（引脚），其中 3 个是触点（一组转换触点）端子，2 个是触发（线圈）端子。触发脉冲正、负均可（电源极性可以任意调换），每触发一次继电器状态变换一次，触发后由继电器内部特殊的机械结构来"锁定"触点状态。该器件的转换触点负荷为 3A×220V（交流），工作寿命达 10 万次，完全满足控制一般家用电器的要求。

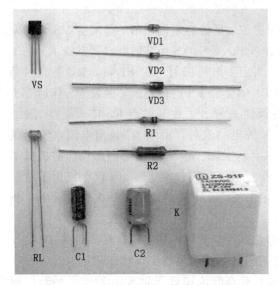

图 2.9.3　需要购买的元器件实物外形

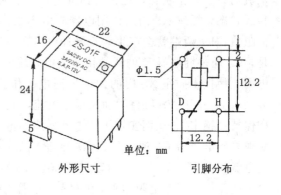

图 2.9.4　ZS-01F 型记忆自锁继电器

　　VS 用 MCR100-1 或 MCR100-6、BT169D、CR1AM-6 等型塑料封装小型单向晶闸管。VD1 用 1N4148 型硅开关二极管，其作用是为电容器 C1 提供放电回路；VD2 用 12V、0.25W 普通硅稳压二极管，如 2CW60、1N4106 型等；VD3 用 1N4007 型硅整流二极管。

　　RL 宜选用 MG44-04 型塑料树脂封装光敏电阻器，也可用其他亮阻≤10kΩ、暗阻≥2MΩ 的光敏电阻器来代替，还可用 3DU12、3DU22 等型号的硅光敏三极管来代替（经实际验证，效果良好）。

　　R1、R2 均用 RTX-1/4W 型炭膜电阻器。C1、C2 用 CD11-16V 型电解电容器。

　　另有 5 个元器件——自复位按键开关 SB、普通发光二极管 LED 和它的限流电阻器 R3、机装式交流电多用三孔插座 XS、交流电三极电源插头 XP，在市售的 220V 排插中都有。

　　220V 排插参照图 2.9.5 所示购买，要求带有手动开关和发光二极管指示灯、带有接地线（即电源插头必须是三极），单元插座两个，能够插入两极和三极插头，插座盒高（厚）度不小于 34mm，以便制作时能够装下控制电路板。制作时，我们将拆除其中一个单元插座，腾出空间放置控制电路板，余下的另一个单元插座，供被控用电器使用。

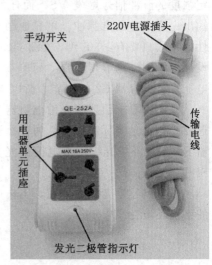

图 2.9.5　选购的 220V 排插

（三）制作

1. 加工改造外壳

首先，按照图 2.9.6（a）～（e）所示，用螺丝刀退出成品排插后盖上的 4 颗固定螺钉，打开后盖，用电烙铁焊下各焊接点上的电线，再用螺丝刀退出下方靠近发光二极管端用来固定单元插座的两颗螺钉，并拆除该单元插座。然后，按照图（f）～（h）所示，加工一

(a)退螺钉

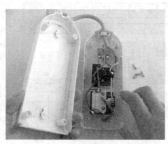

(b)打开后盖

(c)拆除接线

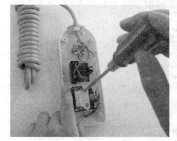

(d)退螺钉

(e)拆除插座

(f)制成盖板

(g)安装盖板

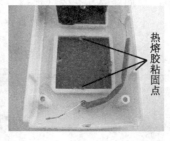

热熔胶粘固点

(h)粘固盖板

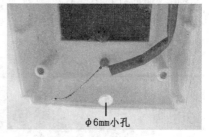

φ6mm小孔

(i)钻出小孔

块与所拆单元插座面盖大小完全一样的绝缘盖板（可用剥掉铜箔的单面敷铜电路板），把它安装在所拆单元插座面盖的位置，用热熔胶粘固牢靠，使得外壳既美观又保证安全。最后，按照图（i）和（j）所示，在靠近发光二极管端的外壳侧面，用电钻打出φ6mm 的小孔，另取一根 φ6mm×20mm 的黑色塑料管，水平插入外壳所开小孔，要求黑色塑料管伸出外壳约 5mm，与外壳内侧接触处用热熔胶粘固。这样，外壳的加工改造基本完成，可用于第三步的电路组装了。

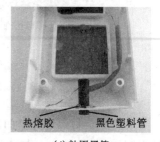

热熔胶   黑色塑料管

(j)粘固黑管

图 2.9.6　外壳的加工改造

2．制作并焊接电路板

图 2.9.7 所示为手电筒光遥控交流开关的印制电路板接线图。印制电路板尺寸为 45mm ×30mm，可采用刀刻法制作。制作印制电路板时注意，记忆自锁继电器 K 的 5 个引脚的焊接孔和连接交流电主回路的 3 根引线的焊接孔（按键开关 SB 引线除外）采用 $\phi1.2\sim$ 1.5mm 的钻头打孔，其余元器件焊接孔均用 $\phi0.8\sim1$mm 的钻头打孔。

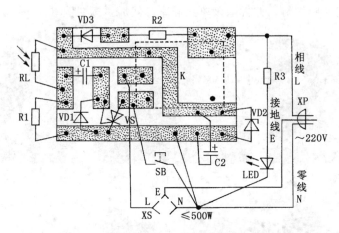

图 2.9.7　手电筒光遥控交流开关印制电路板接线图

图 2.9.8（a）所示是已制成的印制电路板，图（b）是焊接好元器件及其引接线的印制电路板。焊接时务必注意，光敏电阻器 RL 的引脚保留长度为 20mm 左右，要求套上合适的绝缘管后再焊接。连接交流电主回路的红色和蓝色 3 根引线的铜芯直径应不小于 1mm，以满足传输强电流的需要。接电源插头 XP 相线（火线）的红色引线长度约为 6cm，接插座 XS 相线端的红色引线长度约为 9cm，接插座 XS 零线（地线）端的蓝色引线长度约为 6cm。接按键开关 SB 的白色引线可细一些，长度以 10cm 左右为宜。

（a）刀刻法制成的电路板

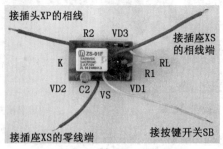

（b）焊接上元器件的电路板

图 2.9.8　印制电路板实物

3．完成组装

首先，将焊接好的印制电路板按图 2.9.9（a）所示装入加工改造好的排插内。光敏电阻器 RL 伸入事先粘固好的黑色塑料管内，要求 RL 的感光面与黑色塑料管外口沿保持 5mm 的距离，以获得满意的方向性和提高抗外界其他光线干扰能力。用热熔胶将印制电路板粘固在插座的内壁上。然后，对照图 2.9.7 和图 2.9.8（b），按图 2.9.9（b）所示用电线将印制电路板与插座内所保留下来的电路焊接。具体方法是：电源插头 XP 的 3 根引线中，原有接单元插座 XS 零线端的蓝色线和接接地端的黄色线（或黄绿相间线）不必改动。将印制电路板上较长的红色引线焊接在单元插座 XS 的相线端，蓝色引线焊接在单元插座 XS 的零线端；将印制电路板上的白色引线焊接在按键开关 SB 的一端，SB 的另一端通过蓝色引线焊接在单元插座 XS 的零线端；发光二极管 LED 及其限流电阻器 R3（套在蓝色的塑料绝缘管内）所构成的指示灯电路，共有两个引线端，不必区分极性，一端焊接在单元插座 XS 的零线端，另一端与印制电路板上较短的红色引线相接后，再与插头 XP 的棕色线（相线）头相接。焊接时有些接线处应事先套上塑料绝缘管，以避免电路发生短路故障。

(a) 装固好的电路板

(b) 焊接好的电路

接地端E　单元插座XS　电路板　指示灯引线

按键开关SB　相线端L　零线端N　RL感光窗口

接地线E

相线L

零线N

(c) 插头与插座的接线

图 2.9.9　手电筒光遥控交流开关的组装

焊接完毕，将万用表置于 Ω×10 挡，测量单元插座 XS 接线端 E（接地线）、L（相线）、N（零线）与电源插头 XP 上对应的电极（有标志）间电阻，均应为 0（表示直通），而测量 E 和 L、E 和 N 接线端间的电阻时，万用表指针应不动（表示电阻无穷大），这说明焊接无任何问题。最后参照图 2.9.6（a）和图 2.9.6（b）的逆过程装好后盖。

一般来说，该制作只要元器件质量可靠，焊接无误，不需调试便可投入使用。

（四）使用

该手电筒光遥控交流开关适合用来控制没有遥控功能的收录机、照明灯具、电风扇等。使用时，首先将本制作的电源插头 XP 插入 220V 交流电插座，并检查确认按键开关 SB 处于断开状态，这时电源指示灯发光，表示遥控开关进入待工作状态；再将被控用电器的电源插头插入手电筒光遥控交流开关的插座 XS 内，并且闭合用电器的电源开关；然后，用手电筒光照射一下插座感光窗口或者按动一下按键开关 SB，则被控用电器就会自动通电工作；再次（≥10s）用手电筒光照射一下插座感光窗口或者按动一下按键开关 SB，被控用电器就会自动断电停止工作。

图 2.9.10 说明了电风扇、遥控开关和电源之间的接法。接好后，按下电风扇的某个挡位键，即可像题图那样遥控电风扇的启停。

(a)将电风扇的电源插头从220V交流　　(b)将遥控交流开关的电源插头插入
电供电插座上拔下来　　　　　　　　220V交流电供电插座，电风扇的电源
　　　　　　　　　　　　　　　　　插头插在遥控交流开关的插座内

图 2.9.10　电风扇、遥控开关和电源之间的连接

如果仅用该遥控交流开关控制单一用电器，那么，可将图 2.9.8（b）焊接好的电路板直接装入被遥控的电风扇、照明灯具等的底座腔内。这时，图 2.9.7 电路中的按键开关 SB、插座 XS、电阻器 R3 和发光二极管 LED 均可省掉不用，XP 为用电器原有的 220V 交流电源插头（三极或二极均可），原插座 XS 的接线端改为用电器的总电源接线端即可。

使用该手电筒光遥控交流开关时应注意以下四点：一是遥控距离与手电筒的光照强度、环境光线明暗程度等有直接关系。所用手电筒必须带有良好的聚光罩，并且最少由两节 1.5V 干电池供电。光遥控交流开关使用的环境光线越暗越有利于提高遥控距离，摆放光遥控交流开关时注意尽量不要让光敏电阻器 RL 的感光窗口正对着自然光较强的窗口，也不要对准照明电灯，背着窗口和灯光放置效果最佳。二是电路中的电容器 C2 充电需要时间，所以每次遥控"开（关）"后，须经过 10s 左右方可再次遥控"关（开）"。但这一特点对开关工作可靠性十分有益，它可杜绝手电筒光断续照射光敏电阻器 RL（实际中无法避免）而造成的开关频繁动作。三是每次按动按键开关 SB 时不可太用力，以免导致开关自锁（即按键无法自动弹回原位置，开关两触点一直闭合），否则下次无法再进行遥控，除非按动 SB 按键解除自锁后，再经过 10s 才能正常遥控。四是该遥控交流开关可控制 500W 以内（纯感性负载限制在 100W 内）的各种 220V 交流用电器具。

最后特别强调：本制作涉及 220V 交流电，读者如果不具备实际的电工操作能力，必须要专业电工在现场指导，才能进行制作与通电试用！

十、"请随手关门" 提醒器

在房门安装上语音提醒器，当有人开门出入而忘记关门或未关严门扇时，它便反复发出悦耳动听的提醒声："请随手关门!"直到关好门为止。

（一）工作原理

"请随手关门"提醒器的电路如图 2.10.1 所示。E 为干簧管，它固定在门框上；与其对应的小磁铁固定在门扇边沿上。平时，房门关闭，小磁铁靠近干簧管 E，E 内部的触片被磁化后互相吸合而导通，电容器 C1 两端被短路，语音集成电路 A 的触发端 TG 得不到高电平触发信号，A 和三极管 VT 均不工作，扬声器 B 无声。

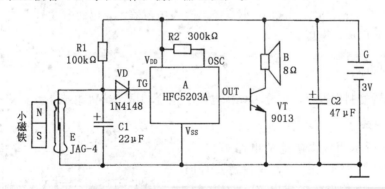

图 2.10.1 "请随手关门"提醒器电路图

当房门被人打开时，小磁铁随门扇远离，干簧管 E 失去外磁场作用，其内部的两片触片在自身弹力作用下互相分离；电池 G 通过 R1 对 C1 充电。经过约 8s，C1 两端充电电压达到一定数值（约 $0.65V + 1/2V_{DD}$），二极管 VD 导通，语音集成电路 A 的触发端 TG 获得高电平触发信号，A 内部电路工作，其输出端 OUT 反复输出内储的"请随手关门"语音电信号，经三极管 VT 功率放大后，推动扬声器 B 反复发出响亮的提醒语。房门关闭后，小磁铁随门扇一起又靠近干簧管 E，使 E 内部两触片重新吸合，快速将电容器 C1 两端的充电电荷泄放掉，扬声器 B 最多再发出一遍"请随手关门！"声即停止，电路又进入守候工作状态。

如果出入房门者在开门后 8s 之内关好房门，提醒器不会发声。

电路中，电阻器 R1、电容器 C1 组成语音集成电路 A 的延时触发电路，其数值大小影响每次开门后提醒器推迟发声的时间长短；R2 为 A 外接振荡电阻器，其阻值大小影响语音声播放的速度和音调；C2 是退耦电容器，在电池快用完时，可有效避免语音声畸变，相对延长电池使用寿命。

（二）元器件选择

本制作采用的所有电子元器件如图 2.10.2 所示。

A 选用 HFC5203A 型语音芯片，外形尺寸约为 24mm×12mm。其主要参数：工作电压范围 2.4～5V，触发电流≤40μA；当工作电压为 3V 时，实测输出电流≥3mA，静态总电流<0.5μA；工作温度范围－10～60℃。

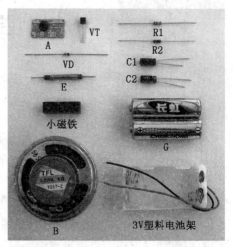

VT 用 9013 型或 3DG12、3DX201、3DK4 型硅 NPN 中功率晶体三极管，要求电流放大系数 $\beta >$ 100。VD 用 1N4148 型硅开关二极管。

E 选用体积较小的普通 JAG-4 或 JAG-3 型常开触点干簧管。小磁铁最好选用磁性较强的条形永久磁铁。一般来说，小磁铁体积越大，其磁性也越强。从市售磁性碰锁或废旧磁性铅笔盒中拆出来的磁铁，使用效果就挺不错。

图 2.10.2　需要准备的元器件实物外形图

C1、C2 均用 CD11-25V 或 CD11-16V 型电解电容器。R1、R2 均用 RTX-1/8W 型炭膜电阻器。B 用 φ57mm、8Ω、0.25W 小口径动圈式扬声器。G 用两节 5 号干电池串联（需配上塑料电池架）而成，电压 3V。

（三）制作

整个提醒器的制作过程，可分为焊接电路、检测调试、整机组装 3 大步骤。

1. 焊接电路

图 2.10.3 所示为该提醒器的电路焊接图。焊接时电烙铁外壳要良好接地，并注意点焊时间不要超过 2s，以免损坏集成电路；助焊剂宜用普通松香，不能用焊油或焊膏。

焊接过程如图 2.10.4 所示。首先，参照图 2.10.3 给出的接线图，以语音集成电路 A 的小印制电路板为基板，按照图 2.10.4（a）所示，在它上面直接"搭棚"焊上 R1、R2、C1、C2、VD、VT 等。为了便于下一步焊接，C1 的正、

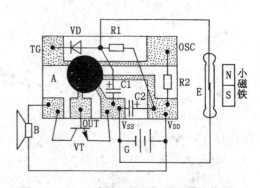

图 2.10.3　"请随手关门"提醒器接线图

负极两个引脚线在焊点以外分别保留约 8mm 和 12mm 的长度，C2 的正极引脚线在焊点以外保留约 15mm，此外在三极管 VT 的集电极焊点处焊接 15mm 的元器件引脚线。

而后，参照图 2.10.4 (b) ～ (e)，焊接其他接点。焊接好的电路如图 (f) 所示。

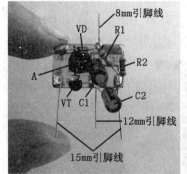

(a)"搭棚"焊接

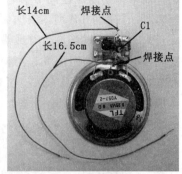

(b)焊接扬声器B

(c)焊接细电线

(d)焊接干簧管E

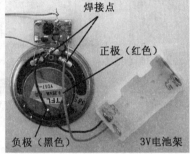

(e)焊接电池架

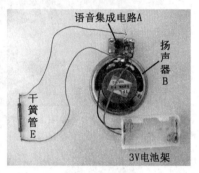

(f)焊接好的电路

图 2.10.4　焊接流程

2. 检测调试

确认焊接无问题后，如图 2.10.5 (a) 所示装上电池，电磁铁远离，经过约 8s 延时后，扬声器 B 会反复发出"请随手关门"声。

如果扬声器 B 不发声，说明由 R1、C1、VD、E 等组成的延时触发开关电路有问题，应重点检查干簧管 E 是否在没有小磁铁靠近的状态下一直处于接通状态，VD 是否焊反极性、C1 是否漏电严重。这里要强调的是，电容器 C1 一定要选用漏电小的正品。由于耐压越高的电容器，其漏电一般相对于耐压低的电容器来讲要更小些，所以应尽量选择标称耐压较高的电容器作为 C1。

如果排除了上述的可能性，就说明语音集成电路 A 及其后面的元器件有问题。这时，可用一根电线的一端接 A 的触发端 TG（VD 的负极），另一端接电源 G 的正极，如果扬声器 B 不发声，说明 A 或 VT、B 有问题，应检查并进行更换；如果扬声器 B 发声，则说明语音集成电路 A 获得的触发电流太小，应适当减小 R1 的阻值一试，直到排除故障为止。但需要指出的是，如果减小了 R1 的阻值，电路延时触发时间将会缩短，这可通过适当增加 C1 的容量来进行调整。

接下来，按图 (b) 所示，将小磁铁移近干簧管 E（即模拟关门），则扬声器 B 最多只发出一遍"请随手关门！"声即停止。如果扬声器 B 发声不停止，说明干簧管 E 内部触点不能够可靠接通，应更换。将小磁铁移远干簧管 E（即模拟开门）后，经过约 8s 延迟时间，扬声器 B 又会开始发声。如此反复试验几次，证明电路工作正常。

如果嫌小磁铁远离干簧管 E（即模拟开门）后，扬声器 B 延迟发声的时间太长（或太短），可通过适当减小（或增大）R1 或 C1 的数值来加以调节；如果嫌语音声速度太快（或太慢），可通过适当增大（或减小）R2 的阻值来加以调节。R2 取值范围可以在 240～390kΩ 之间。另外，R2 阻值大，模拟声频率低、音速慢，似男声；阻值小时，频率高、音速快，似女声。这里要说明的是：图 2.10.1 所提供的元器件参数是经过反复实践得出来的典型值，一般情况下只要正确选择并焊接好电路，不必进行任何调试，就可以获得满意的使用效果。

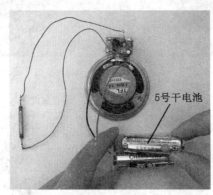
(a) 装上干电池

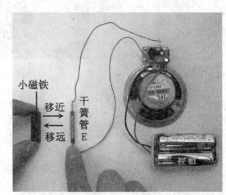
(b) 移动小磁铁

图 2.10.5　检测电路性能

3. 整机组装

提醒器的外壳采用图 2.10.6（a）所示的尺寸约为 115mm×68mm×25mm 的普通电子门铃外壳最理想。这种电子门铃外壳使用很普遍，读者既可以拆自普通的废旧电子门铃，也可以到电子元器件市场去寻找购买。如果无法获得合适的电子门铃专用外壳，也可采用体积差不多的其他绝缘材料小盒（如塑料肥皂盒等）来代替。

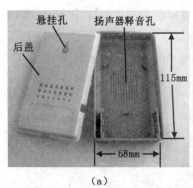
（a）

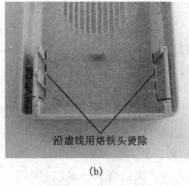
（b）

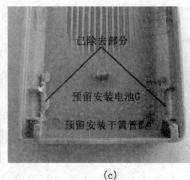
（c）

图 2.10.6　外壳的加工改造

电子门铃外壳在使用之前应进行适当的加工改造，具体是按照图（b）所示的虚线，将外壳内部塑有的塑料电池架用电烙铁头烫掉，成为图（c）所示的样子，以便腾出地方容纳 3V 塑料电池架。

整个提醒器电路除小磁铁外，全部装入所选机壳内，其机壳内元器件的安装位置如图 2.10.7 所示。注意：干簧管 E 不像有些制作非得要用导线引出盒外，将它紧贴盒内壁底部水平固定即可。

然后按照图 2.10.8 所示进行组装。

图 2.10.7 "请随手关门"提醒器装配图

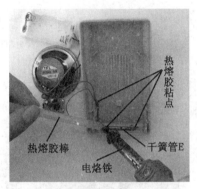

(a) 粘固干簧管E

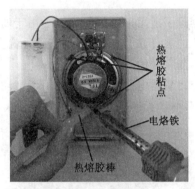

(b) 粘固扬声器B

(c) 粘固引线、电池架等

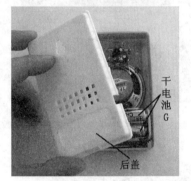

(d) 合上后盖

图 2.10.8 组装流程

（四）使用

提醒器的安装位置如图 2.10.9 所示。图 2.10.10 所示是实际的安装过程。其中，小磁铁可用双面胶粘固。

当小磁铁接近（门关闭）和远离（门打开）提醒器时，机壳内的干簧管 E 均会发出轻微的"嘀—哒"声。应寻找能够使干簧管 E 动作最为灵敏的位置固定小磁铁。如果不能使干簧管 E 可靠动作，可改用体积大一些的磁铁，以增大磁力。

图 2.10.9 "请随手关门"提醒器安装图

　　该提醒器除了适用于居住房，也适用于商店、重要库房等，以及有冷气、暖气供应的房间。一般只要门被打开 2cm 左右，提醒器就会发出提醒语，具有可靠的警示作用，可有效防止失盗等不测事件的发生。

　　由于整个提醒器电路尽可能地采用了微功耗设计，所以用电十分节省。实测电路静态耗电$<30\mu A$，工作时不超过 140mA。每换一次新电池，一般可使用近一年的时间。

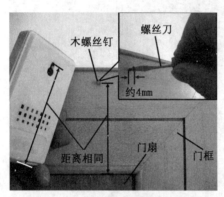

（a）固定螺丝钉

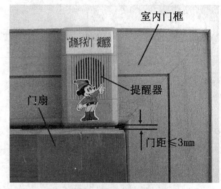

（b）悬挂提醒器

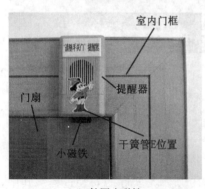

（c）粘固小磁铁

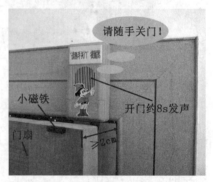

（d）工作情形

图 2.10.10 实际安装过程

十一、 门窗群防盗报警器

通常，窃贼以门窗为突破口，撬门扭锁乘机行窃。门窗成为预防窃贼入室作案的关键性防线。为此，市场上也有很多基于门窗的防盗报警器，品种多样，层出不穷。但笔者通过调查发现，它们几乎都存在一个共同的不足：主人的动作也容易引起警报——报警器启动后，主人一动门窗，就会响起警报，不但令人烦，而且造成谎报军情，天天"狼来了！"

这台门窗群防盗报警器，它区分敌我的情况是这样的：它设有一个暗开关，当主人开门入室后，有 15s 的时间来切断暗开关，避免误报警；而窃贼不知如何去切断暗开关，即使很快关好门窗，或对探测元件和引线进行破坏，也无济于事。在不需要报警时，主人通过暗开关轻松关闭报警器；在需要安全防范的时候，主人则可以打开报警器，并有 30s 的时间关闭门窗。

此外，这台报警器还有这些优点：性价比高，安装一套不足百元，无论门窗多少均可布防，适用场合广；报警效果好，报警时发出的是语音声"抓贼呀——"，且声级高达 85 分贝；安装和接线简单，维护费用低，一般一年多才需要更换一次新电池。

（一）工作原理

语音型门窗群防盗报警器的电路如图 2.11.1 所示，它由探测、主机、报警三大部分组成。

门窗的位移信号转换为开关电信号触发报警。实际中可根据门窗的多少，选用 n（自然数）组这样的磁控开关串联（指干簧管）起来，分别安装在各门窗上。

主机部分主要由开机延迟监测开关和触发延迟报警开关两部分组成。

三极管 VT1、二极管 VD1、电容 C1、电阻 R1 和 R2，组成开机延迟开关电路。单向晶闸管 VS 的触发电路由三极管 VT2、电容 C2、电阻 R3 组成。"555"时基集成电路 A 与电阻 R4、电容 C3、二极管 VD2 等构成简易单稳态延时电路。报警器开关电路由三极管 VT3、限流电阻 R5 组成。

显然，要使语音型电喇叭 HA 通电工作，就必须满足开机延迟监测开关和触发延迟报警开关先后"开通"（也就是 VS、VT3 先后导通）这样一个先决条件。

报警部分采用成品语音型电喇叭 HA，它在通电后能够反复发出"抓贼呀——"喊声。报警声级高达 85 分贝，可震慑并吓退窃贼，并及时向主人及近邻告警。

整个电路工作过程：由于小磁铁和干簧管 E 固定在门窗上，所以在门窗关闭时干簧管 E 内部两常开触点受外磁力作用呈闭合状态。接通电源开关 SA，电池 G 通过 R1 和 VT1 的发

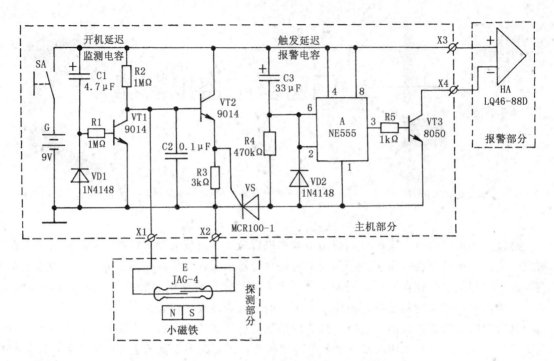

图 2.11.1　门窗群防盗报警器电路图

射结对 C1 充电。充电电流使 VT1 饱和导通，抑制了后级电路中 VT2 的导通，此时即使开门窗，干簧管 E 内部两触点随之断开，也不会引发警报。主人可利用这段时间从容不迫地离开房间，并锁好大门。约经 30s 后，C1 充电接近结束，VT1 趋向截止，电路自动进入监测状态。

此后，一旦有窃贼破门窗入室行窃，随着门窗的被打开，小磁铁就会远离干簧管 E，使得干簧管 E 内部两触点依靠自身弹性跳开，VT2 基极通过 R2 获得偏流，VT2 导通，单向晶闸管 VS 获合适触发电流（实测＜1.2mA）亦导通（实测管压降≤0.75V）。于是时基集成电路 A 通电工作，电池 G 通过电阻器 R4、单向晶闸管 VS 对电容器 C3 充电。由于电容器 C3 充电需要一定时间，所以时基集成电路 A 的第 2、6 脚暂处于高电位，第 3 脚输出低电平，晶体三极管 VT3 截止，语音型电喇叭 HA 不工作。约经 15s 后，时基集成电路 A 的第 2 脚电位下降至 1/3 电源电压（3V）以下，第 3 脚输出高电平，晶体三极管 VT3 饱和导通，语音型电喇叭 HA 得电便发出响亮地"抓贼呀——"喊声来。

上述设计 15s 的延迟发声，主要是为了识别主人。当主人开门入室后，在这段时间内可切断暗开关 SA，避免误报警。由于单向晶闸管 VS 具有自保导通功能，被触发后将维持其导通状态，故一旦报警声突起，窃贼即使很快关好门窗或发现干簧管 E 及其引线并破坏，也无济于事。唯有主人切断暗开关 SA，才能使电路断电停止报警。

电路中，二极管 VD1、VD2 分别为电容器 C1 和 C3 提供快速放电回路，以保证每次延迟时间的准确性。

（二）元器件选择

主机部分采用的所有电子元器件如图 2.11.2 所示。

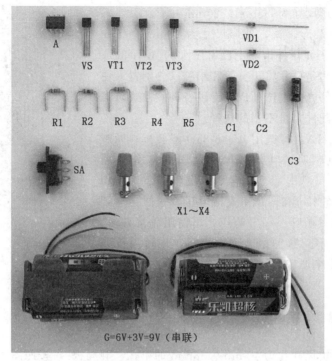

图 2.11.2　主机所用元器件

A 选用 NE555 或 µA555、5G1555 型时基集成电路。VS 采用小型塑封单向晶闸管，如 MCR100-1、MCR100-6、BT169、2N6565 型等。VT1、VT2 均用 9014 型，VT3 用 8050 型硅 NPN 中功率三极管，均要求 $\beta > 100$。VD1、VD2 用 1N4148 型。

R1～R5 用 RTX-1/8W 型炭膜电阻器。C1、C3 用 CD11-16V 型电解电容器，C2 用 CT1 型瓷介电容器。

X1～X4 用普通小型接线柱，如 720 型小型彩色接线柱。SA 用小型单刀单掷开关，亦可用 CKB-2 型单刀双掷开关来代替（仅用其中一掷）。G 用 6 节 5 号干电池串联而成，电压 9V。由于实际中很少有专门的 9V 塑料电池架，所以在此推荐采用一个 6V 塑料电池架和一个 3V 塑料电池架串联后代替。

探测部分所用元器件的实物外形如图 2.11.3（a）所示。E 可用体积较小的 JAG-4 型常

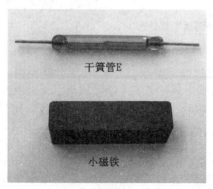

（a）自配型

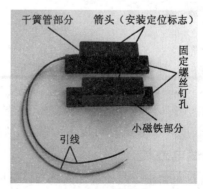

（b）成品型

图 2.11.3　磁控开关（探头）

开触点干簧管，外形尺寸为 φ3mm×20mm（不含引线）。小磁铁可用 F26 型条形磁铁，外形尺寸为 26mm×7mm ×7mm。目前，电子元器件市场上已有图（b）所示的成品磁控开关出售，它是厂家将干簧管和小磁铁分别置入便于固定安装的塑料外壳内生产而成，专供各种磁控式防盗报警器等产品作为配件，是不错的选择。

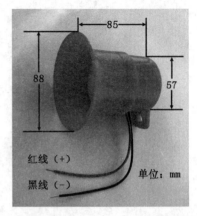

图 2.11.4 LQ46-88D 型语音报警专用电喇叭

语音型电喇叭 HA，可选用 LQ46-88D 型会喊"抓贼呀"的小号筒式电喇叭，其外形尺寸及引线区分如图 2.11.4 所示。该电喇叭内部已包含语音发生器、音频功率放大器，只要给它接上 6～18V 直流电压，它便会连续发出清晰响亮的"抓贼呀……"响声来，使用非常方便。读者如果一时购买不到这种语音型电喇叭，也可用普通 9V 直流电警笛声电喇叭来直接代替。

（三）制作

1．焊接电路

首先，裁取一块尺寸约为 40 mm×28mm 的单孔"洞洞板"，按照图 2.11.5 给出的电路板接线图进行焊接（说明：焊接面朝向读者，元器件在板的背面）。焊接时充分利用元器件引脚飞线连接，要求焊点光亮整洁。采用"洞洞板"的好处是取材易、成本低、加工简单，可达到事半功倍的效果。

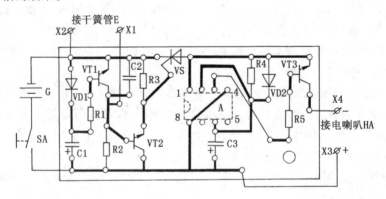

图 2.11.5 "洞洞板"接线图

焊接好的电路板实物如图 2.11.6 所示。焊接时注意，"555"时基集成电路 A 的第 3 脚与电阻器 R5 的一端采用"跳线"（适当长度的细电线）连接。"洞洞板"上焊接的 5 根细电线长度不能小于图（c）中给出的数据，还有一根接电池 G 负极引线的短线（可用元器件的剪脚线），长度大于 1cm 就可以了，以便于后面的组装。

2．调试电路

焊接好的电路板，经检查无问题后，便可按图 2.11.7（a）所示临时接上电喇叭 HA 和 9V 电池，注意不要接反正、负极。在接通电池 G 时，开始秒计时，至电喇叭 HA 开始发声为止。这段时间即为主机每次通电时的开机延迟监测时间，正常情况下约为 30s。如果嫌这

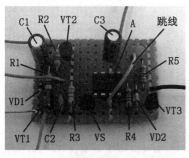

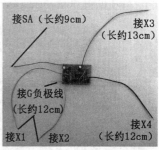

（a）元件面 （b）焊接面 （c）整体图

图 2.11.6 焊接好的电路板

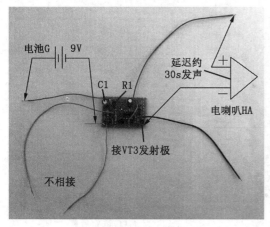

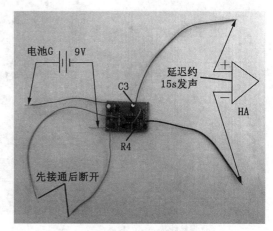

(a)测开机延迟监测时间 (b)测触发延迟报警器时间

图 2.11.7 主机电路的检测

一时间太短（或太长），可通过适当增加（或减小）电路板上面的 C1 的容量或 R1 的阻值来加以调整。如果通电后 HA 始终不发声或立即发声，在确定所用元器件质量无问题的前提下，应着重检查 VT1、VT2、VS 的引脚是否焊错，C1、VD1 的极性是否焊反，直到排除故障为止。另外，C1 漏电严重，也会导致电喇叭 HA 始终不发声。

然后，按照图（b）所示，将电喇叭 HA 的负极引线改换接线位置，并事先将接探测部分干簧管的两根引线接通。在接通电源约 40s 以后，断开两根引线并开始秒计时，至电喇叭 HA 开始发声为止，这个时间即为主机每次被探测信号触发后延迟报警的时间，正常情况下约为 15s。如果嫌这一时间太短（或太长），可通过适当增加（或减小）R4 的阻值或 C3 的容量来加以调整。如果电喇叭 HA 始终不发声或立即发声，应着重检查时基集成电路 A、VT3 的引脚是否焊错，C3、VD2 的极性是否焊反，直到排除故障为止。

3．组装

组装的主要过程就是将调试好的电路板连同电池 G、电源开关 SA、接线柱 X1～X4 等，安装在一个体积合适的塑料机壳内。

首先，选一个如图 2.11.8（a）所示的通用型塑料机盒，尺寸约为 110mm×75mm×

35mm，也可以选用肥皂盒、电子门铃外壳等。

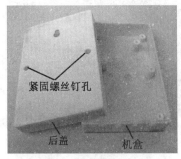

(a)选择外壳

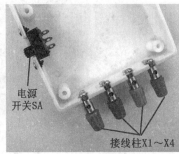

(b)安装元件

(c)固定板子

(d)焊接线头

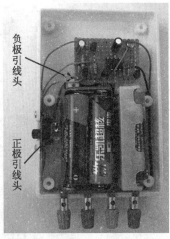

(e)焊接电池

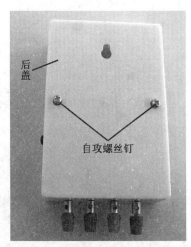

(f)固定后盖

(g)装饰面板

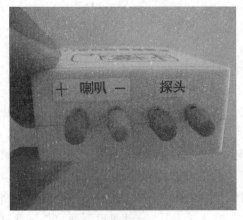

(h)粘标签一

(i)粘标签二

图 2.11.8　主机的组装

　　然后，按照图（b）所示，在机壳适当位置处开孔安装电源开关 SA，再利用机壳原有的 4 个穿线孔固定接线柱 X1～X4；按照图（c）所示，用一颗 φ3mm×10mm 的自攻螺丝钉固定电路板；并参照前面图 2.11.6（c）的电路板引线头说明，按照图（d）所示，将电路板各引线正确地焊接在接线柱 X1～X4、电源开关 SA 的接线端上；按照图（e）所示，将电池 G 的正极引线头焊接在电源开关 SA 的接线端上，负极引线头焊接在电路板的短金属引线上。为了整齐美观，可用热熔胶固定电线等。

按照图（f）所示，用两颗 $\varphi3\text{mm}\times25\text{mm}$ 的自攻螺丝钉将后盖固定好。为了方便使用和美观，可如图（g）～（i）所示进行装饰。

（四）使用

实际应用时，在室内门或窗的移动边沿固定小磁铁，在固定边沿固定干簧管 E，要求小磁铁随着门或窗的打开与关闭（位移在数厘米以内），干簧管 E 内部两触点能够灵敏、可靠地跳开与吸合。图 2.11.9（a）所示是普通干簧管 E 和小磁铁的实际安装照片，干簧管 E 可用塑料胶带进行粘固，小磁铁可用双面胶进行粘固，两者也可用热熔胶、大头针进行固定。图（b）所示是成品磁控开关的实际安装照片，两者既可用双面胶粘固，也可分别用两颗 $\varphi3\text{mm}\times15\text{mm}$ 的木螺丝钉通过外壳上提供的专门安装孔固定。

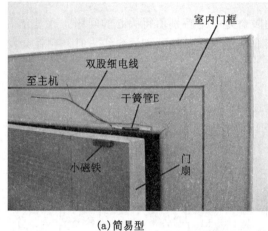

(a)简易型　　　　　　　　　　(b)成品型

图 2.11.9　磁控开关安装实例

磁控开关（即干簧管 E）的两根引线（细电线或漆包线均可）与主机（即电路盒）接通，要求主机放置在室内主人便于开关电源、且窃贼一时又难以发现的隐蔽处（如房内套间、抽屉或衣柜内等）；电喇叭 HA 则通过隐蔽的双股电线（线径宜粗些，注意区分正、负极性），引至声音传播良好、且窃贼不易破坏到的高处安装。小磁铁、干簧管 E 及引线明装暗设均可，因为窃贼入室后发现并破坏它们时，触发报警的信号早已在开门窗的瞬间传到了主机，破坏探测部分无济于事！

如有多个门窗需要防盗，可如图 2.11.10 所示分别在每个门窗上安装一对磁控开关，并

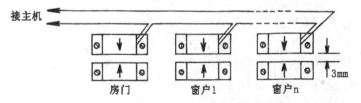

图 2.11.10　多门窗安装磁控开关的接线图

把所有干簧管的触点引脚线用电线并联起来，首、尾线头再接主机。这样在戒备状态时，任何一个门窗被打开约几厘米的小缝隙，均将引发报警。

使用时注意，应定期检查干电池容量是否充足，声响变弱时应及时更换新干电池。该防盗报警器在戒备状态时耗电甚微，实测静态守候总电流＜10μA，故用电非常节省。每换一次新电池，通常在不报警的情况下可连续工作一年多时间。

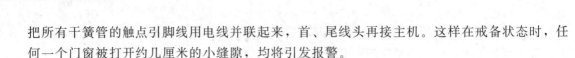
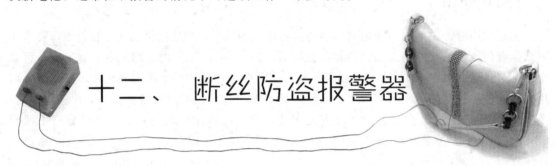

十二、断丝防盗报警器

当你乘坐公共交通工具出门旅行时，行李的防盗是一个特别值得关心的问题。这里介绍的防盗报警器，当作案的小偷在不知不觉中弄断非常细的报警线（细漆包线）时，它就会发出响亮的"嘟……"声。它是生活中很有用的"电子卫士"。

（一）工作原理

断丝防盗报警器的电路如图 2.12.1 所示。X1、X2 为接线柱，L 是缠绕在防盗物（或布设在小偷必经之路）上的细漆包线。VT1、VT2 是两只极性相反的三极管，它们与电阻器 R2、电容器 C1 组成互补型自激多谐振荡器。

平时，VT1 的发射结被细漆包线 L 短路，VT1、VT2 均处于截止状态，振荡电路不工作，扬声器 B 无声。此时整机耗电十分节省，实测静态总电流仅为 30μA。一旦小偷搬动设防的物品，细漆包线 L 就会被扯断，VT1 从 R1 获得偏流，振荡电路立即起振，振荡电流通过扬声器 B，使之发出响亮的"嘟……"声。

电路中，振荡频率主要取决于时间常数 $t = R_1 \cdot C_1$，故增减 R_1 或 C_1 就可以改变扬声器 B 的发声音调。C2 为交流旁路电容器，主要用来减小

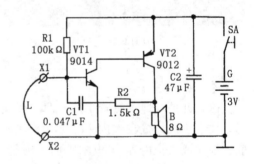

图 2.12.1 断丝防盗报警器电路图

电池 G 的交流内电阻，使扬声器 B 发声更响亮，并相对延长电池使用寿命。

（二）元器件选择

本制作所用电子元器件全部为读者容易购买到的普通元器件，它们的实物外形如图 2.12.2 所示。

VT1 可用 9014 或 3DG8 型硅 NPN 小功率三极管，要求电流放大系数 β 值在 50～200 之间；VT2 可用 9012 或 3CX200、3CG23 型硅 PNP 中功率三极管，β 值可在 30～100 间选择。

R1、R2 均用 RTX-1/8W 型炭膜电阻器。C1 用 CT1 型瓷介电容器，C2 用 CD11-10V 型电解电容器。B 用 φ57mm、8Ω、0.25W 小口径动圈式扬声器。SA 用小型单刀单掷拨动

开关。X1、X2用普通小型接线柱，如720型小型彩色接线柱。

L用一定长度（具体视实际需要而定）、ϕ0.1mm以内的细漆包线，可拆自废旧变压器或线圈。对漆包线粗细的要求是，既有一定强度，又能够在小偷搬动防盗物时很容易被扯断。漆包线过细，布线不方便，尤其是接头除漆皮后连接比较困难，还很容易不小心被弄断；漆包线过粗，往往在小偷搬动防盗物时不容易被扯断，还会很容易被小偷发觉。

G用两节5号干电池串联而成，电压为3V；如欲进一步增大报警音量，可将电池组电压提高到4.5V或6V，即用3节或4节5号干电池串联供电。

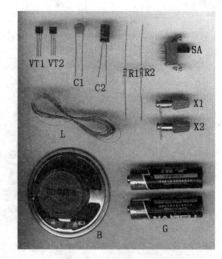

图2.12.2　断丝防盗报警器所用元器件实物外形

（三）制作

图2.12.3所示是该防盗报警器的电路板接线图。电路板可用刀刻的方法制作，实际尺寸约为30mm×20mm。

图2.12.4（a）所示是用刀刻法制成的电路板实物图。阻容元件和三极管直接焊在电路板上，扬声器B、电源开关SA、电池G、接线柱X1和X2通过适当长度导线与电路板焊通。焊接好的电路板实物如图（b）所示。

整个电路按图2.12.5所示装入一个电子音乐门铃专用塑料外壳内，外壳尺寸约为

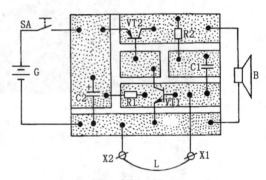

图2.12.3　断丝防盗报警器电路板接线图

（a）刀刻法制成的电路板

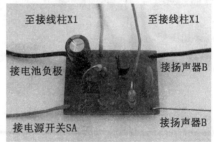

（b）焊接好元器件的电路板

图2.12.4　断丝防盗报警器电路板实物图

100mm×65mm×32mm，要求盒内具有安装ϕ57mm扬声器的位置，面板开有扬声器释音孔，并且带有"一体化"的两节5号干电池（3V）架。外壳正面适当位置处如图2.12.6所示开孔并固定接线柱X1、X2；侧面则按照图2.12.7所示，开孔并通过2颗小螺丝钉固定电

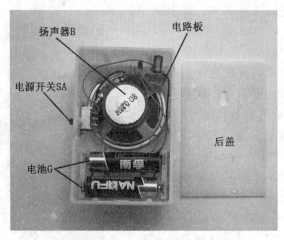

图 2.12.5　断丝防盗报警器实物装配图

(a)外观

(b)内观

图 2.12.6　接线柱的固定方法

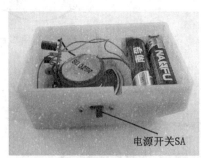

(a)外观

(b)内观

图 2.12.7　电源开关的固定方法

源开关 SA。

　　需要指出的是，与电路板上三极管 VT2 集电极相通的扬声器 B 的一端，连接线不用软电线，而是按照图 2.12.4（b）中下方的"接扬声器 B"所示采用稍粗、较硬一些的元器件剪脚线，这样可以将电路板直接焊接并固定在扬声器的接线端上，如图 2.12.8 所示。由于电路板体积小、重量轻，这种固定方法不需要任何螺丝钉等，简单而便捷。

（四）调试与使用

该防盗报警器只要元器件质量保证，焊接无误，一般均可正常工作。闭合电源开关 SA，扬声器 B 应能立即发出"嘟……"声；用一段导线接通接线柱 X1 和 X2，警报声应马上停止。如嫌防盗报警器发声时音调太低沉（或高尖），可通过适当减小（或增大）电容器 C1 的容量或电阻器 R1 的阻值加以调节。如果觉得音量不够，可以通过适当增大电阻器 R2 的阻值调试；但 R2 阻值也不可太大，否则电路报警时的耗电量将会显著增大，并且电路起振困难。

元器件剪脚线

图 2.12.8　巧妙固定电路板

在房间使用时，根据防盗需要，将细漆包线 L 布设在房门或窗户的周围，或系在贵重物品上，或布设在防盗现场的四周。线头两端用细砂纸打掉漆皮后接防盗器上的 X1、X2 两接线柱。将防盗器放置在既不容易被小偷发觉，又能使声音很好传播出去的地方（或卧室床头），合上电源开关 SA 就可以了。

由于此防盗器体积小，所以还特别适合作为旅途中行李包的"防盗卫士"。方法是：在乘坐火车或汽车时，将防盗器放在旅行包里，并将包放在行李架上，漆包线从包内引出绕过行李架铁杆再回到包中去，合上电源开关，锁好旅行包，主人就可安心休息了。如果有人行窃，势必扯断漆包线，旅行包内就会发出响亮的"嘟……"声，使小偷闻声丧胆，弃包而逃！

十三、小·小·多用报警卡

这里介绍一种钱包的"好伴侣"——电子防盗、防丢、验钞多用报警卡，整个电路安装在一个薄形铁皮名片盒内，实物外形如图 2.13.1 所示。将此卡夹在钱包（或提包内的现金、贵重物品）上，只要小偷一拿出钱包或者钱包不小心掉出口袋，报警卡立即发出尖厉的"呜—呜呜……"警报声，提醒主人采取相应措施。另外，收取现金时，可用卡上的紫外线发光二极管验证纸币上的荧光防伪标志，以识别真假币。当然，它还可以在夜晚开门锁或紧急情况下作短时间的照明。

（一）工作原理

多用报警卡的电路如图 2.13.2 所示，它由光控报警电路和紫外光验钞电路两大部分组成。

模拟声集成电路 A 和外围元器件构成了光控报警电路。平时钱包放在主人的口袋里，与钱包在一起的多用报警卡处于黑暗环境中，光敏电阻器 RL 无光照呈高电阻值（≥1MΩ），

A 的触发端 TG 处于低电平，A 内部电路不工作，三极管 VT 处于截止状态，压电陶瓷片 B 不发声。一旦钱包被小偷窃出主人口袋或者不小心掉出口袋，多用报警卡上的光敏电阻器 RL 在光照下电阻值迅速下降（＜100kΩ），模拟声集成电路 A 的触发端 TG 获得高电平（≥1/2V_{DD}），A 内部电路受触发工作，其 OUT 端输出内储的模拟警报声电信号，经三极管 VT 功率放大和电感器 L 升压后，驱动压电陶瓷片 B 发出尖厉响亮的报警声。主人取钱包时，只要事先拨动断开电源开关 SA，便可避免电路一见光就报警，从而很好地解决了报警卡无故报警现象。

紫外线发光二极管 LED、按键开关 SB 和电池

图 2.13.1　多用报警卡实物外形

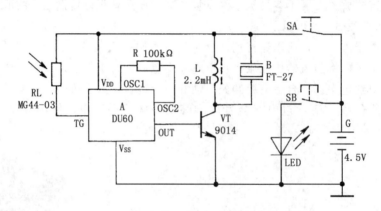

图 2.13.2　多用报警卡电路

G 构成了紫外光验钞电路。虽然电路非常简单，但使用效果却不比市售的专用紫外光验钞器差。当按下按键开关 SB 时，电池 G 通过 SB 向 LED 提供约 4.5V 的工作电压，使 LED 发出波长≥0.34μm 的紫外光。借助该紫外光照射我们可看到纸币特定位置处的荧光防伪标志，从而判断所鉴别纸币的真伪。当松开按键开关 SB 时，SB 切断 LED 的供电电源，LED 停止发出紫外光。

用紫外光验钞是检验纸币的一种最常用方法，其原理是：新、旧版的 100 元、50 元、20 元人民币和其他国家或地区的纸币，均在特定位置采用荧光防伪技术进行了处理，当有紫外光照射在这些特定位置时，可显示出与面值相同的数字或专有的荧光字母等；而假钞什么也没有。另外，真钞采用特定纸浆作原料，对紫外线有"吸收"作用，当紫外线光平行地照在纸币上面时，不会有明显的反射光；而假钞无此"吸收"作用，会发出青蓝色的可见光来。据此，可以鉴别出纸币的真伪。

（二）元器件选择

该制作共用 10 种电子元器件，它们的实物外形如图 2.13.3 所示。

A 选用 DU60 型报警专用模拟声集成电路，它采用黑胶封装形式制作在 36mm×20mm

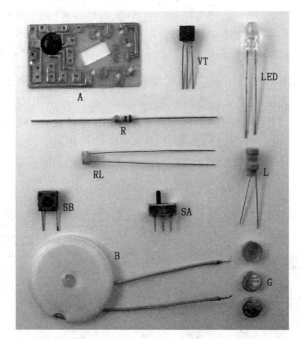

图 2.13.3   多用报警卡所用元器件实物外形

的印制电路板上，电路板留有直接焊接金属电池夹、固定三粒串联的 AG1 或 AG3 型扣式氧化银电池的位置，以及放置电感器的 10mm×5mm 长方形孔。DU60 的主要参数：工作电压范围 2.4～5V；触发电压（高电平有效）$\geqslant 1/2V_{DD}$，触发电流$\leqslant 70\mu A$；音频输出电流最大可达 3mA，静态总耗电$\leqslant 1\mu A$；工作温度范围$-10～60℃$。

VT 用 9014 或 3DG8 型 NPN 小功率晶体三极管，要求电流放大系数 $\beta > 100$。

LED 选用 $\phi 5mm$ 紫外线发光二极管，其外形和引脚识别与 $\phi 5mm$ 的普通发光二极管完全相同。这类发光二极管有一长一短两根引脚，长引脚为正极，稍短的引脚为负极，焊接时不可接反。由于不同的光有不同的能量，依赤橙黄绿青蓝紫的顺序增加，所以点燃不同颜色的发光二极管所需要的电压也不同，如发出红光需 1.6V 以上，发出绿光需 1.8V 以上，发出蓝光需 3V 以上，而发出紫外光需 3.5V 以上的电压才行。这也是为什么该报警卡必须用 3 粒 1.5V 扣式电池串联（电压 4.5V）供电的原因之一。紫外线发光二极管是发光二极管家族中的新成员，使用它可以大大简化紫外线发光电路。

RL 选用 MG44-03 型塑料树脂封装光敏电阻器，也可用其他亮阻$\leqslant 5k\Omega$、暗阻$\geqslant 1M\Omega$ 的普通光敏电阻器来代替。

R 用 RTX-1/8W 型碳膜电阻器。L 用 LG2-2.2mH 型立式固定磁心电感器。

B 采用 $\phi 27mm$、带有助声腔盖（也叫共振腔盖或共鸣腔盖）的 FT-27 或 HTD27A-1 型压电陶瓷片，以增大发音量。这种带助声腔盖的压电陶瓷片也可拆自用过的音乐贺卡。

SB 用 6mm×6mm 小型轻触式按键开关。SA 用随身听、助听器等便携式电子小产品常用的微型单刀双掷（本制作仅用其中一掷）拨动开关，其体积（不包括手柄和引脚）仅为 8.5mm×3.5mm×3.5mm。

G 选用 3 粒 AG1（$\phi 6.5mm×2mm$）或 364A、CX60、SR621、LR621W 型扣式微型氧化银电池串联而成，电压 4.5V。

（三）制作

1. 选配并加工外壳

首先，选购一个如图 2.13.4（a）所示的精美薄型铁皮名片盒，其外形尺寸约为 94mm×59mm×5mm，正好满足使用要求。然后，按图 2.13.4（b）给出的尺寸在名片盒上开出 5 个小孔。其中盒盖上的两个小圆孔——SB 按键伸出孔和释音孔，按图 2.13.4（c）所示，用 φ3.5mm 钻头直接打出；盒侧面的电源开关 SA 拨柄伸出孔，先按图 2.13.4（d）所示，用 φ2mm 钻头并排打出两个小孔，再按图 2.13.4（e）所示，用小平板锉刀扩孔至 4mm×2mm；盒侧面的紫外线发光管 LED 伸出孔，因用电钻打出大口径圆孔有一定难度，所以建

（a）精美名片盒

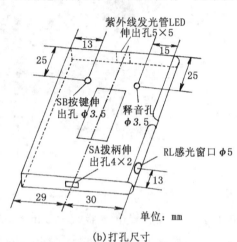

紫外线发光管 LED
伸出孔 5×5

SB 按键伸
出孔 φ3.5

释音孔
φ3.5

SA 拨柄伸
出孔 4×2

RL 感光窗口 φ5

单位：mm

（b）打孔尺寸

（c）电钻打孔

（d）打并排孔

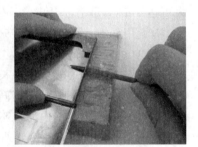

（e）锉成小方孔

（f）剪出小方孔

（g）完工图

图 2.13.4　外壳的选配与加工

议按图 2.13.4（f）所示，用剪刀直接剪出 5mm×5mm 的小方口代替；盒侧面的 RL 感光窗口，先用 φ4.5mm 钻头打孔，再用小圆锉刀扩孔径至 5mm。加工好的铁皮外壳外形如图 2.13.4（g）所示。

2. 电路焊接

首先，如图 2.13.5（a）所示在模拟声集成电路 A 的基板上焊接上 3 个图（b）所示的金属电池夹。电池夹最好用生产厂家提供的配套件，也可按图（c）所示尺寸用薄铁片或磷

（a）焊接好的电池夹

（b）金属电池夹外形图

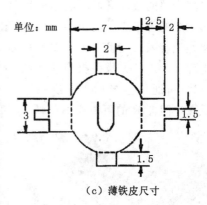

（c）薄铁皮尺寸

图 2.13.5　电池夹的装配

铜片加工制成。接着按图 2.13.6 给出的电路接线图，焊接成图 2.13.7 所示的电路。具体要求是：将 VT、L、R、SA、RL（将引线剪短为 1.8cm）直接焊接在集成电路 A 的基板上，压电陶瓷片 B 通过长约 6cm 的双根细电线焊接在集成电路 A 的基板上；将 LED 的正极焊接在按键开关 SB 的一端，LED 的负极和 SB 的另一端分别通过长度为 6cm 和 9cm 的细电线焊接在集成电路 A 的基板上。为了防止短路故障的发生，应在接线头套上合适的绝缘管。焊接时注意：电烙铁外壳一定要良好接地。

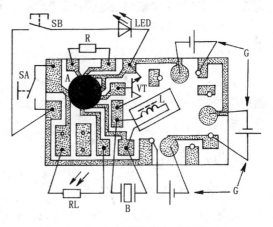

图 2.13.6　多用报警卡电路接线图

3. 组装

由于金属外壳能够导电，为了避免焊接好的集成电路基板装入外壳后发生短路故障，应按图 2.13.8（a）所示，在 A 基板的背面粘贴上一片 40mm×22mm 的不干胶绝缘纸。然后，按照图（b）所示，将整个电路全部装入机壳内，并将电路基板、紫外线发光二极管 LED、压电陶瓷片 B、拨动开关 SA、按键开关 SB 用热熔胶粘固在外壳内。需要注意的是，光敏电阻器 RL 的感光面必须正好伸出机壳上所开的感光窗口，压电陶瓷片 B 的助声腔口必须对准释音孔，按键开关 SB 的按键必须准确伸出机壳面盖上的小圆孔。最后，仔细检查电路接线，确保接线安装正确后，按图（c）所示，在电池夹上装上 3 粒 AG1 型扣式微型氧化银电池（注意：电池的负极均与电路板上的铜箔面相接触、正极均与金属电池夹相接触）后

进行通电试验。

按下按键开关 SB，LED 通电发光。如果 LED 不发光，应重点检查 LED 正、负极是否接反，电池与电池夹、电路板上的铜箔面之间是否存在接触不良的缺陷等。闭合拨动开关 SA，在环境自然光照的条件下，压电陶瓷片 B 应发出尖厉的警报声；用手蒙住感光窗口或将整机装入口袋里，压电陶瓷片 B 应马上停止发声。如嫌警报声速太快（或太慢），可通过适当加大（或减小）外接振荡电阻器 R 的阻值来加以调整。R 取

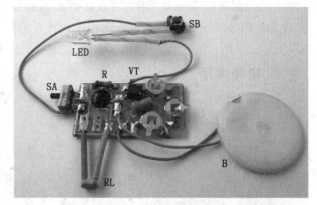

图 2.13.7　焊接好的电路

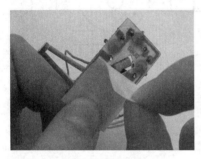

（a）粘贴绝缘纸

（b）装入机壳

（c）装好电池

图 2.13.8　多用报警卡的组装

值范围在 $82\sim120\mathrm{k}\Omega$ 之间。一般只要元器件质量可靠，焊接没有错误，电路不需任何调试，便可投入使用。

（四）使用

1. 用于钱包防盗、防丢

可参照题图，将多用报警卡夹在自己的钱包内，注意报警电源开关 SA 和感光窗口必须要暴露在钱包外面。钱包装入口袋后，随手闭合电源开关 SA，多用报警卡即进入防盗、防丢戒备状态。一旦钱包被小偷窃出口袋或者不小心掉出口袋，多用报警卡便会立即发出"呜——呜呜……"的警报声。自己从口袋取出钱包时，只要顺手先将电源开关 SA 断开，则取出的钱包便不会发出警报声。

2. 用于人民币真伪的鉴别

如果要对收取的现金进行荧光防伪标志检验，可按照图 2.13.9 所示，用手按下按键开关 SB，让 LED 发出的紫外线光照射人民币特定位置处的荧光防伪标志，根据有无荧光防伪标志，可帮助你准确判断所鉴别人民币的真伪。如 1999 年以后的新版 1 元、5 元、10 元、20 元、50 元和 100 元人民币，在紫外线照射下可以分别看到"1"、"5"、"10"、"20"、"50"和"100"字样，1990 年版 50 元和 100 元人民币在紫外线照射下可以看到"WUSHI 50"和

"YIBAI 100"字样，而假钞则没有。也可通过检测人民币纸张的反光情况来判定所有纸币的真伪，方法是：将一叠人民币错开放置，用紫外线光扫过去，反光最亮的即为假币。该多用报警卡还可用于对其他各国或地区的货币进行真伪鉴别，以及对其他采用过荧光加密手段的证券文件（如支票、股票、信用证、身份证等）进行真伪鉴别。

3. 其他用途

将多用报警卡放在自己抽屉、不透光的包箱等内，当有人欲悄悄拉开你的抽屉或打开包箱时，同样可以发出报警声。在漆黑的夜晚，报警卡还可以用于打开门锁等情况中的短时间应急照明。

图 2.13.9 鉴别人民币真伪

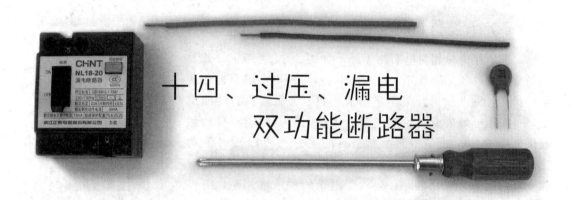

有一种电子制作方式很受业余爱好者青睐：它以现有的电子、电器产品为基础，通过增加一些元器件，实现性能优化（比如节能降耗），或功能扩展。这样的制作实用性、趣味性都比较强。本制作即属于这一类制作。

不少地方由于电网供电不稳（包括雷电引起的电网电压瞬间增大）或错相（220V 照明电压变成 380V 动力电压），而造成家用电器过压烧毁的事故屡有发生。为此，笔者巧用一只压敏电阻器将普通单相漏电断路器改造成了过压、漏电双功能断路器。经过长期使用，证明效果良好，具有普遍推广价值。

（一）工作原理

过压、漏电双功能断路器的电路如图 2.14.1 所示，其中虚线框内为原有单相漏电断路器电路，RV 为新增压敏电阻器。

单相漏电断路器的工作原理是：在正常情况下，穿过零序电流互感器的进线电流 I_1 和经过负载回到电源零线的电流 I_2，大小相等，方向相反，电磁场相互抵消，因此零序电流互感器的次级无信号输出。当发生触电事故或漏电故障时，I_1 和 I_2 不相等，零序电流互感器的次级就有感应电压产生。这一电压经电子触发电路检测、识别、处理后，使电磁脱扣器线圈得电工作，带动主开关快速切断包括断路器在内的交流供电电源，从而起到保护作用。

过压保护的工作原理是：平时，电网输入电压正常，压敏电阻器 RV 阻值很大，呈断开状态，对漏电保护电路构不成任何影响。一旦电网因故过压（＞260V）或错相（380V），则 RV 阻值急剧变小，形成一个大电流回路。此时，穿过零序电流互感器的进线电流 I_1 和经过负载及 RV 回到电源零线的电流 I_2，尽管方向相反，但大小不等（与漏电时情形一样）。于是，零序电流互感器的次级就有感应电压产生，触发电磁脱扣器动作，带动主开关快速切断交流供电电源，从而使家用电器免遭过电压损坏。

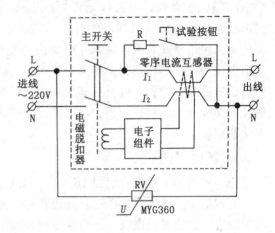

图 2.14.1　过压、漏电双功能断路器电路图

过压、漏电双功能断路器"跳闸"断电后，待排除漏电故障或电网电压恢复正常后，手动合上主开关，即恢复正常供电。

（二）元器件选择

改造所用的单相漏电断路器外形如图 2.14.2 所示，其常见型号是 NL18-20 或 DZL18-20A 型。这种漏电断路器也称漏电保护器、漏电保护开关。它技术成熟、灵敏度高、性能稳定，每当用电器外壳发生漏电或人体触电时，均能够自动切断供电电路。这种单相漏电断路器的主开关可以随时手动"合闸"（手柄在 ON 位置）或"分闸"（手柄在 OFF 位置），具有双路闸刀开关功能，在接入配电箱的供电电路时，可省去另外再安装普通总闸刀开关的麻烦。按动接入供电电路正在运行的单相漏电断路器的试验按钮，即模拟人体处于触电时的状态，正常情况下，断路器应"跳闸"切断供电电源，再手动合上主开关，即恢复正常供电。试验按钮主要用于每隔一段时间后，检查漏电保护性能是否正常可靠。

图 2.14.2　DZL18-20A 型漏电断路器外形图

NL18-20 型漏电断路器的主要技术指标：漏（触）电动作电流（额定剩余动作电流）＜30mA，动作切断电源时间（分断时间）≤0.1s；工作电源为 220V、50～60Hz 单相交流电，额定电流（即最大负载电流）20A；允许工作环境温度范围-5～+40℃，相对湿度＜90％。

还有一种带空气开关（空气开关主要起过流保护作用）的单相漏电断路器，目前使用非常普遍，其常见型号为 DZ47LE（YSMB45LE），外形如图 2.14.3 所示。它兼具过电流保护、漏电保护和手动闸刀开关功能。它有多种电流规格可供选择，并且空气保护开关既可以是单路控制（单联），也可以是双路控制（双联）。给这种"自动断路器"同样可以增加过压保护功能，其外部接线与图 2.14.2 所示的普通单相漏电断路器完全一致。

需要提醒读者注意的是：如果准备改造的现有配电箱中已经有图 2.14.2 或图 2.14.3 所示的单相漏电断路器，就没有必要再去购买新的单相漏电断路器，直接在现有的单相漏电断路器上加装氧化锌压敏电阻器 RV 即可。另外，现在有些厂家生产的新一代单相漏电断路器中，已设计有过压保护功能，对于这样的产品就没有必要再作改进。

RV 选用标称电压（也称压敏电压）为 360V、最大峰值电流≥500A 的普通氧化锌压敏电阻器，常见型号有 MYG360-0.5kA、MY21-360/0.5 和 MYL-0.5－360V 等，其外形如图 2.14.4 所示。压敏电阻器是一种具有瞬态电压抑制功能的敏感元件，当外加电压瞬间超过其临界值时，压敏电阻器的阻值（平时呈现断开状态）急剧变小，形成导通大电流。压敏电阻器主要用于过电压保护、抑制浪涌电流等电路。

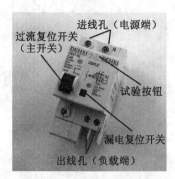

图 2.14.3 一种 DZ47LE 型漏电断路器外形图

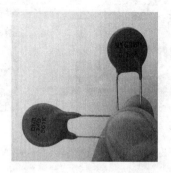

图 2.14.4 压敏电阻器外形

（三）制作

整个制作非常简单，只需要将压敏电阻器 RV 按照图 2.14.5 所示的接线图，正确接入所要改造升级的单相漏电断路器电路中去即可。

简便的接线方法是：将压敏电阻器 RV 通过适当长度的导线（接头处用绝缘胶布包扎严实），一脚接在漏电断路器进线端的相线 L（或零线 N）接线孔上，另一脚接在出线端的 N（或 L）接线孔上即可。但这种方法不可靠、不安全。因为压敏电阻器 RV 体积小，容易受到外界的碰撞、拉扯而损坏，而更严重的是在遇到雷电或错相高电压时，压敏电阻器 RV 的壳体有可能在断路器上的主开关"跳闸"之前，发生爆裂并产生明火，容易引燃周围其他材料。

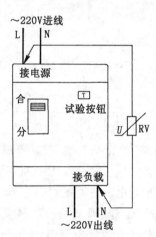

图 2.14.5 过压、漏电双功能断路器接线图

如果能够打开漏电断路器的外壳，将压敏电阻器 RV 直接并联在壳内试验按钮开关（也称漏试开关）的两端，这当然很好，但对于初学者来说，具有一定难度，并不可取。为此，笔者设计了一种较为理想的方案——将压敏电阻器 RV 安装在一个电灯吊线盒内，再通过外接电线接单相漏电断路器，既牢固可靠、具有阻燃作用，又可在压敏电阻器损坏后，像更换普通保险丝一般，方便地更换压敏电阻器。基于这样的理由，在此强烈推荐初学者采用这种方案。

具体的方法：首先，按照图 2.14.6（a）所示，购买一个吊式电灯专用挂线盒（也称吊线盒），另外再准备两根长度约为 18cm 的较粗的单股铜芯塑料电线；然后，按照图（b）所示，将两根电线的一端各剥掉 2cm 的塑料外皮后，弯成内径 ϕ4mm 的圆环，通过挂线盒内的螺丝钉紧固在铜接线桩上；按照图（c）所示，固定 RV；旋紧盒盖后如图（d）所示。最

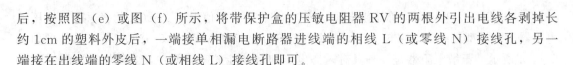

后，按照图（e）或图（f）所示，将带保护盒的压敏电阻器 RV 的两根外引出电线各剥掉长约 1cm 的塑料外皮后，一端接单相漏电断路器进线端的相线 L（或零线 N）接线孔，另一端接在出线端的零线 N（或相线 L）接线孔即可。

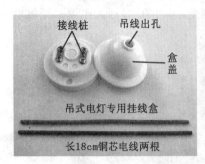

(a)选材料

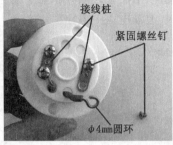

(b)接电线

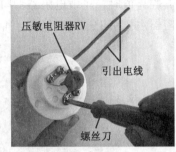

(c)固定RV

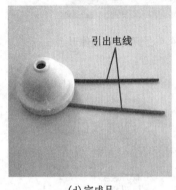

(d)完成品

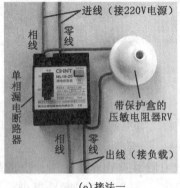

(e)接法一

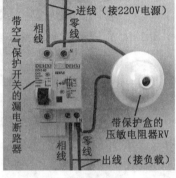

(f)接法二

图 2.14.6　压敏电阻器 RV 的安装方法

（四）使用

实际应用时，参考图 2.14.6（e）或（f）所示，将过压、漏电双功能断路器接入供电电路。注意，单相漏电断路器既可以是购买的新品，也可以是供电电路已有的现成品。这里要特别强调的是：安全第一！制作者如果不具备实际的电工操作能力，在将过压、漏电断路器接入实际供电电路或将压敏电阻器接入通电的单相漏电断路器时，必须要有电工现场指导，才能进行具体的安装应用。

过压、漏电双功能断路器能够控制的最大负载功率，取决于所用单相漏电断路器的额定电流值。例如：选用额定电流是 20A 的 DZL18-20A 或 NL18-20 型漏

图 2.14.7　新颖多功能配电箱外形图

电断路器时，所能控制的最大负载功率应该是 $P=220V\times20A=4400W$，实际应用中所有通电工作的用电器电功率总和不能超过该功率数值。

对于农村等供电电网电压波动较大的地区，压敏电阻器 RV 的标称电压取值可增大至

390V 或 430V，以避免可能引起的断路器频繁"跳闸"断电。

笔者 1999 年上半年在为当地县委机要室设计的"新颖多功能配电箱"（见图 2.14.7）中，就采用了这种过压、漏电双功能断路器。该过压、漏电双功能断路器在实际当中的使用效果非常好，有两次典型的保护事例，至今为当事人所称赞！

十五、 多功能测电笔

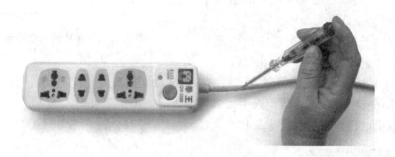

测电笔是用来测试电线、用电器以及其他电气设备等是否带电的一种最常用的工具，其结构如图 2.15.1 所示。

普通测电笔的检测原理可以通过图 2.15.2 来说明：当使用者手持测电笔触及带电体时，就在带电体与大地（包括人体）之间提供了一条通路，电流 I 经电阻器、氖管到人体和地。由于氖管的阻抗极高，电阻器的阻值也达兆欧级，因此电流 I 极微小，对人体是安全的，带电体的电压基本上都降落在电阻器和氖管上。当带电体存在 60V 以上电压时，氖管两端的电压超过其启辉电压，氖管发光，指示出被测物体带电。一般测电笔可以检测 60～500V 的电压。

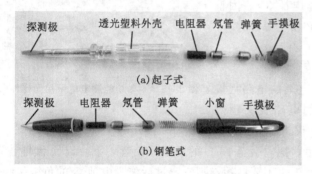

图 2.15.1　普通测电笔的结构

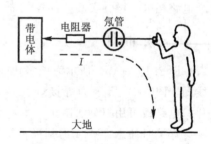

图 2.15.2　普通测电笔的检测原理

读者如果按照下面介绍的方法去做，可以将传统的氖管测电笔改造升级为多功能测电笔，它不但具有普通测电笔所具备的一般验电功能，还具有隔着绝缘层测试导线通电与否、判断零线与相线、测线圈和电阻器等的通断、判断晶体二极管的极性、估测小容量电容器的容量并判断其是否断路和短路、区别直流电的正极与负极等许多功能。

这种多功能测电笔还克服了普通氖管测电笔发光亮度不够、在测量弱电或在强光下使用时难看清氖泡亮灭的弊端，且灵敏度高，即使在室外或野外使用也感到很方便。

（一）工作原理

多功能测电笔的电路如图 2.15.3 所示。平时，探测极无电流或感应信号输入，三极管 VT1、VT2 均截止，发光二极管 LED 不发光；当探测极有微弱电流输入或感应到电场信号时，由于 VT1、VT2 的高倍放大作用，在 VT2 上产生了较大的集电极电流，从而使 LED 发光指示。

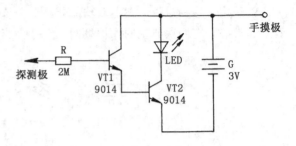

图 2.15.3　多功能测电笔电路

电路中，由于 VT1 的发射极输出电流直接作为 VT2 的基极电流，故由 VT1、VT2 构成的放大电路放大能力很强，电路的探测灵敏度很高。

R 为人体保安电阻器，可防止人手接触手摸极时，由探测极引入 36V（一般场所安全电压最大值）以上电压而造成触电事故！

（二）元器件选择

本制作电路所用全部元器件如图 2.15.4 所示。

VT1、VT2 均选用 9014 或 3DG8 型硅 NPN 小功率三极管，要求电流放大系数 $\beta > 100$。LED 用 5mm×2mm 方形普通红色发光二极管，如用塑料外壳是黄色或白色，但发红光的高亮度发光二极管，则效果更佳。

R 为欲改造的氖管测电笔中原有的电阻器。

G 采用两粒 AG3（ϕ7.9mm×3.6mm）或 SR41、XY-03 型氧化银纽扣式电池串联而成，电压 3V。因整个电路耗电甚微（实测<1μA），故不必设电源开关。

（三）制作

图 2.15.5（a）所示为该多功能测电笔的电路板接线图，图（b）所示为焊接好元器件的电路板实物照片。电路板可用刀刻法制作，实际尺寸仅为 17mm×7mm。

图 2.15.4　多功能测电笔所用元器件

焊接时注意：VT1 的基极不要剪短，把它引至 LED 的顶端，稍弯一下，以便和测电笔内原有的电阻器可靠接触；VT2 的发射极也不要剪短，把它弯过后作为电池 G 的负极接线。另外，从电路板上 VT1 的集电极端焊一根稍硬些的塑料外皮电线，取适当长度，使它和电池 G 的正极扣在一起。

组装好的电子电路，其整体长度和体积与氖管测电笔内部的氖管相差无几，为下一步顺利改造普通氖管测电笔奠定了基础。

多功能测电笔的装配参照图 2.15.6 进行，实际就是用图中的"电路"替换原有的氖管。装配时注意使三极管 VT1 的基极和测电笔内的电阻器 R 接触良好，并使电池 G 也接触良好。使用的外壳不局限于一种，图 2.15.7 是制作成功的两款多功能测电笔。

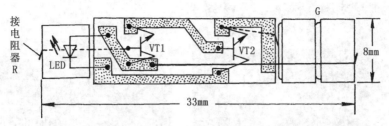

（a）多功能测电笔电路板接线图

（b）焊接好元器件的电路板实物

图 2.15.5　多功能测电笔电路板

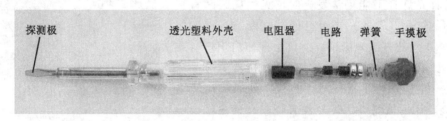

图 2.15.6　多功能测电笔装配图

（四）使用

1. 检测

检测制成的多功能测电笔，可以用"双手检测法"：如图 2.15.8（a）所示，用两手分别去接触探测极和尾部的手摸极，如果 LED 亮，就表示测电笔工作正常。还可以采用"静电检测法"：按照图（b）所示，手持多功能测电笔，让探测极在干燥的化纤布料上来回摩擦，所产生的静电会使 LED 闪亮，其亮度越大，说明多功能测电笔的测电灵敏度越高。否则，应检查各部件是否接触良好、焊接是否有错误、元器件是否有问题。

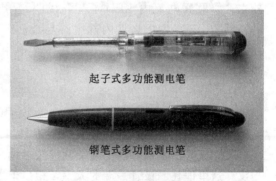

图 2.15.7　制成的两款多功能测电笔

每次使用多功能测电笔前，都要检验多功能测电笔的性能。如果发现 LED 亮度变暗，应及时更换电池，以保证测量的准确性。

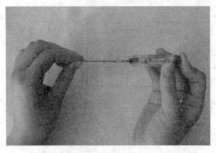
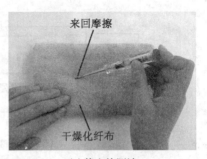

(a)双手检测法　　　　　　　　　　(b)静电检测法

图 2.15.8　检验多功能测电笔

2. 使用

该多功能测电笔除了可以像普通测电笔一样使用外，还有以下几个很方便实用的用法。

①检测灯泡、日光灯管的灯丝是否烧断。有些白炽灯以及日光灯管不能正常发光时，无法凭眼睛直接看清里面的灯丝（钨丝）是否已经被烧断。可以按照图 2.15.9 所示的方法来测试，一只手捏住白炽灯（或日光灯）的其中一个电极端，另一只手持着测电笔探触灯的另一电极端，手指接触手摸极。如果测电笔内LED 发亮，说明被测灯的灯丝没有烧断，反之就说明灯丝已经烧断了。

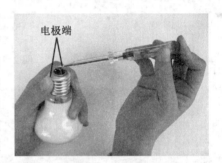

图 2.15.9　检测电灯泡的灯丝是否烧断

②检测用电器外壳是否漏电。可以像图 2.15.10 所示的那样检测电烙铁外壳是否漏电：一只手捏住电烙铁电源插头的电极，另一只手持着测电笔（注意手指要接触手摸极），并通过探测极去触及电烙铁的金属外壳。如果测电笔内 LED 不亮，说明绝缘性能是好的；反之，就说明电烙铁内部电路与金属外壳之间存在漏电现象，必须排除后方可使用。其他用电器的检测方法是完全一样的。

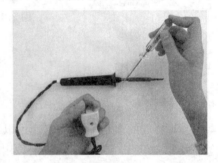

图 2.15.10　检测电烙铁外壳是否漏电

③检测电感器、变压器等线圈的通断。检测方法如图 2.15.11 所示，如果测电笔内LED 发光，说明线圈是通的，反之，就说明线圈内部已经开路。

④判断二极管的极性。方法如图 2.15.12 所示。如果测电笔内 LED 发光，说明手捏的一端是二极管的正极，测电笔探测极接触的一端是负极；如果 LED 不发光，说明情况正好相反。这里捏住二极管一端的人手，相当于用指针式万用表欧姆挡判断二极管极性时的黑表笔，而测电笔的探测极相当于红表笔。掌握了这一规律，还可用这个测电笔判断电阻器是否开路、三极管、晶闸管等的极性等。由于用两手代替了平常测量常用的表笔，因此操作起来很方便。

⑤估测小容量电容器。此测电笔可粗略估计从十几 pF 到零点几 μF 的电容器，方法如图 2.15.13 所示，应该可以看到测电笔内 LED 发光并逐渐熄灭的过程，此过程就是电容充

电的过程，发光亮度越大、时间越长，电容器的容量越大。如果测电笔内 LED 始终不亮，可短路一下电容器两脚（放电）或调换电容器引脚再测试，如仍然不亮，则可判断电容器内部开路。由于测电笔电路的放大倍数非常高，用它测小电容器比使用万用表"Ω×1k"挡还灵敏得多。另外，电容器稍有漏电，测电笔内部 LED 便会一直发光。但注意，不能用它来测试电解电容器。

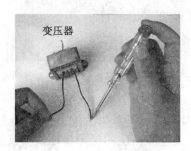

图 2.15.11　检测变压器线圈的通断

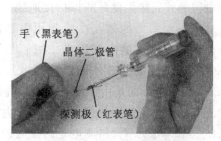

图 2.15.12　判断晶体二极管的极性

⑥区别直流电的正、负极。如果不清楚 1.5～24V 的直流电源的输出端（线）的正、负极性，可按照图 2.15.14 所示进行测试。如果测电笔内部 LED 发光，说明测电笔探测极接触的一端是正极；如果 LED 不发光（1.5V 时有微光），说明情况正好相反。用这一方法还可以判断低压（＜24V）直流电路中任意两点间的电压高低。

图 2.15.13　估测小容量电容器

图 2.15.14　区别直流电的正、负极

⑦感应法测 220V 交流电。如题图所示，不用把测电笔的探测极接触到交流电源的金属部分，只要将探测极靠到电线绝缘外皮、电器塑料外壳等上面，就可以通过观察测电笔内部 LED 的亮灭与否，判断出被测物体是否带市电，甚至还能够分辨出单根通电的电线是相线（火线）还是零线（地线）。利用这一方法，还可以隔着电热毯的布层，顺着电热丝的走向移动测电笔的探测极，尽快查找到电热毯内部的断

图 2.15.15　检测用电器是否接上保护接地线

丝位置，以及隔着塑料外皮找出通电电线中的断点位置来。

⑧检测用电器是否接上保护接地线。对于金属外壳与供电电路之间绝缘性能良好（对此可按前面的方法②进行检测）的用电器，在接通 220V 交流电正常工作时，按照图 2.15.15

所示测量金属外壳。如果测电笔内部 LED 不发光，说明用电器的外壳接有良好的保护接地线（或接零线），反之就说明用电器的外壳没有接上保护接地线，或者接线已经开路，为了确保人身安全，应按照要求给用电器的外壳接上良好的保护接地线。

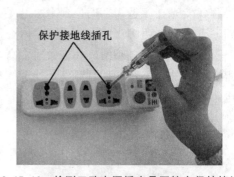

图 2. 15. 16　检测三孔电源插座是否接有保护接地线

这里需要指出的是，在检测用电器的金属外壳时，测电笔内部发光二极管发光了，并不是说用电器的外壳已经漏电带上了 220V 交流电，而是由于用电器的外壳没有接上大地线，所产生的极微弱的感应电压使测电笔内部的发光二极管发出了亮光。同理，按照图 2.15.16 所示，将测电笔的探测极插入 220V 三孔电源插座的保护接地线（或保护接零线）插孔内，如果测电笔内部 LED 不发光，说明保护接地线（或接零线）良好；如果发光二极管发光，说明插座的保护接地线插孔形同虚设，可能是已经开路，也可能没有接上。

方案篇

一、发光型壁开关

晚上回家，在漆黑的房间里摸索电灯开关，是很不方便的。为此，可自己动手给普通壁开关加装一个发光指示灯，从而制成新颖实用的发光型壁开关。

（一）工作原理

发光型壁开关的电路如图 3.1.1 所示。其中：虚线框外是普通电灯控制电路，虚线框内则为新增加的交流电发光指示灯电路。

交流电发光指示灯电路中，VD1 为半波整流二极管，VD2 为发光二极管，R 为 VD2 的限流电阻器。当控制电灯 H 的电源开关 SA 断开时，220V 交流电通过电灯 H 的灯丝加在了交流电发光指示灯电路两端，使发光二极

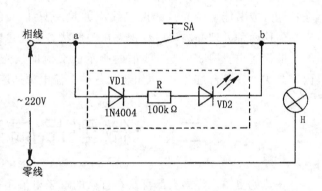

图 3.1.1　发光型壁开关电路图

管 VD2 得电发光。此时，由于通过电灯灯丝的电流极小（实测＜0.99mA），故电灯 H 不会发光。当电源开关 SA 闭合时，交流电发光指示灯电路两端被短路，发光二极管 VD2 灭，电灯 H 点亮。

如果电源开关 SA 断开以后，发光二极管 VD2 不亮，说明不是电网停电，就是电灯灯丝被烧断或电灯回路发生了开路故障。

（二）元器件选择

VD1 选用耐压≥350V 的硅整流二极管，如 1N4004、2CP17 型等。VD2 宜选用 φ5mm 高亮度红色发光二极管。

R 选用 RTX-1/4W 型炭膜电阻器；适当改变其电阻值，可改变 VD2 的发光亮度。

（三）制作与使用

按图 3.1.2 所示，在普通壁开关面板的正上方用电钻开一个 φ5mm 小孔。为了增大发光二极管 VD2 表面的发光范围，面板孔口直径可扩至 8mm。将 VD2 嵌入所开圆孔，其余

元器件焊接在壁开关背面空闲位置处。闪光电路的 a、b 两端不分极性接在壁开关背面两个铜接线桩上即可。

此发光型壁开关实际安装使用时，接法与普通开关完全一样。但安装时千万牢记：事前一定要断开照明电路的总闸开关，做到无电操作，安装结束后，再接通总闸开关，以确保人身安全！

实践证明，该发光型壁开关不仅适用于控制普通的白炽灯，而且也适合于控制普通日光灯和节能型荧光灯（发光二极管 VD2 的亮度稍差一些）。

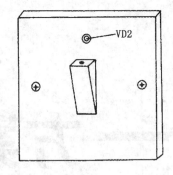

图 3.1.2　发光型壁开关外形图

用于控制普通日光灯时，在关灯状态下，日光灯起辉器内的氖泡会发出微弱的桔红光；如果不发光（包括壁开关上面的发光二极管 VD2），则说明日光灯管内的灯丝已断，或者起辉器、镇流器发生了开路故障。

在有些地方使用时，日光灯管或节能型荧光灯管在关灯状态下，会因电感应产生极微弱的闪光，这不会造成任何不良影响。如果讨厌这个微弱的闪光，可将图 3.1.1 中的"b"接线头改接在 220V 的零线上去，即可消除微弱闪光。这种办法对于带电源插座的组合型壁开关来讲，是很方便的；但对于图 3.1.2 所示的纯壁开关来讲，接线就比较困难。这时可采用在日光灯或节能型荧光灯的两接线端并接一只 100kΩ、1/2W 电阻器的办法来消除微弱闪光。但这两种处理办法，均会丧失在关灯状态下通过壁开关判断电灯断路故障的功能。

顺便指出：图 3.1.1 虚线框内所示的交流电发光指示灯电路也可直接装入台灯底座腔内，制成"发光台灯开关"；如装入各种交流电源插座，则制成"发光插座"。

二、 微型吊扇延时开关

炎热的夏季，许多人都喜欢在自己的蚊帐里吊起一个市售微型吊扇乘凉。由于这种微型吊扇无定时开关，接通电源后就会彻夜工作，所以往往使人入睡后着凉生病。为此，我们可以动手给它加装一个简单的延时关断开关。

（一）工作原理

微型吊扇延时开关的电路如图 3.2.1 虚线右边所示，虚线左边是微型吊扇原有电路。

在吊扇原有手动开关 SA 断开的条件下，按一下按键开关 SB，220V 交流市电便会经吊扇电动机 M、桥式整流二极管 VD1～VD4、隔离二极管 VD5 后，对电容器 C 充电，充电电压实测最高为 23V；与此同时，单向晶闸管 VS 经限

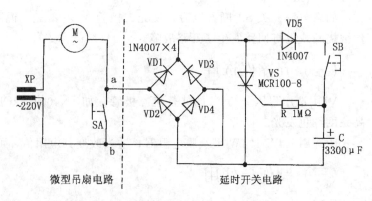

图 3.2.1　微型吊扇延时开关电路图

流电阻器 R 获得合适触发电流而导通，吊扇电动机 M 通电运转。人手松开 SB 后，C 通过电阻器 R 放电，维持 VS 继续导通。经过一段时间（延时时间），C 两端放电电压下降到 10V 以下，单向晶闸管 VS 因得不到足够的触发电流而在交流电过零时关断，电动机 M 的电源被切断，吊扇自动停止运转。

电路中，二极管 VD1～VD4 组成的桥式整流电路，在单向晶闸管 VS 导通后，能使电动机 M 两端获得全波交流电压。VD5 为隔离二极管，其主要作用是防止电容器 C 所充电荷在单向晶闸管 VS 导通后逆向泄放掉。吊扇延时停转的时间长短，主要由电容器 C 和电阻器 R 的参数大小确定，此外还与单向晶闸管 VS 的最低触发电流大小有关。

（二）元器件选择

VS 选用 MCR100-8（额定正向平均电流 1A、额定工作电压 600V）或 CR1AM-8（额定正向平均电流 1A、额定工作电压 600V）型塑封单向晶闸管，要求门极触发电流 $I_g \leqslant 10\mu\text{A}$。

VD1～VD5 均用 1N4007（最大整流电流 1A、最高反向工作电压 1000V）型硅整流二极管。

R 用 RTX-1/8W 型碳膜电阻器，C 用 CD11-25V 型电解电容器。

适当改变电容器 C 的数值，可获得不同的延时时间。按图 3.2.1 选用数值，实测延时时间为 45 分钟左右；如将电容器 C 的容量减为 2200μF，则延时时间为 30 分钟左右；电容器 C 取 4700μF 时，延时时间将会超过 1 小时。改变电阻器 R 的值虽也可影响定时时间，但效果不明显，当 R 的阻值增加时，一方面减小了电容泄放电流，可延长定时时间，另一方面，因电容初始泄放电流下降，电路会更快地关断。

（三）制作与使用

图 3.2.2 所示为该微型吊扇延时开关的印制电路板接线图。此印制电路板实际尺寸约为 40mm×30mm，可用刀刻法制作，并可不必钻孔。

全部元器件直接焊在印制电路板的铜箔面上。按键开关 SB 可按照图 3.2.3 所示用磷铜皮弯制，并用废旧发光二极管（φ5mm）做成绝缘按钮。焊接好的电路板装入体积合适的绝缘小盒内，其两根外引线头 a、b，不分次序并接在吊扇原有的手控电源开关 SA 两端即成。注意：加装延时开关之前，必须先断开微型吊扇的 220V 交流电源插头，谨防触电！

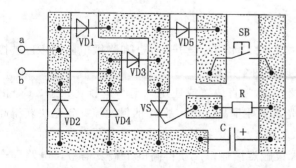

图 3.2.2　微型吊扇延时开关印制电路板图

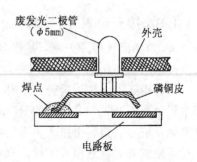

图 3.2.3　按键开关 SB 的制作

本延时开关电路简洁、设计合理，只要焊接无误，一般不需任何调试便能正常工作，而且它的接入并不会影响微型吊扇原有手动开关的平常使用。

除用于控制微型吊扇外，此延时开关还可如法控制排气扇、卫生间照明电灯等，需减小电容器 C 的容量至 1000μF 以下，以获得只有数分钟的延时时间。

三、 老人多用途报警手杖

在普通手杖内安装下面介绍的报警电路，可制成新颖的老人多用途报警手杖，具有老人横穿马路声光警示、发生意外寻求救助、防盗报警、天亮报晓等四种功能，是老人生活中非常有用的"好帮手"！

（一）工作原理

老人多用途报警手杖的电路如图 3.3.1 所示。平时，模拟声集成电路 A 不工作，三极管 VT1、VT2 均截止，整个电路静态耗电甚微（实测总电流＜3μA）。当模拟声集成电路 A 的触发端 TG 受到高电平（或正脉冲）触发时，A 内部电路工作。其输出端 OUT 输出内储的"叮—咚"声电信号，经 VT1 功率放大后，推动扬声器 B 发声。与此同时，扬声器 B 两端的部分音响电信号经 R2 加至三极管 VT2，经 VT2 功率放大后，驱动小电珠 H 随声响节奏闪光。

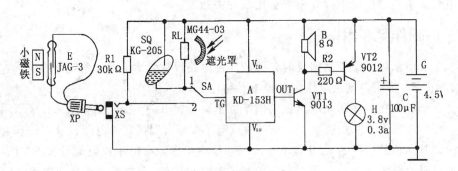

图 3.3.1 老人多用途报警手杖电路图

1. SA 拨至位置"1"时

SA 为功能选择开关，当其拨至位置"1"时，水银导电开关 SQ 和光敏电阻器 RL 被接入模拟声集成电路 A 的触发回路，可实现以下两个用途。

（1）用于老人跌倒报警。平时，手杖不用时竖直放置或使用时基本呈竖立状态，SQ 内部水银触点断开，与其并接的 RL 也被遮光罩罩住呈高阻值，故 A 的触发端 TG 无法获得高电平触发信号，报警电路无声光信号产生。当老人不慎摔倒或因其他原因急需帮助时，随着手杖落地或老人有意横放手杖，SQ 内部水银触点接通，A 获得高电平触发信号，电路即产生声、光信号，从而提醒附近的人们迅速给以救助。

（2）用于天亮报晓时，将手杖竖放在窗台上，取掉光敏电阻器 RL 上的遮光罩，将感光孔朝向窗外；天亮时，RL 感光呈低电阻值，A 受高电平信号触发，电路即发出报晓声。

2. SA 拨至位置 "2" 时

（1）当老人横穿马路时，将功能选择开关 SA 拨至位置 "2"，集成电路 A 便会经 R1 获得高电平触发信号，电路即产生声、光信号，提示车辆司机注意。尤其在夜晚由手杖顶端发出的一闪一闪红光，更使老人行路增加了安全感。

（2）如果在插孔 XS 内接入由干簧管 E、小磁铁等组成的磁控开关，则可构成简易防盗报警器，可用于家庭门窗及贵重物的防盗报警。平时，小磁铁靠近并吸合干簧管 E 内部的常开触点，使模拟声集成电路 A 的触发端 TG 接地（V_{SS}），报警电路无声、光信号产生；一旦发生盗情，小磁铁就会远离干簧管 E 使其内部触点断开，模拟声集成电路 A 便经 R1 获得高电平触发信号，使电路产生声、光报警信号。

（二）元器件选择

A 选用 KD-153H 型 "叮—咚" 门铃专用模拟声集成电路。该集成电路采用黑膏封装在一块尺寸为 24mm×12mm 的小印制电路板上，并给有插焊外围元器件的孔眼，安装使用很方便。KD-153H 的主要参数：工作电压范围 1.3～5V，触发电流≤40μA；当工作电压为 1.5V 时，实测输出电流≥2mA，静态总电流＜0.5μA；工作温度范围－10～60℃。

VT1 选用 9013 或 3DG12、3DK4、3DX201 型硅 NPN 中功率三极管，VT2 选用 9012 或 3CG23 型硅 PNP 中功率三极管，均要求电流放大系数 β＞150。

SQ 选用 KG-205 型万向玻璃水银导电开关，其外形和内部结构如图 3.3.2 所示，外形尺寸约为 φ5mm×13mm，要求工作角度≥45°。该水银导电开关是在玻璃管内封装上一定量的水银，并引出直电极和环电极密封而成，通过水银球的移动来实现开关的通断。当水银导电开关处于图（a）所示的垂直状态时，由于水银球仅与直电极接触，而环电极与直电极间是相互不接触的，所以水银导电开关呈断开状态；当水银导电开关按图（b）所示向任意方向倾斜时，一旦倾角超过工作角度，则与直电极接触的水银球还会与环电极接触，这等于通过水银球

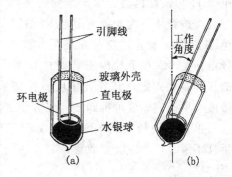

（a）断开状态；（b）导通状态。

图 3.3.2　KG-205 型万向玻璃水银导电开关

桥接通了直电极和环电极，从而使水银导电开关呈导通状态。可见，只要通过改变这种水银导电开关的 "工作角度"，内部两个电极便会通过水银球完成 "开" 或 "关" 的动作。

与机械开关相比较，水银导电开关有许多特点：①由于水银导电开关是密封的，所以它可以在污染严重的环境中使用。②水银对外力反应灵敏，且不存在机械性能下降的问题。③由于水银的导电性较好，所以水银导电开关电极间的接触电阻一般小于 100mΩ。④水银开关允许通过的电流取决于电极的材料，钨丝电极最大允许电流为 10A，而普通合金丝最大允许电流一般为 1A。⑤动作时无噪声。

E 可选用 JAG-3 型常开触点干簧管。小磁铁可用 F18 型（尺寸：18mm×5mm×6.2mm），亦可拆自废旧磁性铅笔盒或柜橱用磁性碰锁。

RL 宜选用 MG44-03 型塑料树脂封装光敏电阻器。RL 也可用其他亮阻≤5kΩ、暗阻≥1MΩ 的普通光敏电阻器来直接代用。

R1、R2 均用 RTX-1/8W 型炭膜电阻器。C 用 CD11-10V 型电解电容器。B 用 8Ω、

0.25W 小口径电动式扬声器。H 用市售手电筒常用的 3.8V、0.3A 小电珠。SA 用 CKB-1 型单刀双掷微型拨动开关。XS 用 CKX2-3.5 型耳塞机用插孔，XP 配套用 CSX2-3.5 型插头。G 用三节 5 号干电池串联而成，电压 4.5V。

（三）制作与使用

图 3.3.3 所示为该老人多用途报警手杖的印制电路板接线图。印制电路板用刀刻法制作，实际尺寸约为 40mm×25mm。三极管 VT1 可直接插焊在模拟声集成电路 A 的小印制电路板上。A 的小印制电路板则通过 4 根长约 6mm 的元器件剪脚线插焊在电路板上。焊接时注意：电烙铁外壳一定要良好接地。

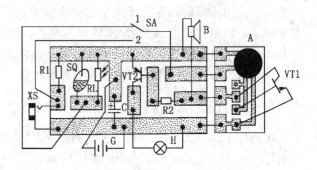

图 3.3.3　老人多用途报警手杖印制电路板图

焊接好的电路机芯（磁控开关及插头 XP 除外）按照图 3.3.4 所示，全部装入一个普通空心手杖（如竹制或硬塑料管制手杖）内。要求为小电珠 H 装上红色透光保护罩为扬声器 B 加装上释音良好的保护壳体，为光敏电阻器 RL 配上遮光罩（如一黑色橡皮塞），遮光罩应装卸灵活。需要注意的是，水银导电开关 SQ 在手杖内安装时应像图 3.3.2（a）所示的那样竖立固定，其安装角度直接影响求助报警的灵敏度。手柄应做成可拆卸式，以方便更换干电池 G。

报警手杖制成后，电路无需调试便可投入使用。手杖不用时，都应竖立放置，并且功能选择开关 SA 拨至"1"。

当手杖要用于防盗报警时，还需要进行小磁铁和干簧管在环境中的安装，可以在门窗、抽屉、贵重物品等处进行布防，小磁铁安装在移动侧，干簧管安装在固定侧，如实战篇中"门窗群防盗报警器"一文中所示。还可以通过多个干簧管的串联，实现多点监控。

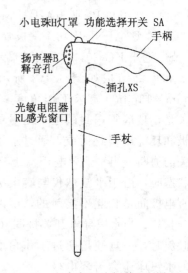

图 3.3.4　老人多用途报警手杖外形图

四、双功能语音门铃

读者可以将实战篇介绍的"'请随手关门'提醒器"扩展一下思路，把门铃功能组合进来。这就制成这里介绍的双功能语音门铃。从另一个角度考虑，读者也可以对现有的门铃加装提醒器电路，变成这样的双功能语音门铃。

（一）工作原理

双功能语音门铃的电路如图 3.4.1 所示。语音集成电路 A1、电阻器 R1、三极管 VT1 和 VT2、按钮开关 SB 等元器件组成了语音型"叮咚"门铃电路，其中 R1 为 A1 外接振荡电阻器。当客人来访按动门口的按钮开关 SB 时，A1 的触发端 TG 就会经 SB 从电源正极获得正脉冲信号，触发 A1 工作，使 A1 从输出端 OUT 输出一遍内储的语音电信号，经 VT1 和 VT2 构成的复合三极管功率放大后，推动扬声器 B 发出清晰响亮的"叮咚，您好！请开门！"的叫开门声。A1 触发端内部电路已设有防乱按功能电路，即每按一次 SB，扬声器只播放一遍"叮咚，您好！请开门！"声；如果按死 SB 不松手或恶作剧者用胶布粘死按钮开关，均不会像普通门铃那样连续不停地发声，这是 A1 芯片在生产时的一个新改进。

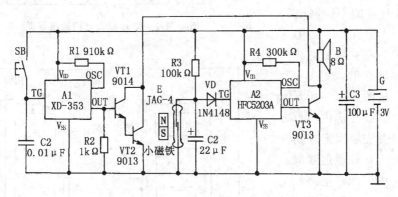

图 3.4.1 双功能语音门铃电路图

在图 3.4.1 中，小磁铁及其右侧部分主要是提醒器电路，和"'请随手关门'提醒器"电路完全一样（只是元器件编号不同），大家可参考前面的介绍。

电路中，C1 可消除按钮开关 SB 引线较长时周围杂波感应信号对语音集成电路 A1 所造成的误触发。C3 是退耦电容器，在电池快用旧时，可有效避免语音声产生的畸变，相对延长电池使用寿命。

（二）元器件选择

A1 选用 XD-353 型"叮咚"语音门铃专用集成电路，它采用黑胶封装形式制作在一小块尺寸约为 25mm×20mm 的小印制电路板上，安装使用很方便。A2 选用 HFC5203A 型语音集成电路。

VT1 选用 9014 或 3DG8 型硅 NPN 小功率三极管，要求 $\beta > 50$；VT2、VT3 均用 9013 或 3DG12、3DX201、3DK4 型硅 NPN 中功率三极管，均要求 $\beta > 100$。VD 用 1N4148 型硅开关二极管。

C1 用 CT1 型瓷介电容器，C2、C3 用 CD11-16V 型电解电容器。R1～R4 一律用 RTX-1/8W 型炭膜电阻器。E 选用体积较小的 JAG-4 或 JAG-3 型常开触点干簧管，小磁铁最好选用磁性较强的条形永久磁铁，从市售磁性碰锁或废旧磁性铅笔盒中拆出来的磁铁，使用效果就挺不错。SB 用普通电子门铃专用按钮开关。B 用 8Ω、0.25W 小口径动圈式扬声器。G 用两节 5 号干电池串联（需配套塑料电池架）而成，电压 3V。

（三）制作与使用

除小磁铁和按钮开关 SB 外，其余元器件全部焊装在电子门铃专用外壳或体积合适的市售香皂盒内。因集成电路外围元器件不是太多，故不另外单独设计制作印刷电路板，而是照图 3.4.2 所示，将有关元器件直接焊在语音集成电路 A1、A2 芯片自带的小印制电路板上即可。干簧管 E 不必用导线引出盒外，将它紧贴盒内壁底部水平固定即可。

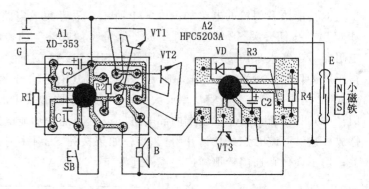

图 3.4.2 双功能语音门铃接线图

使用时，按图 3.4.3 所示将双功能门铃盒挂在房内门框顶部，按钮开关安装固定在房门外面的门框上，并通过双股软细电线与房内门铃盒电路相接。小磁铁则对应门铃盒底部的干簧管固定在门扇顶边沿处。反复细调门铃与小磁铁间的相对位置，使门关实后，干簧管 E 内部两常开触点能够可

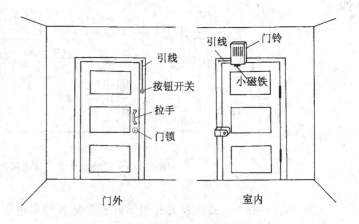

图 3.4.3 双功能语音门铃安装示意图

靠吸合，门稍一错开，干簧管 E 内部的两触点又能马上释放为止。

如嫌开门后延时发声的时间太长（或太短），可适当减小（或增大）电阻 R3 或电容 C2 的数值；如嫌语音声速度太快（或太慢），可适当增大（或减小）电阻 R1 或 R4 的阻值。整个电路静态耗电实测＜$30\mu A$，工作时不超过 140mA，故用电十分节省，每换一次新干电池，可工作近一年的时间。

五、 声控式语音报时钟

市售普通电子语音报时钟需要靠人手按按键后才能报出时间，有些场合使用起来不太方便，如夜间醒来听时间，卧床病人或盲人听时间等。

下面介绍的声控式语音报时钟，将自制的声控电路附加在家里现成的语音报时钟内，使用时只需拍一下手掌，即可遥控报时钟报出即时时刻，方便而有趣。

（一）工作原理

声控式语音报时钟的电路如图 3.5.1 所示，其中虚线右边为语音报时钟原有电路，虚线

左边为新增声控电路。

声控电路比较简单，它主要采用了一块声控闪光专用集成电路 A1。当驻极体话筒 B 接收到一个频率较高、响声较大的声音信号（如击掌声）后，便将声波转换成为相应的微弱电信号。此信号经 A1 内部电路放大、延迟后，直接驱动光电耦合器 A2 的内藏发光二极管 VD 发光，使对应光敏电阻器 RL 呈低电阻值，相当于按下了语音报时钟的报时按

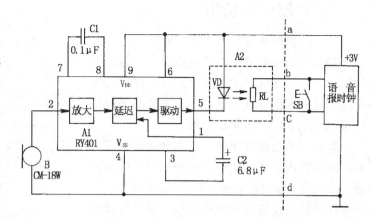

图 3.5.1 声控式语音报时钟电路图

键开关 SB。于是，语音报时钟内报时电路受触发工作，向主人报出即时时刻。

电路中，电容器 C2 为声控式闪光集成电路 A1 的外接延迟电容器，它决定集成块内部线路的延迟时间。这里我们有意识地将 C2 容量取得较大，以使击掌触发报时过程中，发光二极管 VD 始终发光不熄、且不会闪烁，这样在整个报时过程中，语音报时钟的按键开关 SB 两端便只受到一个长脉冲的触发，不会出现报时声波传到话筒 B 而让 A1 输出新的脉冲的情况，语音报时钟只报一遍时间便自动停止，从而有效防止了由于报时声触发而报时不止的现象。

（二）元器件选择

A1 用 RY401 型声控式闪光集成电路。该集成块采用软包封装，其硅晶片用黑膏封装在一块圆片形小印制电路板上，有 ϕ12mm 和 ϕ18mm（其第 6 脚和第 9 脚已连接在一起）两种封装规格，这里宜用体积小的头一种产品。RY401 的主要参数：工作电压范围 2～6V，静态电流≤0.5mA，输入信号灵敏度≤18dB，输出驱动电流≥150mA。RY401 也可用同类产品 5G0401 直接代换。

光电耦合器 A2 参照图 3.5.2 所示自制：先用透明胶带纸将发光二极管 VD 与光敏电阻器 RL 对顶卷好，然后套上一段黑色塑料管，两端再用沥青封固即成。发光二极管 VD 宜用 ϕ5mm 高亮度白色或黄色发光二极管；光敏电阻器 RL 选用 MG45-03 型，其他亮阻≤5kΩ、暗阻≥1MΩ 的光敏电阻器也可代用。这种自制光电耦合器每只成本不足 1.5 元，经实际使用效果很好。

C1 用 CT4D 型独石电容器，C2 用 CD11-10V 型电解电容器。B 用收录机里常用的小型驻极体电容话筒，如 CM-18W、CRZ2-9 型等。

顺便一提：欲改造的语音报时钟必须要有一定的体积，以便在其底座腔内装入声控电路；报时电路也必须是脉冲触发方式，即按下报时按键开关 SB 不论时间长短，每次只报一次时间。笔者选用市面上比较流行的超华牌 CH-9901 型公历、农历 100 年语音报时报温电脑万年历，效果不错。

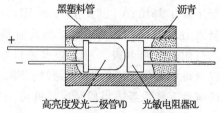

图 3.5.2 光电耦合器制作示意图

（三）制作与使用

　　整个声控电路按图 3.5.3 所示，以声控式闪光集成电路 A1 的小印制电路板为基板进行焊接，不必另外再制作印制电路板。焊接时电烙铁外壳一定要良好接地，以免交流感应电压击穿 A1 内部 CMOS 集成电路！

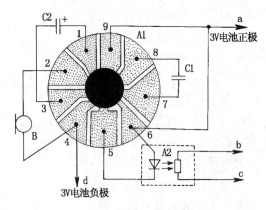

图 3.5.3　声控电路接线图

　　焊接好的电路直接装入普通台式语音报时钟的底座腔内，其 a 引线头接钟内 3V 电池正极，d 引线头接电池负极，b、c 两根引线头不分顺序接报时按键开关两端即成。钟外壳适当位置处开一小孔，作为驻极体话筒 B 的感声孔。

　　改制成的声控语音报时钟的有效遥控距离在 5m 左右，正好满足一般家庭使用需要。

　　值得一提的是：该声控语音报时钟对于尖锐且猝发的击掌声、硬物相碰撞声反应灵敏，而对于人们的正常说话声以及环境其他低频率嘈杂声，却反应不灵敏。这就是说，声控电路具有比较好的防误触发性能。当然，灵敏度过高时，就容易受到室内其他声波干扰。这时，可通过在驻极体话筒 B 的前面加装吸音材料（如棉花、海绵等）来加以降低，直到符合要求为止。声控电路静态时耗电极小，因此不必设置电源开关。

六、 小型消毒液发生器

　　人人都讲卫生是社会文明提升的具体表现之一。现在，人们对环境的清洁卫生及家庭消毒越来越重视。

　　作为一名"电子制作迷"，何不动手制作一台能够用日常的材料生成消毒剂的消毒液发生器呢？它既可满足家庭、工厂、办公室、学校等场合的一般消毒需要，又具备在灾害发生地区大面积推广使用的可能！

（一）工作原理

　　小型消毒液发生器的电路如图 3.6.1 所示，它实质上是一个具有定时功能的小型电解食盐水装置。220V 交流电经电源变压器 T 降压、二极管 VD1 和 VD2 全波整流后，输出约 4.2V（实测）直流电，通过阴、阳两电极，对食盐水进行电解，以获得主要化学成份为次氯酸钠及原子氧的碱性溶液，经适当稀释后，就可用来进行各种消毒。

　　众所周知，食盐（NaCl）是强电解

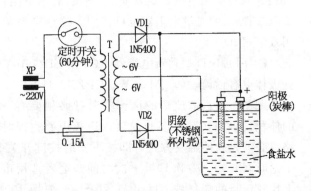

图 3.6.1　小型消毒液发生器电路图

质，溶于水后会全部电离成 Na^+ 和 Cl^-；水是极弱电解质，微弱电离成 H^+ 和 OH^-。当将食盐水注入消毒液发生器的电解杯内，并接通直流电源后，就发生下列电解反应：

$$2NaCl+4H_2O \xrightarrow{\text{通电}} 2NaOH+Cl_2\uparrow+O_2\uparrow+3H_2\uparrow$$
$$\quad\quad\quad\quad\text{（阴极附近）（阳极）（阳极）（阴极）}$$

$$Cl_2+H_2O \longrightarrow HCl+HClO$$

$$NaOH+HClO \longrightarrow NaClO+H_2O$$

$$2NaOH+Cl_2 \longrightarrow NaClO+NaCl+H_2O$$

同时，部分 OH^- 在阳极放电产生原子氧：

$$4OH^--4e \longrightarrow 2H_2O+2[O]$$

此外，次氯酸遇光易分解，也产生原子氧：

$$HClO \xrightarrow{\text{光}} HCl+[O]$$

上述 $HClO$、$NaClO$、Cl_2、$[O]$ 均为强氧化剂，具有很强的杀灭病菌作用，对人体却无毒无害，对环境也没有污染，因而制得的电解液可用来进行一般安全消毒等。

（二）元器件选择

VD1、VD2 用 1N5400 型硅整流二极管，亦可用 2CZ56A 或 1N5401 等同类产品来直接代换。

定时开关采用普通电风扇常用的发条驱动式 60 分钟电源定时开关，应带有塑料旋钮。定时开关在电路中的作用是自动控制电解的时间。如果一时购买不到合适的定时开关，可以省去不用（定时开关两端线头直接相连），通过观看钟表计时、手工接通和断开插头 XP 的 220V 交流电源来控制电解时间。

T 用成品 220V/2×6V、20W 小型双绕组输出（带抽头）电源变压器，要求质量可靠，输出功率足够。F 用 BGXP-0.15A 型普通保险管，并配带塑料安装管座。XP 用 220V 交流电器常用的普通二极电源插头。

电解杯采用市售 500ml 容积的不锈钢水杯，其内径约 8cm，高约 10cm。阳极采用从 5号废干电池（R20-1.5V 型）里退出来的两根炭棒（尺寸约 ϕ7.5mm×56mm），其端头的金属帽正好用来焊接电源线头；阴极不必另外选择材料，直接用电解杯的不锈钢外壳即可。

（三）制作与使用

将电源变压器 T、二极管 VD1 和 VD2、保险管 F、定时开关等按照图 3.6.1 所示电路焊装在一个体积合适的绝缘材料小盒内。小盒体积约为 120mm×90mm×55mm，可用现成的塑料饭盒等来代替。盒面板参照图 3.6.3 右边所示开孔安装定时开关；盒子适当位置处开出两个小孔，分别通过长约 1.5m 和 0.5m 的双股塑料外皮电线引接出电源插头 XP 和电解电极；盒子适当位置处，还应为电源变压器 T 开出散热小孔。

电解电极需自行加工组装：

①取一尺寸约 100mm×25mm×1.5mm 的有机玻璃板或胶木板，按照图 3.6.2 所示尺寸和位置打三个小圆孔。

②参照图 3.6.3 左上角所示，在两个大的圆孔中嵌入两根炭棒的金属帽，并焊接直流电源正极线头，作为阳极。

③另取一 20mm×6mm 左右的不锈钢片，弯折成"U"形状，在中央位置钻一 ϕ2mm 的小孔，用铜铆钉将其铆固在有机玻璃板的小圆孔内，并焊接直流电源负极线头，既作为接通阴极（不锈钢杯外壳）的插销片，又作为电解电极架搁在不锈钢杯上的定位（以免左右移动而发生阴、阳极短路故障）夹片。

④为了防止电解液腐蚀电极接线头及固定铜铆钉等，可将其全部用环氧树脂或热熔胶密封起来。

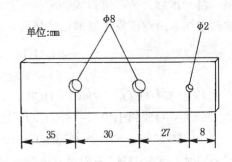

图 3.6.2　有机玻璃板的加工

装配成的小型消毒液发生器外形如图 3.6.2 所示。在正式投入使用前，应检验其工作性能。具体方法是：在电解杯内放入 20g 精盐和 500ml（0.5kg）水，搅拌使盐完全溶解。安放好电解电极架，接通 220V 交流电源，此时可见电解杯内炭棒和杯壁上均泛起气泡，表示电解开始。用万用表测量，两电极间的电压应为 4.2V 左右，流过的电流应为 2.7～3A。如果工作电流偏大，可适当减小炭棒插入食盐水的深度；反之，则应尽量加大炭棒插入食盐水的深度，或者使炭棒尽量靠近电解杯的内壁（即阴极）。

图 3.6.3　小型消毒液发生器外形图

每次使用时，应在电解杯内放入 20g 精盐和 500ml 水，使盐全部溶解。选择阴凉通风处放置发生器，将定时开关旋至 60 分钟的最大位置，将电源插头 XP 插入 220V 交流电源插座，即可看到电极上不断有气泡泛起；1 小时后定时开关自动断开电源，电解结束。这时，应及时从电解杯内倒出母液，并通过布片或毛刷将电解杯和电极用水擦洗 2～3 遍，以防止电极等腐蚀损坏。

这种电解生成的消毒液是世界现在普遍推广使用的高效、广谱杀菌剂。它对人体安全无毒，对环境和被消毒对象无污染。能有效杀灭肝炎病菌、大肠杆菌、葡萄球菌、枯草杆菌等病菌，能预防肝炎、伤寒、霍乱、痢疾等疾病传染，对各类皮肤病、传染性疾病也有一定的治疗作用。经国家有关部门鉴定，这种消毒液对病菌杀灭率达到 99.9%。对残留于蔬菜、果品表面的农药，还具有较好的氧化脱毒作用。可广泛应用于餐具、卫生间、浴盆、病人用具、蔬菜、水果等的清洗消毒。除此以外，它还对除垢、除臭和漂白有明显的效果。在日常生活中还有许多妙用，如身体被蚊虫叮咬，涂抹一点，就会立刻止痒；生火疖子、痤疮，抹上也会很快消失，且不留疤痕。

我们所制成的消毒母液，其有效氯含量达 $3200cm^3/m^3$，用水按一定比例稀释后，即可使用。附表列出了不同情况下母液的稀释比例及用法，供读者参考。消毒母液不宜久存，应随时制取、随时使用，以免效能降低。

附表：消毒母液的稀释比例及使用方法

使用场合	浓度	消毒方法	消毒时间（分钟）
家具、电话机、门拉手、桌椅、地面、墙壁等的消毒	1：10	擦拭或喷洒	≥30
普通餐具、茶具、脸盆消毒	1：20	浸泡、擦拭或喷洒	≥3
对手、脚及其他部位的清洁和消毒	1：10	浸泡或擦拭	≥3
内衣、内裤等的清洁和消毒	1：20	浸泡	≥10
蔬菜、水果、鱼肉类的消毒	1：70	浸泡	≥3
肝炎、结核病人用过的物品或衣物的消毒	1：10	浸泡、喷洒和擦拭	≥30
病人便器、痰盂、呕吐排泄污染物的消毒	1：5	擦拭、浸泡、冲洗或喷洒	≥30
小动物及禽舍的消毒、除臭	1：10	浸洗或喷洒	≥30
厨具、厕所、浴盆等的消毒	1：10	浸泡、擦拭或喷洒	≥3
饮用水的消毒（井水、河水、塘水）	1：300	投放	≥30
污水排放处理	1：50	投放	≥3

七、人体疲劳测试器

你工作或者学习是否疲劳，是否需要及时休息？有时连自己也不容易判断，而是忙于工作或学习。这个疲劳测试器可以测出你是否疲劳以及疲劳的程度，虽然不一定十分精确，但它可以起到提醒和客观测量的作用。

（一）工作原理

人体疲劳测试器的电路如图 3.7.1 所示，它实质上是一个以单结晶体管 VT 为核心元器件而构成的频率可调式超低频张弛振荡器。VT 所输出的振荡信号直接驱动发光二极管 VD 产生同步闪光，使用者通过观察闪光来自我测试身体、尤其是眼睛是否疲劳。

众所周知，人的眼睛有一个被称为"视觉暂留特性"（也称"视觉惰性"）的现象，即人们所看到的物体消失后，其图像在眼睛中并不会随之立即消失，而是仍将留下 $0.1\sim0.2s$ 的短暂视觉印象，正是由于人眼有这个特性，所以人们看电影、看电视时，虽然它们都存在一定频率的闪动，但人眼所看到的画面却是连续的。实践证明：当频率连续可调节的闪光作用于人眼时，人眼对断续闪光刚刚产生连续融合感觉的频率（称"临界闪烁频率"），与人的疲劳程度和饮酒量等有关。当人疲劳、尤其是用眼过度时，人眼的视觉暂留时间会延长，所感觉到的临界闪烁频率将会显著下降，人体疲劳测试器就是利用这一参数变化来测试人的疲劳程度的。

电路工作过程主要是：闭合电源开关 SA，由单

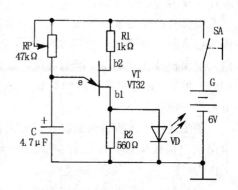

图 3.7.1　人体疲劳测试器电路图

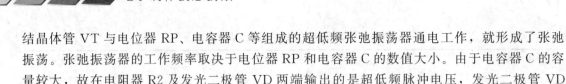

结晶体管 VT 与电位器 RP、电容器 C 等组成的超低频张弛振荡器通电工作，就形成了张弛振荡。张弛振荡器的工作频率取决于电位器 RP 和电容器 C 的数值大小。由于电容器 C 的容量较大，故在电阻器 R2 及发光二极管 VD 两端输出的是超低频脉冲电压，发光二极管 VD 发出的是人眼睛能够分辨出来的闪烁光。

对于发光二极管 VD 所发出的按一定频率闪烁的亮光，不疲劳的人可以准确地看出亮光在闪烁。而疲劳的人由于视觉暂留时间延长，便不能够看出亮光在闪烁。通过改变发光二极管 VD 发光的闪烁频率，让被测者判断亮光是否闪烁，即可测试出被测者疲劳的程度等。大多数人在正常情况下所能感测到的临界闪烁频率为每秒 30～40Hz，所以将电位器 RP 的频率调整范围设计在 20～50Hz 之间。

（二）元器件选择

VT 选用 BT32 或 BT33 型单结晶体管，要求分压比大于 0.5 以上。该管的外形与引脚排列如图 3.7.2 所示，它的外形与一般金属外壳的小功率三极管类似，辨认管脚的方法是：将管脚对准自己，从管壳凸出块开始，按顺时针方向，依次为发射极 e、第一基极 b1 和第二基极 b2。挑选时，可用万用表测量单结晶体管 b1、b2 极间的直流电阻 Rbb，一般为 3～10kΩ。安装时，严防管脚焊接错。

VD 宜用 φ5mm 高亮度红色发光二极管。这里采用发光二极管 VD 做发光源，相比较白炽小灯泡而言，具有发光惰性小、工作频率高、耗电省及寿命长等特点。

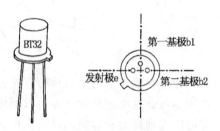

图 3.7.2　BT32 型单结晶体管

R1、R2 均用 RTX-1/8W 型炭膜电阻器。RP 用 WS5-1 型小型有机实芯电位器，亦可用 WH9-1 型合成膜电位器等。C 用 CD11-10V 型电解电容器。SA 用 CKB-1 型拨动开关。G 用 4 节 5 号干电池串联（配带塑料电池架）而成，电压 6V。

（三）制作与使用

图 3.7.3 所示为该人体疲劳测试器的印制电路板接线图。印制电路板用刀刻法制作，实际尺寸仅为 30mm×25mm。

焊接好的电路板按照图 3.7.4 所示，装入体积合适的绝缘密闭小盒（如塑料香皂盒等）内。盒面板开孔固定图中所示部件，在电位器 RP 的轴柄上安装一只合适的旋钮，并在面板上刻出旋钮调节挡位。

装配成的人体疲劳测试器，只要元器件质量保证，接线无误，不需任何调试便可满意工作。

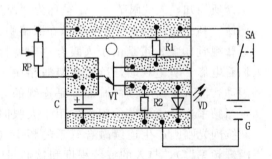

图 3.7.3　人体疲劳测试器印制电路板图

使用时，一般可采取对比测试法。即被测试者先观察图 3.7.4 所示发光二极管 VD 的闪光，并顺时针方向缓慢旋转电位器 RP 的旋钮（指示刻度由 0 至 10），闪光频率随之不断提高。当被测试者观察不出 VD 的间断闪烁时，如果别人（已判断为不疲劳者）仍能看出 VD 的间断闪烁，说明被测试者已疲劳；如果别人也同样看不出间断闪烁，则说明被测试者不疲劳。

也可采取自我测试法。在已知自己不疲劳时，顺时针缓慢转动电位器 RP 旋钮（指示刻度由 0 至 10），在疲劳测试器上找出刚刚不能看出发光二极管 VD 间断闪烁的一点（即"临界闪烁频率"点），并做好记号，将刻度划分成为左边的"闪烁区"和右边的"非闪烁区（指眼睛分辨不出间断闪烁）"两部分。以后自我测试时，如果在"闪烁区"内看到连续发光，说明自己已经疲劳了，指针指示的数字越小，说明越疲劳。

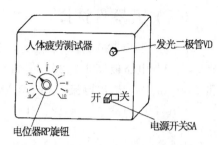

图 3.7.4　人体疲劳测试器外形图

八、 读写坐姿不良提醒器

许多中、小学生在读书写字时，由于长期养成坐姿不规范习惯，导致视力下降和体形发育变坏。这里介绍的提醒器能够在使用者读写坐姿不规范时，反复发出"请注意，近视！快坐正！"语音声，提醒及时调整坐姿。

整个装置成本低，制作简单，使用方便，有兴趣者何不动手一试！

（一）工作原理

读写坐姿不良提醒器的电路如图 3.8.1 所示。语音集成电路 A、三极管 VT 及扬声器 B 组成了语音发生电路。SQ 是一种玻璃水银导电开关，主要起到位置倾斜检测作用。SA 为电路电源开关。

平时，当读写者坐姿端正时，SQ 内部两接点断开，集成电路 A 无触发信号不工作，扬声器 B 无声。此时整机耗电甚微，实测静态总电流 $< 3\mu A$。

一旦读写者身体倾斜超过限度，玻璃水银导电开关 SQ 内部的两接点就会被水银珠桥接通，集成电路 A 因触发端 TG 获得正脉冲触发信号而工作，其输出端 OUT 送出内储的

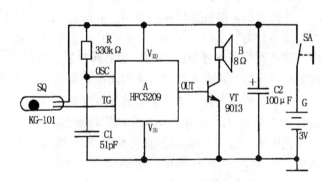

图 3.8.1　读写坐姿不良提醒器电路图

"请注意，近视！快坐正！"语音电信号，经三极管 VT 功率放大后，推动扬声器 B 发出坐姿不良提醒语。

电路中，R、C1 分别为语音集成电路 A 的外接振荡电阻器和电容器，其数值大小影响语音声调及速度。C2 为退耦电容器，它能消除因电池 G 内阻增大而产生的扬声器发音畸变，相对延长电池使用寿命。

（二）元器件选择

A 选用 HFC5209 型"请注意，近视！快坐正！"语音集成电路，它采用软封装形式生产，小印制电路板尺寸为 20mm×14mm，使用很方便。HFC5209 的主要参数：工作电压范围 2.4～3.6V，输出电流≤3mA，静态总电流<1μA，工作温度范围−10～60℃。

VT 可用 9013 或 3DG12、3DK4、3DX201 型硅 NPN 中功率三极管，要求电流放大系数 β>100。

SQ 选用 KG-101 或 KG-102 型玻璃水银导电开关。R 用 RTX-1/8W 型炭膜电阻器。C1 用 CC1 型瓷介电容器，C2 用 CD11-10V 型电解电容器。

B 用 φ27mm×9mm、8Ω 超薄微型动圈式扬声器。SA 用 1×1 小型拨动开关，G 用 SR44 或 G13-A 型扣式微型电池两粒串联而成，电压 3V。

（三）制作与使用

图 3.8.2 所示为该读写坐姿不良提醒器的印制电路板接线图。印制电路板实际尺寸仅为 30mm × 25mm，可用刀刻法制作。

焊接时注意：电烙铁外壳一定要良好接地！语音集成电路 A 通过 5 根 7mm 长的元件剪脚线焊到电路板上去。电池夹用两片 14mm×8mm 的磷铜皮弯折成"L"形状，并用小铆钉铆固到电路板上。电池 G 在放入电池夹之前应先套上 φ13mm×

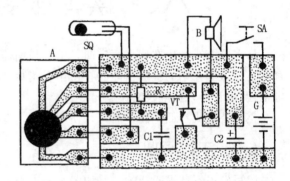

图 3.8.2　读写坐姿不良提醒器印制电路板图

12mm 的塑料管，以免电池正极碰触电路板上的铜箔造成短路。

焊接好的电路板连同扬声器 B、电源开关 SA 一起装入尺寸约 55mm× 33mm×14mm 的绝缘小盒内。水银开关 SQ 应基本上水平安放在盒子中，电源开关 SA 在盒子上部开孔固定，并注意在盒面板为扬声器 B 开出释音孔。盒子背面用强力胶粘固上适当长度的宽幅橡皮筋松紧布带，用以在使用者头部固定提醒器。装配成的提醒器外形如图 3.8.3 所示。

整个提醒器电路一般无需调试即可满意工作。如嫌语音声不够真切，可通过适当改变电阻器 R 的阻值（240～430kΩ）来加以调整。

使用时，将读写坐姿不良提醒器戴在使用者头部一侧，在坐姿端正、眼睛与书本保持 33cm 距离的条件下，调整小盒方位和角度，使其内部水银开关处于临界接通状态，即获佳工作灵敏度。这样，随着使用者身体稍一前倾，提醒器就会发出警告语。

对于需要纠正读写坐姿不良习惯的使用者来说，坚持连续使用一段时间后，一般就能养成良好的读写坐视姿势。

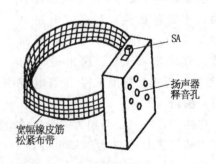

图 3.8.3　读写坐姿不良提醒器外形图

九、 家用音乐电疗器

目前，市场上各种各样的家用电疗器、电按摩器、电针灸仪受到许多人的青睐，这类产品的基本原理相似，都是将一定频率、强度的电信号作用于人体表面（或穴位），通过合理而适当的刺激，产生治疗某些疾病或舒减肌肉疲劳的作用。这些产品可以说是物理疗法与中医针灸技术相结合的产物，是在医院专用电疗器的基础上开发出来的一类安全可靠、使用简便的家庭保健型小产品。

对于具有动手能力的电子爱好者来说，制作一台小型电疗器是非常容易的事，其造价要比市场价便宜许多。下面介绍的家用音乐电疗器，是将音乐声和随音乐不断变化的脉冲电流同时作用于人体，以达到治疗某些疾病（如风湿腰腿痛、关节炎、颈椎综合症、腰肌劳损、四肢麻木等）和消除（或者减轻）人体劳累后的肌肉酸疼不适的目的，是一种很好的家庭电子保健小装置。

（一）工作原理

家用音乐电疗器的电路如图 3.9.1 所示。音乐集成电路 A 的内部储存了一首长约 20s 的乐曲，闭合电源开关 SA，由于音乐集成电路 A 的高电平触发端 TG 与电源正端 V_{DD} 直接相连，所以 A 的输出端 OUT 就会以 20 秒为一个周期、反复输出内储的音乐电信号。该音乐电信号经限流电位器 RP 加至三极管 VT 进行功率放大后，一部分信号直接带

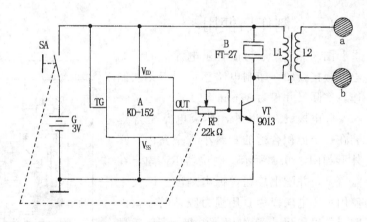

图 3.9.1　家用音乐电疗器电路图

动压电陶瓷片 B 奏响乐曲，对使用者起到一定的音乐疗法作用；另一部分信号经变压器 T 升压后，从电极 a、b 输出一高电压、小电流的音频脉冲信号，对人体有关穴位直接进行电刺激，达到医疗保健之目的。经医学实践证明：合理有效的低频电流作用于人体（主要是穴位刺激）后，能够兴奋神经肌肉组织，促进局部血液循环，消炎，镇痛，促进伤口愈合，促进骨折愈合等。

电路中，通过改变电位器 RP 的阻值，可连续调节电极 a、b 输出的信号强弱，以满足不同使用者的要求。由于音乐集成电路 A 的输出信号是谐波丰富的变频方波，所以作用于人体的脉冲电信号频率和强度均是不断变化着的。实践证明，这种不断变化的频率对于提高治疗效果非常有利。

（二）元器件选择

A 选用 KD-152 型（内储《军港之夜》乐曲）音乐集成电路芯片，它采用黑胶封装形式

制作在一块尺寸仅为 24mm×12mm 的小印制电路板上（参见图 3.9.2 所示）KD-152 的主要参数：工作电压范围 1.3～5V，触发电流≤40μA；当工作电压为 1.5V 时，实测输出电流≥2mA，静态总电流<0.5μA；工作温度范围－10～60℃。

A 也可用外形和引脚排列完全一样、但内储乐曲不同的 KD-9300 或 HFC1500 系列音乐集成电路来直接代换，乐曲以能够使人精神放松、安神舒心为佳。

VT 选用 9013 或 3DG12、3DX201、3DK4 型硅 NPN 中功率晶体三极管，要求电流放大系数 β≥150。

RP 选用标称阻值是 22kΩ 的普通带开关电位器，如 WH15-K1 型带单联开关的小型合成膜电位器等。如果手头无这种带开关的电位器，也可用普通 WH15-1A 型小型合成膜电位器或 WH20A 型滑杆电位器来代替；电源开关 SA 则用单独的 KNX-2W1D 型小型钮子开关或 KB-1 型拨动开关来代替。

T 采用铁心截面积为 10mm×8mm 的 EI 型硅钢片自制，初级绕组 L1 用 φ0.25mm 高强度漆包线绕 84 圈，次级 L2 用 φ0.08mm 高强度漆包线绕 2200 圈。

电极 a、b 可找一角硬币大小的两片不锈钢片，分别焊上长约 0.6m 的软细导线自制而成。B 采用 FT-27 或 HTD27A-1 型（φ27mm）压电陶瓷片。G 用两节 5 号干电池串联（需配套塑料电池架）而成，电压 3V。

（三）制作与使用

图 3.9.2 所示为该音乐电疗器的印制电路板接线图，印制电路板可用刀刻法制作，实际尺寸仅为 35mm×24mm。

除电极 a、b 以外，其余电路全部焊装在一个体积合适的塑料小香皂盒内，其外形如图 3.9.3 所示。电位器 RP 固定在盒盖上，并配上旋钮，标出刻度，以便于使用；压电陶瓷片 B 用强力胶粘贴在盒内壁上，以起助声箱作用。电极 a、b 通过所带软细导线与盒内电路相接即成。焊接时注意：电烙铁外壳应良好接大地。

使用时，将电极 a、b 分别放在身体病灶部位的两个有关穴位（可查阅有关医学书籍或请教医生），接通电源，病灶部位即会出现随音乐节奏变化的电麻感；通过由小到大改变电位器 RP 的阻值，使电麻感达到人体可以承受住的程度，就可治疗疾病或消除肌肉疲劳酸疼了。为了增强导电效果，可将两个电极分别包上二三层棉纱布，用水或食盐水浸湿后再使用。

家用音乐电疗器在使用中必须要注意的事项，与市售电疗器、电按摩器完全相同。在使用中，要防止电极 a、b 发生短路。因人体心脏靠自身电脉

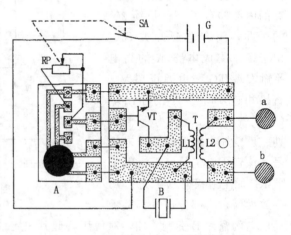

图 3.9.2 家用音乐电疗器印制电路板图

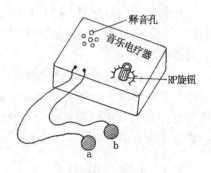

图 3.9.3 家用音乐电疗器外形图

冲起搏，对外加电流也比较敏感，平时不应受到干扰，所以电疗器电极 a、b 间电流通路不可正通过人体心脏部位，且电极应远离心脏部位。孕妇、体内有心脏起搏者不应使用，如要使用仅限于四肢等局部。用于辅助治疗一些疾病时，必须对于人体穴位的分布、位置及其相关可治疗的疾病要有所了解，如能请教一下有使用经验的人和针灸医生则更好。用于一般的按摩治疗时，可不必非要将电极 a、b 放在有关穴位上，像平时用手按摩人体有关部位来减轻疼痛或缓解病情那样，将电极 a、b 放在相关部位的皮肤两端（头）即可。

十、"雨滴声" 催眠器

日常生活中大家可能会有这样的体会：乘坐火车时，车轮有节奏的响声催人欲睡；雨夜，沙沙的雨声和屋檐滴水声也使人睡得格外香甜……所有这些都是因为轻度有节奏的响声能安定人的情绪，使神经镇定，大脑松弛，睡意朦胧。"雨滴声"催眠器就是根据这个道理设计制作的，它在一定时间内，会发出类似雨水滴在台阶上的声音的"嗒、嗒……"声，陪伴你入睡。

（一）工作原理

"雨滴声"催眠器的电路如图 3.10.1 所示。三极管 VT、变压器 T、电阻器 R 和电位器 RP 等构成了一个单管自感变压器耦合式振荡器，也叫间歇振荡器。电路采用压电陶瓷片 B 作为发声器件，可使整个电路工作时非常省电（实测总电流峰值≤0.03mA）。电池 G 不直接向振荡电路供电，而是通过充好电的超大容量电容器 C2 供电，既可使催眠器具有延时自停功能，又可延长电池 G 的使用寿命。

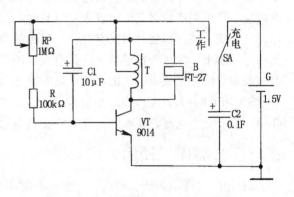

图 3.10.1 "雨滴声"催眠器电路图

当转换开关 SA 拨向"充电"位置时，电池 G 向电容器 C2 快速充好电，为振荡电路工作做好准备。当转换开关 SA 拨向"工作"位置时，C2 通过振荡电路放电，振荡电路通电工作，压电陶瓷片 B 即会发出模拟雨水滴在台阶上的"嗒、嗒……"声响来。随着时间的推移，大容量电容器 C2 两端的放电电压越来越小，压电陶瓷片 B 发出来的声音也会逐渐稀疏、变弱，最后自动停止发声。这一过程大约为 1 个多小时，正好满足失眠者渐渐入睡的需要。经实践，人们认为这种"雨滴声"催眠器确实具有比较好的催眠效果。

调节电位器 RP，可改变振荡电路工作的频率，从而使压电陶瓷片 B 发出来的"嗒、嗒"声响的速度（即时间间隔）能在一定范围内可以连续调节。除电位器 RP 外，电容器 C1 和电阻器 R 的数值大小同样影响着催眠器的工作频率，改变两者数值将改变催眠器可发出"嗒、嗒"声响的最快速度。催眠器每次延时工作的时间长短，主要取决于超大容量电容器 C2 的容量大小，增大（或减小）该电容器的容量，可以延长（或缩短）催眠器每次延时工作的时间。

（二）元器件选择

VT 选用 9014 或 3DG8 型硅 NPN 小功率三极管，要求电流放大系数 $\beta > 150$。

RP 选用 WS2-1 型有机实芯电位器，亦可用 WH114-1 型普通小型电位器。R 选用 RTX-1/8W 型炭膜电阻器。C1 选用 CD11-10V 型电解电容器。C2 用 0.1F（0.1F = 100000μF）、5.5V 低电压、大容量、小体积电解电容器；市场上出售的这种法拉级电容器多为早期旧电脑板等上面的拆卸品，价格并不贵，每只仅 1 元钱左右。

T 可用晶体管收音机里常用的小型推挽输出变压器来代替，注意只使用初级（带有中心抽头）绕组，次级绕组（接 8Ω 扬声器的两端）空着不用。

B 采用 FT-27 或 HTD27A-1 型（ϕ27mm）压电陶瓷片，要求购买时配上专门的简易助声腔盖（也叫共振腔盖或共鸣腔盖），以增大发音量。这种带助声腔盖的压电

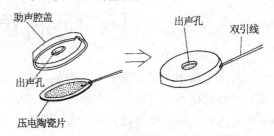

图 3.10.2　带助声腔盖的压电陶瓷片

陶瓷片构成和外形如图 3.10.2 所示。压电陶瓷片的结构是在金属基板上做有一压电陶瓷层，压电陶瓷层上有一镀银层。当通过金属基板和镀银层对压电陶瓷层施加音频电压时，由于压电效应，压电陶瓷片便发出声音来。组装时，先分别从压电陶瓷片的金属基板和镀银层上焊出两条引线。注意焊接时间不宜过长，以免烫裂压电陶瓷层。焊好引线后，将压电陶瓷片卡到助声腔盖上，注意镀银层朝里，其引线从助声腔盖旁的缺口中伸出。这样，压电陶瓷片与助声腔盖之间就形成了一个助声腔，使发出来的声音变得响亮。

SA 用 CKB-1 型（1×2）小型拨动开关，亦可用 KNX-2W1D 型小型钮子开关来代替。G 用一节 5 号干电池，要求配上合适的塑料电池架，以方便安装。

（三）制作与使用

图 3.10.3 所示为该"雨滴声"催眠器的印制电路板接线图。印制电路板实际尺寸约为 55mm×25mm，可用刀刻法制作而成。

整个催眠器电路按照图 3.10.4 所示，全部装入一个体积合适的塑料小盒（如塑料香皂盒）内。盒面板上为压电陶瓷片 B 开出释音孔，并分别开孔安装电位器 RP 和转换开关 SA。

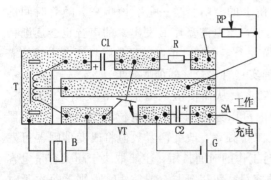

图 3.10.3　"雨滴声"催眠器印制电路板图

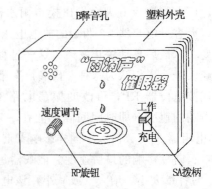

图 3.10.4　"雨滴声"催眠器外形图

装配成的催眠器只要元器件选择合适，焊接无误，无需任何调试即可正常工作。如嫌催眠器每次延时工作的时间太长（或太短），可通过适当减小（或增大）电容器 C2 的容量来加以调整。如嫌催眠器发声太小，可将电池 G 的电压提高到 3V，即用两节 5 号干电池串联后供电。

使用时，首先将转换开关 SA 拨至"充电"位置约 1 分钟，接着再拨至"工作"位置，并通过调节电位器 RP 旋钮选择合适的模拟滴水声速度（即时间间隔）。然后，将催眠器放置在失眠者的床头，让失眠者心平气和地倾听催眠器发出来的模拟滴水声，或者跟着这滴水声静心默数数，不久就能进入梦乡。当然，在失眠者进入梦乡后不久，催眠器也会自动停止工作。

十一、 能录能放的"小·猪猪"

这里介绍一个能够帮助青年男女传情达意的既浪漫、又富有情趣的"小天使"——能录音和放音的"小猪猪"。

如果你一直暗恋着他（她），就要大胆地说出来，或许你有所顾虑而不敢当面表白，这只可爱的"小猪猪"就能帮你说出心声、从此改变你的爱情。另外，如果两人闹了矛盾，谁都不好意思开口说道歉，那就让"小猪猪"替俩人相互说吧；如果你犯了错误没有勇气当面向对方承认，不妨让"小猪猪"代言……如果在节日或者生日这天让"小猪猪"给她（他）送去问候，一定会获得与众不同的效果。

（一）工作原理

能录能放的"小猪猪"电路如图 3.11.1 所示，其核心器件是一块质优价廉的新型超薄语音录放模块 A。由于该模块体积小巧、性能优良、价格便宜（单价仅 10 元），所以非常适合电子爱好者用来制作各种语音小装置。

当捏动自复位开关 SB1 不松手时，语音录放模块 A 的录音控制端 REC 获得高电平触发信号，发光二极管 VD 点亮，表示进入录音状态。这时，嘴对着驻极体话筒 B1 讲话，语音录放模块 A 即自动录入有关语音信息。手松开自复位开关 SB1 后，发光二极管 VD 熄灭，录音结束。本电路最多可录入 12s 的语音，如果录音超过 12s，则发光二极管 VD 自动熄灭，表示语音录满。录音完毕，电路自动进入待放音状态。

当每捏动一下自复位开关 SB2 时，语音录放模块 A 的正脉冲触发放音端 PE 获得包含有上升沿的正脉冲触发信号，A 受上升沿触发从音频输出端 SP＋、SP－输出一遍内储的录音电信号，并直接推动扬声器 B2 还原出录音声。

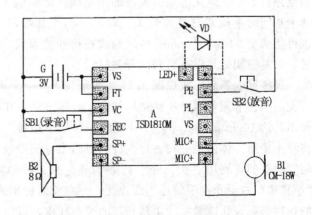

图 3.11.1 能录能放的"小猪猪"电路图

（二）元器件选择

A 选用 ISD1810M 型超薄语音录放模块（俗称"魔块"），其语音集成电路芯片和外围阻容元件等分别采用软封装和贴片工艺制作在尺寸仅为 17.5mm×15mm 的双面小印制电路板上，总厚度仅为 2mm，只要给它外接上电池、录音键、放音键、扬声器和驻极体话筒等，便可实现录音和放音，使用非常方便。ISD1810M 的主要参数：工作电压范围为 2.7～5.5V，静态电流≤0.5μA，工作电流约 25mA；录音时间 8～20s（缺省值 12s），录入语音断电不怕丢失，可重复录音达 10 万次。

B1 选用 CM-18W 型（φ10mm×6.5mm）高灵敏度驻极体话筒，其外形结构和引脚排布参见实战篇之"家用婴儿监听器"。CM-18W 的灵敏度划分成五个挡，分别用色点来表示：红色为−66dB，小黄为−62dB，大黄为−58dB，蓝色为−54dB，白色为−52dB。本制作中应选用蓝色或白色点产品，以获得较高的灵敏度。B1 也可用其他灵敏度较高的小型驻极体话筒来直接代替。

B2 用 φ29mm×9mm、8Ω、0.1W 超薄微型动圈式扬声器，以减小体积，方便安装。发光二极管 VD 本制作可省掉不用，如要用选普通发光二极管即可。G 用两节 5 号或 7 号干电池串联（配带塑料电池架）而成，电压 3V；如嫌扬声器发声小，可将电压提高到 4.5V，即用 3 节干电池串联后供电。

（三）制作与使用

全部电路以语音录放模块 A 为基板，以电池架和扬声器 B2 等为支架，焊装在尺寸约为 65mm×40mm×30mm 的塑料小盒内。盒面板为为扬声器 B2 开出释音孔，盒侧面开孔通过长约 15cm 的单芯屏蔽线引出驻极体话筒 B1，通过长约 15cm 的细电线引出捏动式自复位开关 SB1 和 SB2。焊接时电烙铁外壳一定要良好接地，以免交流感应电压击穿语音录放模块 A 上面的 CMOS 集成电路！

捏动式自复位开关 SB1、SB2 需自制：裁取两小块尺寸约为 10mm×10mm 的双面敷铜电路板，另裁取 4 小片尺寸约为 20mm×10mm 的磷铜片，将每对两个磷铜片按图 3.11.2 所示焊接在双面敷铜电路板上，并焊接上适当长度的细电线，即制成两个相同的手捏式自复位开关。如果嫌制作麻烦，也可用两个 14mm×14mm 的轻触式按键开关来代替，只是使用效果没有自制的开关好。

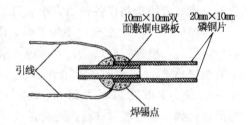

图 3.11.2　自复位开关 SB1、SB2 的制作

焊接好电路后，按照图 3.11.3 所示装入一个大小合适（身高以 20cm 左右为宜）、造型漂亮的市售卡通毛绒"小猪猪"体内。具体方法：在"小猪猪"身体背部的适当位置用剪刀开出长约 10cm 的直口子，用针线缝上一根小拉链，以便于置入电路盒和以后更换干电池。将"小猪猪"体内填充物去掉少许，以腾出空间安放电路盒。驻极体话筒 B1 安置在"小猪猪"的头部，利用"头饰花"巧妙伪装起来；捏动式自复位开关 SB1 和 SB2 分别安装在"小猪猪"右手和左手的适当部位处，并在外面标出人手每次捏动时的位置；电路盒面板上的扬声器释音孔应紧贴"小猪猪"的绒布肚皮，以便对外良好放音。

"青菜萝卜，各有所好"，如果制作者不喜欢"小猪猪"，可选择自己所喜爱的任何布偶来做本制作的外形体。

　　能录能放的"小猪猪"装配成后，无需对电路做任何调试，便可投入使用。你只需捏住"小猪猪"的右手不放，便可通过头部的驻极体话筒录入长达 10s 的语音或其他声音；每捏动一下"小猪猪"的左手，便可回放一遍录音。再次捏住"小猪猪"的右手录音时，你上次所录的声音将被自动抹掉。该"小猪猪"除了前面所讲的能够替你说出不好说出的话外，还可在家里用作"留言"：当你有事离家或因工作忙而不能与家人见

图 3.11.3　能录能放的"小猪猪"外形图

面、共进午餐等时，可将欲说的话录入"小猪猪"中去，然后离开，并在小猪猪前面挂一块"有留音"的标识牌，待家人回来后，只要捏动一下"小猪猪"的左手，便会听到你的留言。

　　顺便指出：读者购买来的语音录放模块 A 的录音时间一般为 12s（缺省值），如嫌时间短，可将模块背面标注为 R2（或 ROSC）的 120kΩ 贴片电阻改换成为 200kΩ 的，则录音时间可增大到 20s。如果分别将 R2 改换成为 80kΩ、100kΩ、160kΩ 的贴片电阻器，则可对应获得 8s、10s 和 16s 的录音时间。录音时间越长音质越差，越短则越好。

　　由于整个电路平时静态耗电很小（实测仅 0.5μA），故电路未设置电源开关。但长时间不用"小猪猪"时，应将干电池从电池架上取出来，以免电能消耗尽后，电池流液腐蚀电路。

十二、　趣味"套圈"游戏器

　　"六一儿童节"到来之际，动手做一个图 3.12.1 所示的趣味"套圈"游戏器，送给孩子或幼儿园里的小朋友，是一件非常有意义的事。

　　这个电子游戏器玩起来十分有趣：小朋友手持金属套圈往"鹅"脖子上套，从头到脖子根部，然后再退出来。如果能始终保持套圈不碰"鹅"的脖子，就算胜利了；如果套圈碰到了"鹅"脖子，"鹅"的眼睛就会闪光，同时"鹅"还会连续发出三声"叮—咚"声，表示游戏失败。

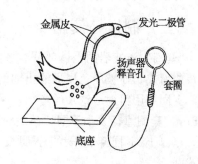

图 3.12.1　"套圈"游戏器外形图

（一）工作原理

　　"套圈"游戏器的电路如图 3.12.2 所示。模拟声集成电路 A 的内部储存了"叮—咚"声信号，在套圈未碰到"鹅"脖子时，与"鹅"脖子镶边金属皮相接的集成电路触发端 TG 处于"0"电平，电路不工作。一旦与电源正极（即 A 的 V_{DD} 端）相接的金属套圈碰到"鹅"的脖子，模拟声集成电路 A 的触发端 TG 就会获得一个正脉冲触发信号，而使 A 内部电路受触发工作，从输出端 OUT 输出长约 5s 的音响电信号，经三极管 VT 功率放大后，推动扬声器 B 发出响亮的"叮—咚"声来；与此同时，并接在扬声器 B 两端的发光二极管

VD 也会随音响节奏闪闪发光。

电路中，电容器 C 是模拟声集成电路 A 的触发端旁路电容器，主要防止周围感应电信号通过"鹅"脖子触发模拟声集成电路 A 工作，避免电路出现误发声、发光现象。当接鹅脖子的导线比较短时，C 也可省去不用。

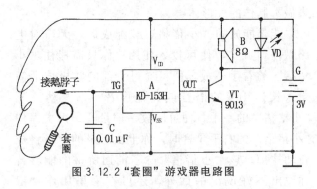

图 3.12.2 "套圈"游戏器电路图

（二）元器件选择

A 选用 KD-153H 型"叮咚"门铃专用模拟声集成电路。该集成电路用黑胶封装形式制作在一块尺寸仅为 24mm×12mm 的小印制电路板上（参见图 3.12.3 所示）。KD-153H 的主要参数：工作电压范围 1.3～5V，触发电流≤40μA；当工作电压为 1.5V 时，实测输出电流≥2mA、静态总电流<0.5μA；工作温度范围-10～60℃。

读者如果手头无 KD-153H 型模拟声集成电路，也可用外观和引脚功能完全相同的 KD-9300 系列或 HFC1500 系列音乐集成电路来直接代换。一般来讲：读者只要有音乐集成电路，不论型号、外形如何，只要分清楚电源正极（V_{DD} 端）、电源负极（V_{SS} 端）、高电平触发端 TG 和音频输出端 OUT（接功率放大晶体三极管的基极），均可直接接入电路代替 KD-153H 型模拟声集成电路。

VT 选用 9013 或 3DG12、3DK4、3DX201 型硅 NPN 中功率晶体三极管，要求电流放大系数 $\beta>100$。VD 选用 $\phi5mm$ 的普通圆形发光二极管，颜色根据个人爱好自定。

C 用 CT1 型瓷介电容器。B 用 8Ω、0.25W 小口径动圈式扬声器。G 用两节 5 号干电池串联（需配套塑料电池架）而成，电压 3V。因整机静态时耗电电流实测小于 0.5μA，故电路没有必要设置电源开关。

（三）制作与使用

"套圈"游戏器的壳体部分参考图 3.12.1 所示自行加工制作："鹅"的身体用一块五合板裁制而成，面板用色漆描绘出鹅的外形，脖子用薄铜（铁）皮镶边，底座可用木料加工而成。套圈可用粗铜（铁）丝弯制，并配以合适的木制手柄；套圈圆环直径应比鹅脖子大 6～20mm。套圈直径大小不同，游戏时的难易程度也不同，可以制成大、中、小三种直径的套圈，以适应不同年龄段的小朋友做游戏。

电路部分以模拟声集成电路 A 为基板，以扬声器 B、电池架等为支架，全部焊装在"鹅"的背面，具体接线如图 3.12.3 所示。要求将发光二极管 VD 固定在"鹅"的眼窝内，A 的触发端 TG 接"鹅"脖子上镶边的金属皮；套圈则通过长约 1m 的软塑料皮电线引出。焊接时注意：电烙铁外壳一定要良好接地，以免交流感应电压

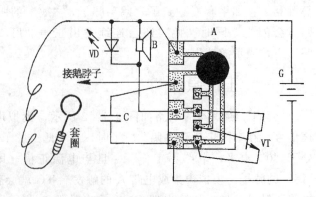

图 3.12.3 "套圈"游戏器接线图

击穿模拟声集成电路 A 内部 CMOS 电路！焊接完备，用三合板或现成的塑料包装盒做一个罩盒，罩住"鹅"背面的电子元器件，"套圈"游戏器就算装配成功了。

如果使用中发现电路容易产生自激振荡，可通过在模拟声集成电路 A 的电源端跨接一只 47～100μF 的电解电容器（正极接 V_{DD}、负极接 V_{SS}）来加以排除。游戏器的具体使用方法，已经在本文开头介绍过了，这里不再重述。

十三、 调压、 音乐彩灯两用控制器

本装置融 220V 交流电无级调压器和音乐彩灯控制器为一体，线路简单、制作容易、用途广泛。

（一）工作原理

调压、音乐彩灯两用控制器的电路如图 3.13.1 所示。XP 为控制器电源插头，XS1 为被控制用电器或彩灯电源插座，XS2 为使用"彩灯"功能时的音频信号输入口。双向晶闸管 VS 作为无触点交流开关，它通过功能选择开关 SA 的切换，可与其左边所示的电路组成交流电无级调压器（输出电压可调，但波形不为完美的正弦波的交流电），或与其右边所示的电路组成简易线控式音乐彩灯控制器。

当功能选择开关 SA 拨至"调压"位置时，电位器 RP1、限流电阻器 R1 和 R2、电容器 C、双向触发二极管 VD 与双向晶闸管 VS 等组成了交流电无级调压器。其中，RP1、R1 和 C 为交流电移相电路。接通电源，220V 交流市电就会经RP1、R1 向 C 充电，当 C 两端电压升到大于 VD 的转折电压值时，VD 和 VS 相继导通，接在插座

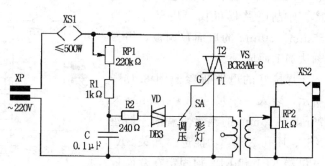

图 3.13.1 调压、音乐彩灯两用控制器电路图

XS1 内的用电器通电工作；随后，VS 在交流电压过零反向时自行关断，C 又开始反向充电，并重复上述过程。可见，在交流电压的每一周期内，VS 在正、负半周均对称导通一次。调节 RP1 的阻值大小，可改变 C 的充电速率，从而使 VS 的导通角也随之改变，使得 XS1 两端输出的平均电压在 0～220V（忽略 VS 的通态电压降）间连续可调，实现了对被控用电器的调光或调速、调温目的。

当功能选择开关 SA 拨至"彩灯"位置时，双向晶闸管 VS 与升压兼隔离变压器 T、分压电位器 RP2（作灵敏度调节）等组成线控式音乐彩灯控制器。取自音箱或收录机扬声器两端的部分音乐（或歌曲）电信号，经插孔 XS2、RP2 和 T 后，加至 VS 的控制极 G 与第一阳极 T1 之间，作为 VS 的触发信号。由于音乐电信号的频率和电压是不断变化着的，VS 的导通角也就随之改变，故接在插座 XS1 内的彩灯组便会随着音乐（歌曲）节奏变化及信号强弱而闪闪发光，产生出音、色、光浑然一体的奇妙效果，给人以美的享受！

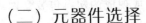

（二）元器件选择

VS 选用 BCR3AM-8（3A、600V）或 TLC336A 型（3A、600V）等型双向晶闸管，要求额定通态电流 $I_T \geq 3A$，断态重复峰值电压 $U_{DRM} \geq 600V$，触发电流 IG 越小越好。VD 选用转折电压为 26～40V 的双向触发二极管，如进口 DB3 或国产 2CTS1A 型等。手头暂缺该管时，也可用普通测电笔中的小氖管来代替。

R1、R2 均选用 RTX-1/4W 型炭膜电阻器。C 采用 CJ11-400V 型金属化纸介电容器。RP1、RP2 均选用 WS2-1 型有机实芯电位器，亦可用 WH114-1 型普通小型电位器。

T 可用晶体管收音机里常用的小型推挽输出变压器来代替，要求初、次级间绝缘性能要良好，这一点须特别引起重视。有些小型推挽输出变压器初、次级线圈采用自耦方式，用万用表测试初、次级间电阻只有几十欧姆，这样的变压器没有"隔离"功能，绝对不能使用！

SA 用 CKB-2 型（1×2）小型拨动开关。XP 用 220V 交流电二极插头。XS1 用 220V 交流电路常用的墙壁暗插座或专门的机装式二眼交流电源插座；XS2 选用 CKX2-3.5 型（ϕ3.5mm）小型二芯插孔。

（三）制作与使用

图 3.13.2 所示是该调压、音乐彩灯两用控制器的印制电路板接线图。印制电路板可找一块尺寸约为 55mm×30mm 的单面敷铜板，用刀刻法加工而成。

焊接好的电路板参照图 3.13.3 所示，装入一个尺寸约为 100mm× 75mm×35mm 的绝缘小盒内。插座 XS1、插孔 XS2、功能选择开关 SA、电位器 RP1 和 RP2 均固定在盒面板

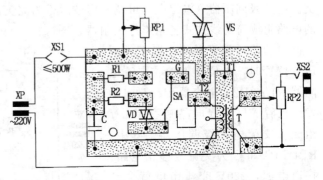

图 3.13.2　调压、音乐彩灯两用控制器印制电路板图

上，电源插头 XP 则通过长约 1m 的双股软塑料电线引出盒外。

使用时，如果将功能选择开关 SA 拨至"调压"位置，在插座 XS1 内接入普通白炽台灯或普通电风扇、鼓风机、电热毯、电烙铁、电熨斗等用电器的电源插头，并将电源插头 XP 插入交流市电插座，通过调节电位器 RP1 旋钮，即可实现对所接用电器的调光或调速、调温。

如果将功能选择开关 SA 拨至"彩灯"位置，

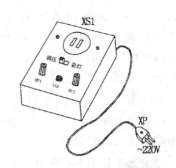

图 3.13.3　调压、音乐彩灯两用控制器外形图

在插座 XS1 内接入 500W 以内的彩灯组，并从插孔 XS2 输入取自音箱扬声器两端的音乐电信号（具体方法：将音箱扬声器两端引来的双根导线通过 ϕ3.5mm 二芯插头接 XS2），通过调节电位器 RP2 旋钮，即可使彩灯组跟随音乐（歌曲）声节奏起伏发出明快的闪光来！逢年过节或遇喜庆日子，用这样的音乐彩灯组装饰美化居室，可以很好地渲染气氛、增辉添彩。

彩灯组可用市售 220V、15～25W 有色钨丝灯泡并联构成，但总功率（各并联灯泡的功率之和）不得超过 500W。连接好的彩灯组的引线头处应接上普通交流电源二极插头，以方便地插入控制器上的电源插座 XS1 内。

彩灯组也可采用市售节日闪光彩灯链（灯泡套有塑料花，每串 20 个，工作电压为交流 220V）一至数串并联构成，使用前将各串灯链的第一只带双金属片（原来用于控制自闪光）的小灯泡改换成普通备用灯泡，不再让彩灯链自动闪亮。彩灯链灯泡数目多、体积小，可以将它缠绕在各种图案、家具等的四周，也可将它置于花丛中，形式不拘一格，布置起来灵活方便。

十四、 拥军乐曲光荣灯笼

每逢新春佳节，人们总不会忘记那日日夜夜守卫在边防线上的亲人解放军，都要采取各种形式开展拥军优属活动。如果以少先队、共青团的名义给军烈属门前挂上一盏能演奏《十五的月亮》乐曲的大红光荣灯笼，那该多么有意义啊！下面就向你介绍这种拥军乐曲光荣灯笼的制作方法。

（一）工作原理

拥军乐曲光荣灯笼的电路如图 3.14.1 所示，它由照明电路和音乐演奏电路两部分组成。

将电源插头 XP 插入 220V 交流市电插座，电灯泡 H 发光。与此同时，220V 交流市电经电灯泡 H 降压限流、二极管 VD1～VD4 桥式整流、稳压二极管 VD5 稳压和电容器 C 滤波

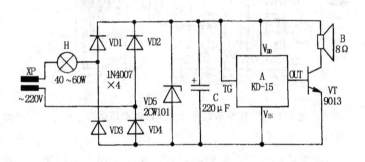

图 3.14.1 拥军乐曲光荣灯笼电路图

后，输出约 3V 直流稳定电压，供音乐集成电路 A 及三极管 VT 用电。由于音乐集成电路 A 的高电平触发端 TG 与电源正端 V_{DD} 直接相连，所以通电后的 A 内部电路会受到触发而工作，其输出端 OUT 会反复输出内储的乐曲电信号，经 VT 功率放大后，推动扬声器 B 奏响优美动听的乐曲。

（二）元器件选择

A 选用 KD-15 型（内储《十五的月亮》乐曲）音乐集成电路，它采用黑胶封装形式将电路直接制作在一块尺寸仅为 24mm×12mm 的小印制板上（参见图 3.14.2 所示），并给出外接功率放大三极管的焊接脚孔，使用非常方便。KD-15 的主要参数：工作电压范围 1.3～5V，触发电流 ≤40μA；当工作电压为 1.5V 时，实测输出电流 ≥2mA、静态总电流 <0.5μA；工作温度范围 -10～60℃。KD-15 也可用外形和引脚排列完全一样、但内储乐曲不同的 KD-9300 或 HFC1500 系列音乐集成电路来直接代换。

VT 可选用 9013 或 3DG12、3DX201 等型硅 NPN 中功率晶体三极管，要求电流放大系

数 $\beta>100$。VD1～VD4 采用 1N4007 型塑封硅整流二极管；VD5 选用稳压值为 3V 左右的硅稳压二极管，要求功率大于 1W，如 2CW101（旧型号为 2CW21S）、1N4728 型等。

C 用 CD11-16V 型电解电容器。B 用 8Ω、0.25W 小口径动圈式扬声器。H 为配带灯头的普通白炽灯（也叫钨丝灯泡），这里它既点亮灯笼、又作为音乐电路的"变压器"（具有分压、限流双重作用），功率取 40W 或 60W 为宜。注意：瓦数太小，向音乐电路供电不足，会导致扬声器发声阻塞变调；瓦数太大，会烧坏稳压二极管 VD5。XP 用 220V 交流电器常用的普通二极电源插头。

（三）制作与使用

整个音乐演奏电路的元器件可焊装在图 3.14.2 所示的印制电路板上。印制电路板实际尺寸为 30mm×30mm，可用刀刻法制作。音乐集成电路 A 通过三根长约 7mm 的软铜丝垂直插焊在印制电路板上。焊接时注意：电烙铁外壳应良好接地。

焊接好的电路板连同电灯泡 H 一块装入自制的彩纸灯笼或市售成品大红灯笼内即成。图 3.14.3 所示是一种装成的音乐灯笼外形图。灯笼与插头 XP 之间的连接电线视实际情况确定长短，灯笼上面还可写上"一人参军，全家光荣"等语句。

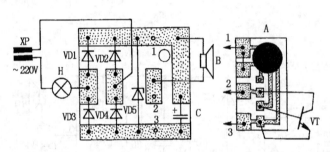

图 3.14.2　拥军乐曲光荣灯笼印制电路板图

图 3.14.3　拥军乐曲光荣灯笼外形图

该音乐灯笼只要元器件良好，接线无误，不用调试就能正常工作。由于音乐灯笼电路直接与 220V 交流市电相通，故安装、使用时一定要注意安全，以免人体触电！

将音乐灯笼悬挂在烈、军属的大门口，插头 XP 接屋内 220V 交流电源插座，即可使灯笼一边点亮、一边演奏拥军乐曲，给节日里的烈、军属之家带来浓郁的欢乐气氛！

笔者制作的这样一盏灯笼已经使用了近 20 个春节，性能稳定，效果良好！

十五、 地震声光报警器

这里介绍一种适合家庭使用的地震声光报警器。当地震发生时，它会发出响亮的警笛声和照明灯光，提醒人尽快转移到安全的地方去。

（一）工作原理

地震报警器的电路如图 3.15.1 所示。地震探测开关 SQ 和单向晶闸管 VS、电阻器 R1 等组成了电子开关，模拟声集成电路 A 和三极管 VT1、VT2、扬声器 B 等组成了模拟警笛声音响电路，H 为照明小电珠。

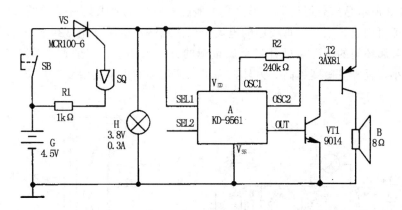

图 3.15.1　地震声光报警器电路图

当发生烈度 3 度以上或震级 4 级以上的地震时，探测开关 SQ 就会随着大地的晃动而接通。此时，电池 G 经电阻器 R1 和 SQ 触发单向晶闸管 VS 导通。VS 一旦导通，便会始终保持导通状态，使小电珠 H 通电发光；同时，模拟声集成电路 A 也通电工作，其输出端 OUT 输出内储模拟警笛声电信号，经 VT1、VT2 放大后，推动扬声器 B 发出响亮的警报声。

电路中，R2 是模拟声集成电路 A 的外接振荡电阻器，改变其阻值可以调节警报声的速率。SB 是警报信号解除按钮开关，平时将其闭合，在警报响起时，通过断开它来解除警报，重新进行监测时，再次将它闭合即可。

（二）元器件选择

A 选用 KD-9561 型四声模拟声集成电路。该集成电路采用软包封形式，芯片尺寸为 32.5mm×10mm，外形参见图 3.15.2 左边所示。其中 SEL1 和 SEL2 是两个选声端，当 SEL1 接 V_{DD}、SEL2 悬空时，A 输出模拟警笛声电信号；当 SEL1 接 V_{SS} 端、SEL2 悬空时，A 输出模拟救护车电笛声信号；如将 SEL1 悬空、SEL2 接 V_{DD} 端，则产生模拟机枪声电信号；如将 SEL1、SEL2 都悬空，则产生模拟消防车电笛声信号。在图 3.15.1 电路中，我们选用的是警笛声。读者也可选择其余三种声音中的任何一种。

VS 选用普通 MCR100-6 或 BT169D、CR1AM-6、2N6565 等型小型塑封单向晶闸管（也叫单向可控硅）。这类单向晶闸管的外形如同普通塑料封装小功率三极管 9014，制作时注意不要接错引脚。

VT1 用 9014 或 3DG8 型硅 NPN 小功率三极管，要求电流放大系数 $\beta>50$；VT2 用 3AX81 型锗 PNP 中功率三极管，要求电流放大系数 $\beta>30$。

R1、R2 均用 RTX-1/8W 型小型炭膜电阻器。H 用市售手电筒专用的 3.8V、0.3A 小电珠。B 用 8Ω、0.25W 小口径动圈式扬声器。SB 用小型自复位常闭按钮开关，也可用一般单刀单掷开关来代替。G 用 3 节 5 号干电池串联（配套塑料电池架）而成，电压 4.5V。

（三）制作与使用

图 3.15.2 所示是印制电路板接线图。印制电路板用刀刻法制作，实际尺寸约为 34mm ×40mm；印制电路板上不必打孔，元器件直接焊在铜箔面上即可。模拟声集成电路 A 通过

4 根硬导线与自制印制电路板对接起来。焊接时应特别注意：电烙铁外壳一定要良好接地。

图 3.15.3 所示是地震报警器外形。其中地震探测支架要求具有足够的灵敏度。探测开关的金属重锤可用建筑工匠吊垂线用的电镀金属吊线锤，金属环用 $\phi 2mm$ 的镀锌铁丝弯制。金属重锤与金属环间的距离通过升降金属重锤的方法来调节，一般调整在 $1.5\sim 2.5mm$ 为宜。间距越小，报警灵敏度越高。另外，为了保证足够的报警灵敏度，金属重锤支架的高度不应小于 1m。

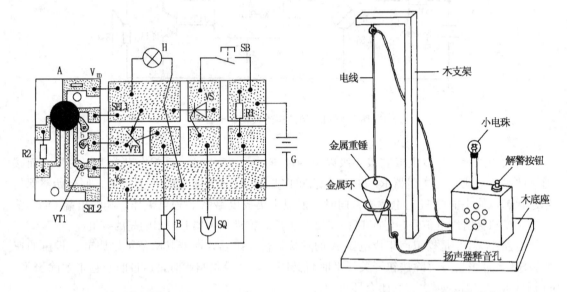

图 3.15.2　印制电路板接线　　　　　图 3.15.3　地震报警器外形

使用时，将地震报警器安放在卧室内不易受外界其他振动或刮风等干扰的地方，接好电池，电路即进入监视地震状态，此时电路几乎不耗电。万一人为造成电路误触发，只要按动一下解警按钮，即可解除声光报警信号。

十六、"一碰即响"的防盗器

这里介绍一种"一碰即响"的振动式语音防盗报警器，它适合在玻璃门窗或房门、保险柜门等处安装使用。如遇盗贼敲破玻璃入窗或用暴力砸房门、保险柜时，它便会发出吓破贼胆的"抓贼呀……"喊声来，可有效阻止被盗事件的发生。

（一）工作原理

"一碰即响"的防盗器电路如图 3.16.1 所示。它由微型片状振动模块 A 作传感器，单向晶闸管 VS 作电子开关，语音型电喇叭 HA 作报警声发生器。

平时，微型片状振动模块 A 检测不到振动波，其输出端 OUT 处于低电平，单向晶闸管 VS 阻断，语音型电喇叭 HA 无电不发声。此时，电路静态守候电流很小，实测<0.1mA。一旦不法分子对所保护的门窗或保险柜门进行砸、撬、撞等破坏活动，微型片状振动模块 A 就会检测到玻璃破碎或房、柜门受撞击时所产生的振动波，经内部电路一系列放大、滤波、

整形、延时和电平转换后，从其 OUT 端输出长约十几秒的高电平信号，通过限流电阻器 R2 触发单向晶闸管 VS 导通，使语音型电喇叭 HA 得电反复发出吓破贼胆的"抓贼呀……"喊声来。这时，只有主人按动一下隐藏在暗处的电源开关 SB，方可解除警报声。

电路中，电阻器 R1、电容器 C 构成微型片状振动模块 A 的简易降压滤波电路，它可消除电路通电瞬间电压冲击所引起的 A 高电平输出，并使模块处于电流＜0.1mA 的低功耗、一触即发状态。

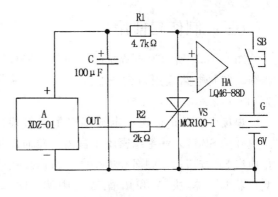

图 3.16.1　"一碰即响"的防盗器电路图

（二）元器件选择

A 选用国产微型片状振动模块，型号 XDZ-01，其外形尺寸及引脚排列如图 3.16.2 所示。外部色标端引出线接正电源，中间为输出端，另一端接负电源。模块的黄铜底板能直接检测极其微弱的振动信号，并经内部芯片电路转换成高电平信号从 OUT 端输出。模块输出的高电平可作为其他器件的控制信号，也可直接驱动小功率三极管或晶闸管。

XDZ-01 模块的突出特点：具有很高的灵敏度，能够检测出极其微弱的振动波；具有较好的抗干扰特性，对外界声响无反应，而对附着物体上的振动却极敏感；具有极强的抗冲击强度，能承受同类传感器所不能承受的剧烈振动工作条件；具有极好的防水性能，能适应湿度较大的工作环境；安装简便，不受任何角度限制；体积小（形状如同一枚纽扣），重量轻（约 2g）；采用树脂将专用芯片封装在黄铜基板上，性能稳定；低功耗、低电压，适合长期处于工作状态。

XDZ-01 模块的主要电参数：工作电压范围 2.4～6V，典型工作电压 3V，极限电压值 9V；3V 工作电压下，静态工作电流≤50μA，输出电流≥5mA，输出时间≥10s。

HA 选用 LQ46-88D 型会喊"抓贼呀"的成品小号筒式语音报警专用电喇叭，其外形尺寸及引线正、负极性区分参见图 2.11.4。该电喇叭内部由语音发生器、音频功率放大器和电-声换能器组成，只要给它通上 6～18V 直流电压，它便会连续发出清晰响亮的

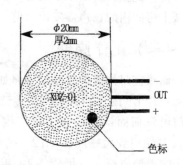

图 3.16.2　XDZ-01 微型片状振动模块

"抓贼呀……"喊声来，安装使用非常方便。读者如果一时购买不到这种语音型电喇叭，可用普通 6V 直流电警笛声电喇叭来直接代替。

VS 用 MCR100-1 或 BT169D、CR1AM-6、2N6565 型等小型塑封单向晶闸管。这类单向晶闸管的外形如同普通塑料封装的 9013 型三极管，使用时注意不要焊接错引脚。

R1、R2 均用 RTX-1/8W 型炭膜电阻器。C 用 CD11-10V 型电解电容器。SB 用普通常闭型自复位按钮开关，亦可用 KWX 型微动开关（仅用常闭触点）代替。G 可用 4 节大号（R20 型）干电池串联构成，电压 6V；如采用 6V 免维护固体蓄电池，则更理想。

（三）制作与使用

图 3.16.3 所示为该防盗器的印制电路板接线图。印制电路板用刀刻法制作，实际尺寸仅为 25mm×20mm。

焊接好的电路板连同电池 G（带塑料架）、按钮开关 SB 装入一绝缘密闭小盒内。盒面板开孔伸出 SB 按钮；盒侧面开出小孔，引出连接微型片状振动模块 A 和语音型电喇叭 HA 的电线。

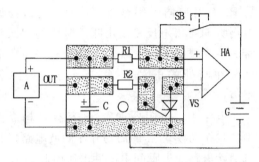

图 3.16.3 "一碰即响"的防盗器印制电路板图

实际使用时，电路盒应置于隐蔽处。语音型电喇叭 HA 通过双股电线引至传声良好的地方固定；微型片状振动模块 A 则通过三根细导线引至欲保护的玻璃窗口、房门或保险柜内，并选择感受振动最灵敏的位置，将 A 模块（铜质面）用 502 胶粘牢。如要降低灵敏度可选用乳胶粘贴。在玻璃窗上安装时，为了美观和迷惑外人，可在相应的玻璃上面粘贴上一些装饰图案等。

该防盗器还可广泛用在展厅文物柜防盗、商场贵重金饰柜台等处的防盗。由于用干电池供电，故安装灵活，不受场地限制。

十七、 储藏室门被撬报警器

许多居住单元楼的家庭在楼下都有一个杂物储藏室，晚上大都用来存放自行车、摩托车等贵重物，成为窃贼经常光顾作案的场所。这里介绍的储藏室门被撬报警器是笔者专为此而设计的。此报警器成本不足 15 元，具有较高性价比。一旦小偷撬锁开储藏室门，它便会通过楼上房间内的扬声器发出"叮—咚……"声，呼叫主人：快下楼去捉小偷！

（一）工作原理

储藏室门被撬报警器的电路如图 3.17.1 所示，它实质上是一个振动式防盗报警器。压电陶瓷片 B1 在这里用作振动传感器，它紧贴房门扇背面固定在门锁附近。模拟声集成电路 A 和功率放大三极管 VT2、扬声器 B2 等组成音响报警电路；三极管 VT1 用于放大压电陶瓷片 B1 产生的振动电信号，并向模拟声集成电路 A 提供正脉冲触发信号。

平时，三极管 VT1、VT2 均处于截止状态，模拟声集成电路 A 不工作，扬声器 B2 无声，整个电路静态电流仅为 $3\mu A$ 左右。一旦窃贼撬锁开门，就会引起门扇背面固定的压电陶瓷片 B1 产生振动。B1 输出一个微弱的电信号，使原来截止的 VT1 导通，电池 G1 通

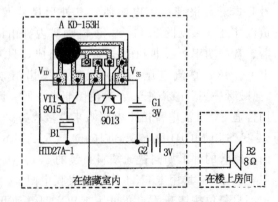

图 3.17.1 储藏室门被撬报警器电路图

过 VT1 向 A 的触发端提供一个正脉冲信号，使 A 受触发工作。A 工作后，其输出端输出内储 "叮—咚……" 声电信号，经 VT2 功率放大后，驱动扬声器 B2 发出响亮的告警声。集成电路 A 每受一次触发，扬声器 B2 会连续发出三遍 "叮—咚" 声，时间约 4s。

电路中，三极管 VT1 未设置偏流电路，目的有两个：一是利用 VT1 导通需压电陶瓷片 B1 提供 >0.65V 正向电压这一特性，使电路只对强烈的撬锁振动有反应，而对一般外界其他干扰引起的轻微振动无反应，从而降低了报警器的误报率；二是大幅度降低了电路的静态电流，使电池使用时间大大延长。一般每换一次新电池，可工作一年多时间。电池 G1 为集成电路 A 提供合适的 3V 工作电压，G2 主要是和 G1 串联起来，将三极管 VT2 的工作电压提高到 6V，使扬声器 B2 发声显著增大。

（二）元器件选择

A 选用 KD-153H 型 "叮—咚" 门铃专用模拟声集成电路。该集成电路用黑膏封装在一块 24mm×12mm 的小印制电路板上，并给有插焊外围元器件（主要是功率放大三极管）的孔眼。KD-153H 的主要参数：工作电压范围 1.3～5V，典型值为 3V，触发电流 ≤40μA；当工作电压为 1.5V 时，实测输出电流 ≥2mA，静态总电流 <0.5μA；工作温度范围 -10～60℃。KD-153H 也可用 HFC1500 系列集成电路中内储 "叮—咚" 声的芯片来直接代替。

VT1 用 9015 或 9012、3CG21 型硅 PNP 三极管，要求电流放大系数 $\beta > 50$；VT2 用 9013 或 3DG12、3DK4 型硅 NPN 中功率三极管，要求 $\beta > 100$。

B1 选用普通 HTD27A-1 或 FT-27 型压电陶瓷片，其他型号的也可代用，但片径宜尽可能选择得大一些，以提高报警器触发灵敏度。B2 可用 8Ω、0.25W 小口径动圈式扬声器。G1 和 G2 分别用两节 5 号干电池串联（配套塑料电池架）组成。

（三）制作与使用

由于整个报警器所用元器件很少，所以不必另行再自制电路板。焊接时，按图 3.17.1 所示，将 VT1 和 VT2 直接焊在模拟声集成电路 A 的小印制电路板上，然后把它和电池 G1、G2 一同装入体积约 70mm×60mm×20mm 的绝缘小盒内。焊接时应特别注意：电烙铁外壳要良好接地。压电陶瓷片 B1 用长约 20cm 的双股电线引出盒外；扬声器 B2 用双股软塑电线（长度视楼房距储藏室的远近确定）也引出盒外。B2 可装入一个塑料香皂盒内，并事先在面板开出释音孔，制成漂亮的小音箱。

实际应用时，按照图 3.17.2 所示，将压电陶瓷片 B1 用三颗长约 1cm 的木螺丝钉固定（或用强力胶粘固）在紧靠储藏室门扇背面的门锁部位，注意其金属基板面应平贴门扇，并将报警电路盒也固定在门扇背面；扬声器盒则通过双股塑皮导线引至楼上住人房间内。这样，一旦有窃贼撬锁开门，扬声器 B2 就会发出响亮的 "叮—咚……" 报警声。如果试验用手敲打门板需较大劲才能触发电路，可对调一下压电陶瓷片 B1

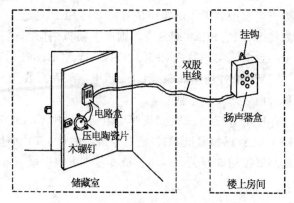

图 3.17.2　储藏室门被撬报警器安装图

的两根接线头，则电路触发灵敏度肯定会提高许多。

十八、"楔子"式房门报警器

节假日期间，许多人都安排了出门旅游。如果携带上自己亲手制作的具有"楔子"功能的房门报警器，在每次睡觉前安放在房间门扇旁边，不但能有效阻挡任何开门的企图，还会发出响亮的报警声。

（一）工作原理

"楔子"式房门报警器的电路如图3.18.1所示，它由模拟警笛声音响发生器和推门"楔子"触动的电源开关两部分组成。平时，自锁式按钮开关 SA 处于断开状态，电路无电不工作；一旦房门被人推动，门扇的底边就会挤压"楔子"，进而"楔子"挤压自锁式按钮开关 SA，使其闭合接通电路电源，于是模拟声集成电路 A 的输出端 OUT 输出内储模拟警笛声电信号，经三极管 VT 功率放大后，推动扬声器 B 发出响亮的"呜喔——呜喔……"警

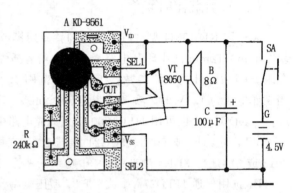

图 3.18.1 "楔子"式房门报警器电路图

报声。当电源电压为 4.5V 时，实测扬声器 B 获得的功率大于 500mW。

电路中，R 是集成电路 A 的外接振荡电阻，改变其阻值可以调节警报声的速率。C 为滤波电容器，主要用来减小电池 G 的交流内电阻，防止电池电能快用完、内电阻显著增大时电路产生寄生振荡，并确保扬声器 B 获得足够的音响功率。

（二）元器件选择

A 选用 KD-9561 型四声模拟声集成电路，芯片尺寸为 32.5mm×10mm。其中 SEL1 和 SEL2 是两个选声端，按图 3.18.1 接法产生模拟警笛声电信号；如将 SEL1 改接在 V_{ss} 端，则产生模拟救护车电笛声信号；如将 SEL1 悬空、SEL2 接 V_{DD} 端，则产生模拟机枪声信号；如将 SEL1、SEL2 都悬空，则产生模拟消防车电笛声信号。KD-9561 也可用外形、功能完全一致的同类产品 RM9561、SC9561、CK9561 等来直接代换。

VT 最好选用 8050 型，要求电流放大系数 $\beta > 100$；也可以用普通的 9013 型三极管来代替，但效果要差一些。

R 用 RTX-1/8W 型炭膜电阻器。C 用 CD11-10V 型电解电容器。B 用 YD58-1 型（口径 ϕ58mm、标称阻抗 8Ω、额定输出功率 0.5W）小口径动圈式扬声器。SA 采用具有自锁功能的小型按钮式开关。G 用三节 5 号干电池串联（配上塑料电池架）而成，电压 4.5V。

（三）制作与使用

"楔子"式房门报警器参照图 3.18.2 所示组装。全部元器件以模拟声集成电路 A 的芯片为基板，以扬声器 B 和电池架等较大固定器件为支架，按图 3.18.1 所示电路焊装在尺寸约为 100mm×60mm×20mm 的绝缘小盒内（可用合适的塑料香皂盒或普通电子门铃外壳来直接代替）。在盒面板上为扬声器 B 开出释音孔，并开孔安装自锁式按钮开关 SA。焊接时电烙铁外壳要良好接地，并注意点焊时间不要超过 2s，以免损坏模拟声集成电路 A。

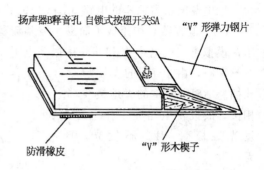

图 3.18.2　"楔子"式房门报警器外形图

"楔子"须自行加工制作：取尺寸约为 250mm×60mm×1mm 的钢片，在其长度的 1/3 处弯成一头长一头短的"V"形状，长的一边按图 3.18.2 所示固定报警器盒，短的一边弯成报警器盒子面板自锁式按钮开关 SA 的按动片。为使"V"形弹力钢片不被推动的门扇挤压变形，同时也使"楔子"能够有足够的强度阻挡房门被打开，应在"V"形弹力钢片的中间固定上用硬木料或塑料加工成的"V"形楔子。为避免"楔子"在地板上打滑，可在紧贴地面的钢片上用强力胶粘上小块防滑橡皮。制成的"楔子"，要求平时弹力钢片对自锁式按钮开关 SA 不施加任何压力，当门扇挤压到"V"形弹力钢片上时（参见图 3.18.3 所示），弹力钢片能够可靠地"压"通自锁式按钮开关 SA。

图 3.18.3　"楔子"式房门报警器使用示意图

如嫌模拟警笛声节奏太快（或太慢），可通过适当增大（或减小）R 的阻值来加以调节。R 的取值范围在 200～360kΩ 之间。

实际使用时，可按照图 3.18.3 所示，将"楔子"式房门报警器安放在需要警戒的向里开的房门旁。这样，当有"不速之客"弄开门锁欲推门而入时，随着门扇的稍一错开，"楔子"便紧死门扇，使其无法打开；同时，报警盒会发出尖锐响亮的模拟警笛声，令作案者逃之夭夭！这时，只有主人关闭好房门，并隔着钢片按动一下自锁式按钮开关 SA，使其解锁断电，才会停止报警声。

十九、　家电漏电报警插座

这里介绍的家电漏电报警插座，在洗衣机、电风扇、电饭煲、电熨斗等家用电器的金属外壳带电时，会自动发出声、光两种报警信号，提醒用户及时断电进行检修。这对那些埋设电器接地线不便的楼房居民来说，无疑是再合适不过了。

（一）工作原理

家电漏电报警插座的电路如图 3.19.1 所示。限流电阻器 R1 和二极管 VD1、稳压二极管 VD3、电容器 C 等组成了简易半波整流稳压滤波电路，向报警电路提供稳定的 5V 直流电压；模拟声集成电路 A 和其外接振荡电阻器 R2、压电陶瓷片 B 组成了模拟警笛声发生器。

平时，由于 R1 的左端与三孔插座 XS 中悬空的大地接线端相接，故报警电路无工作电源，发光二极管 VD2 不发光，B 无声。

一旦外壳漏电的家用电器接入三孔插座 XS，漏电电流便会通过 XS 的相线（火线）孔、家用电器的金属外壳、XS 的大地线孔、报警电路和电网零线（地线）构成回路。漏电电流通过

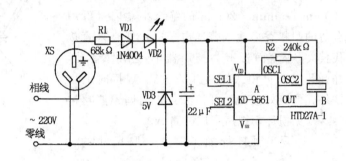

图 3.19.1　家电漏电报警插座电路图

R1 限流、VD1 半波整流后，使 VD2 点亮；与此同时，漏电电流通过 VD3 稳压，在它两端输出 5V 直流电压，经 C 滤波后，使 A 和 R2 构成的模拟声发生器工作，B 即发出警笛声来，提醒用户对电器及时断电进行维修。

该漏电报警电路的报警电流小于 0.4mA，远低于国家规定的漏电保护器额定动作电流小于 30mA 的要求。

（二）元器件选择

A 选用 KD-9561 型四声模拟声报警专用集成电路。该集成电路的规格见前例。

VD1 选用 1N4004 或 2CP18 型硅整流二极管；VD2 宜选用红色高亮度发光二极管；VD3 用 0.5W、5V 硅稳压二极管。

C 用 CD11-10V 型电解电容器。R1、R2 均用 RTX 型炭膜电阻器，耗散功率分别取 1/2W 和 1/8W。B 用带简易助声腔的 HTD27A-1 或 FT-27 型压电陶瓷片。XS 为市售普通交流电三孔插座。

（三）制作与使用

图 3.19.2 所示为该家电漏电报警插座的印制电路板接线图。印制电路板用刀刻法制作，实际尺寸约为 34mm×34mm。除压电陶瓷片 B 和三孔插座 XS 外，其余电子元器件均插焊在自制印板上。集成电路芯片用 3 根硬导线垂直插焊在电路板上。焊接时注意：电烙铁外壳一定要良好接地。

家电漏电报警插座的组装有两种方案可供选择：一种方法是报警装置与插座分开，将报警电路板装入单独自制的尺寸约为 40mm×40mm×20mm 的绝缘小盒内，盒面板分别为压电陶瓷片 B、发光二极管 VD2 开出释音孔和发光孔，盒内电路板通过两根外引塑皮导线与三孔插座相接，这种做法组装和使用都比较方便、灵活。另一种方法是报警电路与插座融为一体，将三孔插座 XS 选择成市售多用长方形插座，拆除插座内三孔插销以外的其余两孔插

销，开辟出空间，供固定安装报警电路用，这时面板上已经无用的插头眼孔稍经加工，就巧妙地改造成了 B 的释音孔和 VD2 的发光孔，这种做法使用起来更加方便。

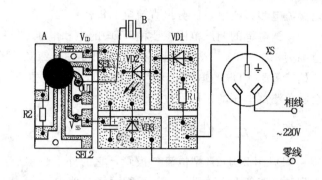

图 3.19.2　家电漏电报警插座印制电路板图

此家电漏电报警插座只要元器件质量保证，焊接无误，不用调试就能正常工作。为了检验报警电路性能是否良好，可将 220V 交流电引入三孔插座的中孔（大地线孔）和零线（地线）孔（注意安全！）。如果报警电路产生声光信号，说明线路正常；如果无声也无光，说明报警线路有故障，应重点检查元器件质量是否有保证，焊接是否有差错，直到有声、光信号为止。

使用时，按常规方法将报警插座接入 220V 市电电路。应特别注意电源线的相线（火线）、零线（地线）位置不可接反，否则起不到漏电告警作用。另外，使用普通二芯插头的家用电器，应换用与漏电报警插座相配的三爪插头，并将家用电器的金属外壳通过塑皮电线接插头内的大地线（非 220V 市电零线）端即成。

二十、低电压测电笔

普通的测电笔只能检验家用电器和电子装置对地是否存在高电压（通常≥60V），在检查一般低电压电路中是否存在低电压，比如电动自行车、汽车电路通电与否时，就没有了用武之地。

这里介绍一种低电压测电笔，虽然它和普通测电笔一样不能定量地测出电压值，但是能很方便地检验出被测试对象是否存在电压，是交流电压还是直流电压，以及电压的极性如何等。供电子爱好者在制作时使用，或者机动车电路检修时使用。

（一）工作原理

低电压测电笔的电路如图 3.20.1 所示，虚线框表示测电笔的壳体。二极管 VD1～VD4 接成的桥式整流电路和恒流二极管 VD5（也叫稳流二极管），构成了一个正、反向恒流值完全相同和交流恒流源；两只发光二极管 VD6、VD7 反向并联后，串入交流恒流源回路，用作发光显示。

如被测电压是直流电，当探头接正极、鳄鱼夹接负极时，红色发光二极管 VD6 发光；反之，探头接负极、鳄鱼夹接正极时，

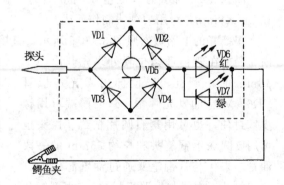

图 3.20.1　低电压测电笔电路图

绿色发光二极管 VD7 发光。如果是交流电压，则 VD6、VD7 同时发光。使用者可据此区分出交流电和直流电，区分出直流电的极性。

该测电笔的测压范围主要由 VD5 的饱和电压 U_S 和击穿电压 U_B 来确定，一般直流电压范围为 4.5～30V，交流电压有效值范围为 3～21V。测电笔耗电低，在测压范围内，工作电流始终等于 VD5 的恒定电流 I_H（这里取 2mA 左右）；正因如此，VD6、VD7 的发光亮度不会随着测试电压的不同而改变。

（二）元器件选择

VD5 用 2DH2B 型恒流二极管，它的外形、引脚排列和电路符号等如图 3.20.2 所示。其他的恒定电流 I_H 在 2mA 左右、击穿电压 U_B 大于 30V 的恒流二极管，也可直接代用。

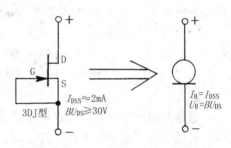

图 3.20.2　2DH2B 型恒流二极管

如果读者手头无恒流二极管，也可用一只 3DJ 型普通结型场效应管来代替，其接线方法如图 3.20.3 所示。由于结型场效应管漏极 D 的特性曲线与恒流二极管的特性曲线很类似，所以这种代用品使用效果与恒流二极管十分相近，其恒流值 I_H 等于所用场效应管的饱和漏源电流 I_{DSS}，击穿电压 U_B 等于场效应管漏极 D 和源极 S 间的最大耐压 BU_{DS}，饱和电压 U_S 实测一般 $\leqslant 1.5$V。

VD1～VD4 均用 1N4148 型硅开关二极管，亦可用 1N4001 型硅整流二极管来代替。VD6 用 ϕ3mm 高亮度红色发光二极管，VD7 用 ϕ3mm 高亮度绿色发光二极管。

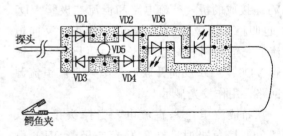

图 3.20.3　恒流二极管的代替

探头用一段 ϕ2mm×40mm 左右的黄铜丝加工而成，要求外套一段长度略短于探头的红色塑料绝缘管。鳄鱼夹应选用市售小号产品，夹柄绝缘塑料颜色应选用黑色。

（三）制作与使用

图 3.20.4 所示为该低电压测电笔的印制电路板接线图。印制电路板实际尺寸约为 45mm×8mm，可用刀刻法制作而成。

焊接好的电路板参照图 3.20.5 所示，直接装入一段尺寸约为 ϕ12mm×50mm 的塑料管内。要求在管体适当位置处事先开出两个 ϕ3mm 的小圆孔，以便伸出发光二极管 VD6、VD7 的发光管帽；管的两端可用橡皮塞封住，也可用塑料圆片粘封。探头也可用废圆珠笔铜笔头和长约 35mm 的一段油管芯来代替（铜笔头通过油管芯内的红色塑料外皮电线与电路板相接）；小型鳄鱼夹通过长约 30cm 的黑色软塑料电线接到管

图 3.20.4　低电压测电笔印制电路板图

内电路板即成。

也可借用普通氖管式测电笔的笔壳进行安装。具体方法是：打开普通氖管式测电笔，去掉里面的小氖管和高阻电阻器不用，在腾出的空间装入电路板。要求电路板接探头的一端与测电笔原有的笔头金属体相接（可在电路板接笔头金属体的板沿处包上一小块铜皮，并与电路板上的铜箔焊牢），另一端通过长约30cm的黑色软塑料电线，从笔的尾部引接出小型鳄鱼夹；电路板上发光二极管VD6、VD7的管帽，应正好处在测电笔原有氖管发光窗口的位置，以便使用者观察其发光情况。

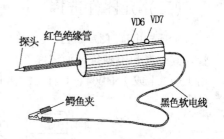

图 3.20.5　低电压测电笔外形图

装配成的低电压测电笔，只要元器件质量保证，焊接无误，电路不需任何调试，便可投入使用。

使用时，将小型鳄鱼夹夹在被测试对象的公共地线端上，手持测电笔，用金属探头去接触各有关测试点。如果红色发光二极管VD6点亮，则说明探头接触点对地存在正电压；反之，如果绿色发光二极管VD7点亮，则说明探头接触点对地存在负电压。如果两只发光二极管都点亮，则说明被测点上存在交流电压。如果VD6、VD7均不发光，则说明被测点无电压或电压低于4.5V。

二十一、　停电"自锁"　节能开关

这里介绍一种具有记忆功能的停电"自锁"节能开关，每当电网停电后再次恢复供电时，它能够自动切断用电器的供电回路，避免因主人忘关电源开关而造成的电力浪费和电气火灾。

该开关自身耗电小于0.25W，可控制1000W以内的各种用电器。经笔者试用，证明工作可靠，效果良好。

（一）工作原理

停电"自锁"节能开关的电路如图3.21.1所示。当需要向用电器供电时，按一下自复位按钮开关SB，220V交流市电经C1、VD1、C2、SB形成通路，向电容器C2充电并迅速充满，建立起触发电压，经R触发双向晶闸管VS导通。电容器C1起降压作用，晶体二极管VD1起半波整流作用。以后，导通的VS代替断开的SB，使电路通电状态"自锁"，插座XS正常带电。当电网停电又复电时，由于VS和SB均为"断开"状态，故XS无电；只有按一下自复位按钮开关SB，插座XS才会恢复供电。

电路中，电容器C2还与电阻器R构成延时抗干扰电路，可有效避免因电网电压波动而造成的电路误动作。晶体二极管VD2的作用是给电容器C1提供一条放电回路。

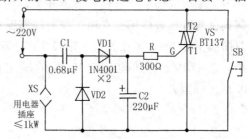

图 3.21.1　停电"自锁"节能开关电路图

（二）元器件选择

VS 选用 BT137（8A、600V）或 BCR8AM-8、T0810、BTA06-600V 型普通双向晶闸管，其外形和引脚排列如图 3.21.2 所示，满负载使用时必须加装铝散热板。VD1、VD2 均用 1N4001 或 1N4004、1N4007 型硅整流二极管。

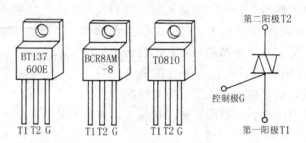

图 3.21.2　几种常用双向晶闸管外形与引脚排列图

R 用 RTX-1/4W 型炭膜电阻器。C1 用优质 CBB13-630V 型聚丙烯电容器，C2 用 CD11-16V 型电解电容器。SB 用 KAX-4 型交流电自复位按钮开关。XS 用机装式 250V、10A 单相双孔（或三孔）交流电源插座。

（三）制作与使用

图 3.21.3 所示是印制电路板图，印制电路板实际尺寸仅为 50mm×20mm。

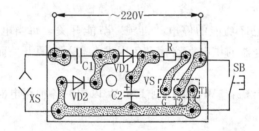

图 3.21.3　停电"自锁"节能开关印制电路板图

焊接好的电路板可装入一个绝缘密闭小盒内，并在盒面固定插座 XS 和开关 SB。也可省掉插座 XS 不用，而将电路板直接安装在被控用电器内部空闲位置处，按钮开关 SB 则固定在用电器外壳上便于操作处。

装配好的停电"自锁"节能开关，只要电路元器件质量有保证，焊接无误，一般不需任何调试便可投入使用。在用于控制纯感性负载时，为了防止纯感性负载产生的自感电压击穿双向晶闸管 VS，可在其第一阳极 T1 与第二阳极 T2 之间跨接上一个标称电压（也叫压敏电压）为 470V、峰值电流 ≥100A 的氧化锌压敏电阻器，如 MYH1－470/0.1、MYG470-0.1kA 等型。